国家示范性（骨干）高职院校建设项目成果

高等职业教育教学改革系列精品教材

公差配合与测量技术

——项目、任务、训练、考核（第2版）

张立辉　主　编

张夕琴　张凌峰　副主编

电子工业出版社.

Publishing House of Electronics Industry

北京·BEIJING

内 容 简 介

本书本着"理论够用，应用为主"的思想，大胆舍弃实用性较弱的内容，重点加强关于精度设计的识图及精度检测技能训练的内容。本书包括 7 个项目：互换性、线性尺寸公差、测量技术、几何公差、表面粗糙度、普通螺纹的公差及检测、圆锥和角度的公差及检测，由 15 个任务驱动。为了加强可操作性和培养学生的动手能力，设置了技能训练，其中理论部分设 12 套练习题，实践部分设 7 个任务书；为了考核、验证学生对机械精度（公差）的理解及应用能力，以汽车零部件图样为例，设置 7 个阶段考核。

本书可作为高职高专院校机械类、自动化类、机电类专业的教学用书，以及应用型本科、成人教育、自学考试、开放大学、中职学校的教材，还可作为机械工程技术人员的参考工具书。

图书在版编目（CIP）数据

公差配合与测量技术：项目、任务、训练、考核 / 张立辉主编. —2 版. —北京：电子工业出版社，2022.7
ISBN 978-7-121-43956-8

Ⅰ. ①公… Ⅱ. ①张… Ⅲ. ①公差－配合－高等学校－教材②技术测量－高等学校－教材 Ⅳ. ①TG801

中国版本图书馆 CIP 数据核字（2022）第 119227 号

责任编辑：王艳萍
印　　刷：三河市良远印务有限公司
装　　订：三河市良远印务有限公司
出版发行：电子工业出版社
　　　　　北京市海淀区万寿路 173 信箱　邮编　100036
开　　本：787×1 092　1/16　印张：16.5　字数：422.4 千字
版　　次：2016 年 12 月第 1 版
　　　　　2022 年 7 月第 2 版
印　　次：2025 年 7 月第 6 次印刷
定　　价：49.80 元

前　　言

　　高等职业教育以培养生产、建设、管理、服务第一线的高素质技能型专门人才为根本任务，在建设人力资源强国和高等教育强国中发挥着不可替代的作用。"公差配合与技术测量"是高等职业院校机械类专业的一门重要的专业基础课程，它包括几何量公差和误差检测两方面内容，在生产一线具有广泛的实用性。

　　目前我国高职院校大多数在用的"公差配合与技术测量"课程教材，都以理论教学为主，技能训练为辅。为了真正开展高职教育倡导的"教、学、做一体化"教学模式改革，需要一本以"以技能训练为主，理论教学为辅"的配套教材。本书结合职业岗位特点及需求，本着"理论够用，应用为主"的思想，大胆舍弃实用性较弱的内容，重点加强关于精度设计的识图及精度检测技能训练的内容。

　　本书是在"以就业为导向，以能力为本位"的职业教育改革精神指引下，为高质量推进高职院校"双高计划"建设，通过校企合作，结合常州机电职业技术学院"公差配合与技术测量"课程改革与创新而产生的，总结了编者多年教学经验，并吸取了同类教材的优点，主要特点如下：

　　（1）结合实际岗位能力需求组织内容，理论够用，应用为主。本书共 7 个项目，包括：互换性、线性尺寸公差、测量技术、几何公差、表面粗糙度、普通螺纹的公差及检测、圆锥和角度的公差及检测。

　　（2）采用任务驱动的方式，将定义、术语与教学任务相结合，使学生学习更具有针对性。

　　（3）强化技能训练，设有 12 套理论训练练习题和 7 个实践训练任务书。

　　（4）采用最新国家标准，相关知识内容循序渐进、深入浅出，图文并茂，通俗易懂。

　　（5）每个任务前的"教学导航"指明知识点和教学方法，关注教学过程，明确课前、课中和课后互动内容，引导教师和学生完成教学目标。

　　（6）7 个阶段考核以汽车零部件为载体，强化过程考核。

　　本书由常州机电职业技术学院张立辉担任主编，常州机电职业技术学院张夕琴、常州万盛铸造集团有限公司张凌峰担任副主编。具体编写分工如下：张立辉编写项目 1、项目 2、项目 3、项目 4、项目 5、项目 7 和 7 个阶段考核，张凌峰编写项目 6、"思行并进"、实践训练任务书，张夕琴编写理论训练练习题。

　　本书配有免费的电子教学课件，请有需要的教师登录华信教育资源网（www.hxedu.com.cn）免费注册后进行下载，如有问题请在网站留言或与电子工业出版社联系（E-mail：hxedu@phei.com.cn）。

　　由于作者水平有限，不当之处在所难免，恳请各位读者批评指正。

编　者

目　　录

第1篇 理论教学篇

项目1 互 换 性

教学导航

知识点	知识重点	互换性的概念、分类，优先数
	知识难点	实现互换性的条件
	必须掌握的理论知识	互换性、公差、加工误差、检测、标准和标准化
教学方法	推荐教学方法	任务驱动教学法
	推荐学习方法	课堂：听课+互动+技能训练
		课外：了解生活或生产中零件互换性的实例
课程思政	思行并进	从"深海一号"看标准及标准化
技能训练	理论	练习题1
	实践	—
考核	阶段考核	阶段考核1——识读汽车发动机构造图

任务 齿轮减速器是如何实现互换性的

课前	准备及预习	了解我国及国际标准及标准化现状
课中	互动提问	1. 在零件的装配过程中必须满足哪三个条件才能说其具有互换性？
		2. 互换性按互换程度不同分为哪几类？
		3. 实现互换性的条件有哪些？其中哪一项是基础
课后	作业	练习题1

任务介绍

齿轮减速器是一种常见的机械传动装置，如图1-1所示为一级齿轮减速器结构示意图，试对该装置如何实现互换性进行阐述。

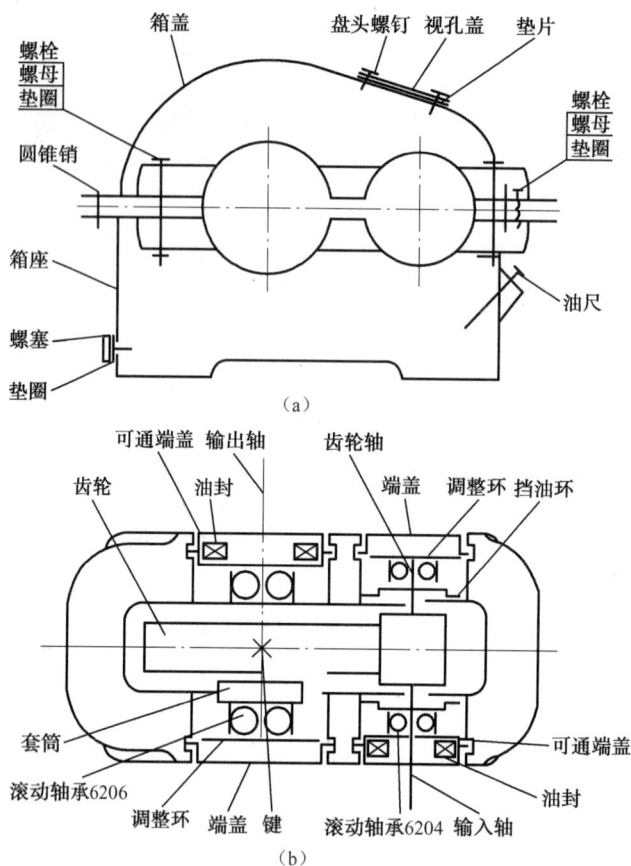

图 1-1　一级齿轮减速器结构示意图

相关知识

1.1.1　互换性

1. 什么是互换性

举例：组成现代技术装置和日用机电产品的各种零件（部件），如自行车、手表、电视机上的零件，一批规格为 M10-6H 的螺母与 M10-6h 螺栓等，如果发生了损坏，可用同一型号的零件（部件）进行替换，说明其具有互换性。在现代化生产中，一般应遵守互换性原则。

定义：互换性是指同一规格零件不经挑选和修配加工就能顺利装配到机器上，并能满足功能要求的特性。

【特别提示】

满足互换性应同时具备三个条件：一是装配前不需挑选；二是装配时不需修理或调配；三是装配后能满足功能要求。

2. 互换性的种类

就机械产品而言，互换性可分为功能互换、几何参数互换和物理性能互换、力学性能互换等。本书只研究几何参数互换，几何参数互换指零部件的尺寸、形状、位置及表面结构参数的互换。

互换性按互换程度不同分为完全互换性和不完全互换性两种。

（1）完全互换性

特点：不限定互换范围，以装配或更换零部件时不需要挑选或修配为条件，如日常生活中所用电灯泡，主要适用于大批量生产或厂外协作。

（2）不完全互换性（也称有限互换）

特点：因特殊原因，只允许零部件在一定范围内互换。如机器上某部件精度越高，对与之相配的零件精度要求就越高，加工越困难，制造成本越高。为此，生产中往往把零件的精度适当降低，以便于制造，再根据实测尺寸的大小，将制成的相配零件分成若干组，使每组内的尺寸差别较小，再把相应的零件进行装配。除分组互换法外，还有修配法、调整法，主要在小批量和单件生产或在制造厂内部对部件或机构进行装配时采用。

【特别提示】

图 1-1 中减速器多为批量生产，其中所选标准件（轴承、键、销、螺栓、垫圈、垫片等）由专业化标准件厂生产，非标准件（箱座、箱盖、输入轴、输出轴、端盖和套筒等）一般由各机器制造厂加工，各个合格零部件在装配车间或装配生产线上，不需选择、修配即可装配成满足预定使用功能的减速器。

3．互换性在机械制造中的作用

（1）在设计方面：有利于最大限度采用标准件、通用件，大大简化绘图和计算工作，缩短设计周期，便于计算机辅助设计（CAD）。

（2）在制造方面：有利于组织专业化生产，采用先进工艺和高效率的专用设备，提高生产效率。

（3）在使用、维修方面：可以减少机器的维修时间和费用，保证机器连续持久地运转，提高机器的使用寿命。

总之，互换性在提高产品质量和可靠性、提高经济效益等方面均具有重大意义。

1.1.2 实现互换性的条件

若制成的一批零件实际尺寸数值等于理论值，即这些零件完全相同，虽具有互换性，但实际在生产上不可能实现，且没有必要。因生产中只要求制成零件的实际参数值变动不大，保证零件充分近似即可。要使零件具有互换性，就应按"公差"制造。加工就会引入加工误差，判断加工误差有没有超出公差，就应开展"检测"工作。设计人员、加工人员和检测人员应当遵循共同的公差标准，所以"标准化"工作尤为重要。

【特别提示】

公差、检测及标准化是保证互换性生产得以实现的条件。

1．加工误差、公差及检测

1）加工误差

零件在加工过程中不可能做得绝对准确，不可避免地会产生误差，这样的误差称为加工误差（几何量误差）。实际上，只要零件的几何量误差在规定的范围内变动，就能满足互换性的要求。几何量误差包括尺寸误差、几何误差、相互方向位置误差等。

（1）尺寸误差

尺寸误差是工件加工后的实际尺寸和理想尺寸之差。

（2）几何误差

① 宏观几何误差：一般由刀具、机床、工件所组成的工艺系统的误差所致。一般所说的形状误差就是指宏观几何误差。

② 微观几何误差：即表面粗糙度。它是工件经加工后其表面留下的波峰和波长都很微小的波形。

③ 表面波纹度：介于宏观和微观几何误差之间的形状误差，一般由加工中的振动引起。

（3）相互方向位置误差

相互方向位置误差即各表面或中心线之间的实际相对方向位置与理想方向位置的差值。

2）几何量公差

允许零件实际几何参数值的变动范围称为几何量公差。几何量公差分为尺寸公差、几何公差、表面粗糙度允许值及典型零件特殊几何参数的公差等。工件的几何量误差在几何量公差范围内，为合格件；超出了几何量公差范围，为不合格件。几何量误差是在加工过程中产生的，而几何量公差是设计人员给定的，体现了对产品精度的要求。显然，在设计精度时，几何量公差应尽量规定得大些，以获得最佳的经济效益，但同时也要满足零件的功能要求。精度设计要求是通过零件图样，用几何量公差的标注形式给出的。

3）检测

完工后的零件是否满足几何量公差要求，要通过检测加以判断。检测包含检验和测量。几何参数的检验是指确定零件的几何参数是否在规定的极限范围内，并做出合格性判断，而不必得出被测量的具体数值；测量是指将被测量与作为计量单位的标准量进行比较，以确定被测量的具体数值的过程。检测不仅用来评定产品质量，而且用于分析产生不合格品的原因，可以及时调整生产，监督工艺过程，预防废品产生。

由此可见，合理确定公差并正确进行检测，是保证产品质量、实现互换性生产的必不可少的条件和手段。

2．标准化与优先数系

现代化工业生产的特点是规模大，协作单位多，互换性要求高。为了正确协调各生产部门和准确衔接各生产环节，必须有一种协调手段，使分散的局部的生产部门和生产环节保持必要的技术统一，成为一个有机的整体，以实现互换性生产。标准与标准化正是联系这种关系的主要途径和手段。

1）标准和标准化

所谓标准，就是指为了取得国民经济的最佳效果，对需要协调统一的具有重复特征的事物（如产品、零部件等）和概念（如术语、规则、方法、代号、量值等），在总结科学实验和生产实践的基础上，由有关方面协调制定，经主管部门批准后，在一定范围内作为共同遵守的准则和依据。

所谓标准化，就是指标准的制定、发布和贯彻实施的全部活动过程。标准化是以标准的形式体现的，是一个不断循环、提高的过程。

标准按性质不同可分为技术标准和管理标准两类，人们通常所说的标准大多指技术标准。

技术标准可分为基础标准、产品标准、方法标准、安全与环境保护标准等。基础标准是指在一定范围内作为其他标准的基础并普遍使用、具有广泛指导意义的标准，如本书中所涉及的标准就是基础标准（极限与配合、几何公差和表面粗糙度标准等）。

标准按颁发机构级别的不同分为国际标准、国际区域标准、国家标准（GB）、行业标准（如机械标准 JB 等）、地方标准（DB）和企业标准（QB）。国际标准由国际标准化组织（ISO）和国际电工委员会（IEC）负责制定和颁发。国际区域标准是指由国际地区性组织（或国家集团），如欧洲标准化委员会（CEN）和欧洲电工标准化委员会（CENELEC）等制定并发布的标准。我国于 1978 年恢复加入 ISO 组织后，陆续修订了自己的标准，修订的原则，是在立足我国生产实际的基础上向 ISO 靠拢。

我国的国家标准、行业标准和地方标准又分为强制标准和推荐标准两大类。一些关系人身安全、健康、卫生及环境保护的标准属于强制标准，国家用法律、行政和经济等手段强制执行；其他大量的（80%以上）标准为推荐性标准，要求积极遵守。

2）优先数和优先数系

（1）数值标准化

制定公差标准及设计零件的结构参数时，都需要通过数值表示。任何产品的参数值不仅与自身的技术特性有关，还直接、间接地影响与其配套产品的参数值。如螺母直径数值影响并决定螺钉直径数值，以及丝锥、螺纹塞规、钻头等系列产品的直径数值。由参数值间的关联产生的扩散称为"数值扩散"。

要满足不同的需求，产品必然出现不同的规格，形成系列产品。产品数值的杂乱无章会给组织生产、协作配套、使用维修带来困难，故需对数值进行标准化。《优先数和优先数系》（GB/T 321—2005）就是其中最重要的一个标准，要求工业产品技术参数应尽可能采用此标准。

（2）优先数系

优先数系是公比为 $\sqrt[5]{10}$、$\sqrt[10]{10}$、$\sqrt[20]{10}$、$\sqrt[40]{10}$、$\sqrt[80]{10}$，且项值中含有 10 的整数幂的几何级数的常用圆整值。我国标准《优先数和优先数系》推荐系列符号为 R5、R10、R20、R40、R80，前四项为基本系列，R80 为补充系列。其公比为

R5 系列：$\sqrt[5]{10} \approx 1.60$

R10 系列：$\sqrt[10]{10} \approx 1.25$

R20 系列：$\sqrt[20]{10} \approx 1.12$

R40 系列：$\sqrt[40]{10} \approx 1.06$

R80 系列：$\sqrt[80]{10} \approx 1.03$

1～10 的优先数系中的基本系列如表 1-1 所示，所有大于 10 的优先数均可按表列数乘以 10、100…求得，所有小于 1 的优先数均可按表列数乘以 0.1、0.01…求得。

表 1-1　1～10 的优先数系中的基本系列（摘自 GB/T 321—2005）

R5	R10	R20	R40	R5	R10	R20	R40	R5	R10	R20	R40
1.00	1.00	1.00	1.00				1.50			2.24	2.24
			1.06	1.60	1.60	1.60	1.60				2.36
		1.12	1.12				1.70	2.50	2.50	2.50	2.50
			1.18			1.80	1.80				2.65
	1.25	1.25	1.25				1.90			2.80	2.80
			1.32		2.00	2.00	2.00				3.00
		1.40	1.40				2.12	3.15	3.15	3.15	3.15

续表

R5	R10	R20	R40	R5	R10	R20	R40	R5	R10	R20	R40
			3.35		5.00	5.00	5.00				7.50
		3.55	3.55				5.30		8.00	8.00	8.00
			3.75			5.60	5.60				8.50
4.00	4.00	4.00	4.00				6.00			9.00	9.00
			4.25	6.30	6.30	6.30	6.30				9.50
		4.50	4.50			6.70	6.70	10.00	10.00	10.00	10.00
			4.75			7.10	7.10				

此标准还允许从基本系列和补充系列中按照一定规律隔项取值组成派生系列，以 Rr/p 表示，r 代表5、10、20、40、80。如 R10/3 可得到 1.00、2.00、4.00…数系，或 1.25、2.50、5.00…数系等。

本书后续内容中涉及的尺寸分段、公差分级和表面粗糙度参数允许值等都是按优先数系制定的。

任务小结

齿轮减速器大多为批量生产，在保证生产效率和经济效益的同时，还要保证使用性能和互换性。实际应用中，为了保证产品的使用性能和互换性，往往要对产品的某些关键几何量进行精度设计。

如图 1-1 所示齿轮减速器中，各零部件之间配合部位（圆柱径向）的配合及其他技术要求、输入轴和输出轴上各零部件的轴向尺寸及其公差，这样的几何量精度设计就是实现互换性的保证。当减速器使用一定周期后会出现零部件（轴承、垫圈等）损坏现象，要求能迅速更换且满足使用功能，即遵循互换性原则。几何量精度设计依据的就是现行有效的公差与配合、几何公差和表面粗糙度等国家标准。齿轮减速器中的标准件（轴承、键、螺栓、垫圈、垫片等）与非标准件（箱座、箱盖、输入轴、输出轴、端盖和套筒等），影响互换性的尺寸及公差都是按标准的优先数系确定的。

思行并进

从"深海一号"看标准及标准化

2021 年 1 月 14 日，我国自主研发建造的全球首座 10 万吨级深水半潜式生产储油平台——"深海一号"能源站在山东烟台交付起航。

"深海一号"是由我国自主研发建造的全球首座 10 万吨级深水半潜式生产储油平台。这一最新海洋工程重大装备，实现了 3 项世界级创新、运用了 13 项国内首创技术，被誉为迄今我国相关领域技术集大成之作。

"深海一号"能源站尺寸巨大，总重量超过 5 万吨，最大投影面积有两个标准足球场大小；总高度达 120 米，相当于 40 层楼高；最大排水量达 11 万吨，相当于 3 艘中型航母。其船体工程焊缝总长度达 60 万米，可以环绕北京六环 3 圈；使用电缆长度超 800 千米，可以环绕海南岛一周。"深海一号"能源站将用于开发我国首个 1500 米深水自营大气田——陵水 17-2 气田。该气田投产后，将依托海上天然气管网，每年为粤港琼等地供应 30 亿立方米深海天然气，可以满足大湾区四分之一的民生用气需求。

所产天然气通过环绕海南岛、连通粤港两地的海底管线，在香港终端、高栏终端、南山终端分别登陆后，接入全国天然气供应体系，为保供增添"底气"。

"深海一号"能源站由上部组块和船体两部分组成，按照"30年不回坞检修"的高质量设计标准建造，设计疲劳寿命达150年，可抵御百年一遇的超强台风。能源站搭载近200套关键油气处理设备，同时在全球首创半潜平台立柱储油，最大储油量近2万立方米，实现了凝析油生产、存储和外输一体化功能，具有较好的经济效益和技术优势。

2021年12月，"深海一号"能源站正式投产入选2021年度国内十大科技新闻。"知行并进，智造未来"，我们要厚植爱国情怀，重视标准及标准化工作，努力学习现行标准，自主创新，行动起来吧！

项目2　线性尺寸公差

教 学 导 航

知识点	知识重点	尺寸公差与配合的有关术语，极限偏差、极限盈隙、配合公差的计算，标准公差系列，基本偏差系列
	知识难点	尺寸公差的设计，即配合制的概念和选择、公差等级的选用、配合类型的选择
	必须掌握的理论知识	尺寸公差与配合的有关术语，极限偏差、极限盈隙、配合公差的计算，标准公差系列，基本偏差系列
教学方法	推荐教学方法	任务驱动教学法
	推荐学习方法	课堂：听课+互动+技能训练 课外：了解简单机构实例的结构和功能要求，熟悉公差与配合相关标准
课程思政	思行并进	从500米口径球面射电望远镜看协作配合与团队精神
技能训练	理论	练习题2，练习题3，练习题4
	实践	任务书1，用游标卡尺测量轴孔类零件尺寸 任务书2，用外径千分尺测轴径 任务书3，用内径百分表测孔径
考核	阶段考核	阶段考核2——识读转子油泵装配图

任务1　了解尺寸公差及配合

课前	准备及预习	了解机械图样中有关尺寸标注的相关规定
课中	互动提问	1. 上极限偏差一定大于下极限偏差，对或错？ 2. 尺寸公差可以为零，对或错？ 3. 间隙大于等于零，对或错
课后	作业	练习题2

任 务 介 绍

　　试确定图2-1中孔、轴的公称尺寸、极限尺寸、极限偏差、基本偏差、公差，若此孔、轴配合，试确定配合性质、极限盈隙及配合公差，并画出尺寸公差带图。

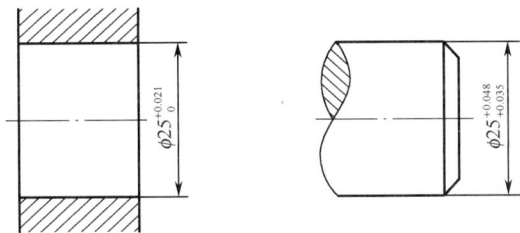

图 2-1 孔、轴零件图

相关知识

在生产实践中，由于存在加工误差和测量误差，因此零件不可能准确地制成指定的尺寸。对零件的加工误差及其控制范围所制定的技术标准，称为公差与配合标准，它是实现互换性的基础，并且是一项涉及面广、重要的基础标准。它不仅用于圆柱体内、外表面的结合，也用于其他结合中由单一尺寸确定的部分，如键结合中的键宽与槽宽、花键结合中的外径、内径及键齿宽、键槽宽等。依据国际标准，我国已颁布公差与配合标准《产品几何技术规范（GPS） 线性尺寸公差 ISO 代号体系》（GB/T 1800.1—2020、GB/T 1800.2—2020）、《极限与配合 尺寸至 18mm 孔、轴公差带》（GB/T 1803—2003）、《一般公差 未注公差的线性和角度尺寸的公差》（GB/T 1804—2000）。为了正确理解和应用公差与配合，必须弄清公差与配合的基本术语及定义。

2.1.1 尺寸要素

尺寸要素是指由一定大小的线性尺寸或角度尺寸确定的几何形状。

用特定单位表示长度大小的数值称为线性尺寸。线性尺寸由数字和长度单位两部分组成，如 300m、50cm 等。在机械制图中，图样上的尺寸通常以 mm 为单位，如以此为单位时，可省略单位的标注，仅标注数值。线性尺寸要素可以是一个球体、一个圆、两条直线、两相对平行面、一个圆柱体、一个圆环，等等。如一个圆是尺寸要素，尺寸是其直径。

【特别提示】

为避免混淆，将角度量称为角度尺寸，如一个圆锥、一个楔块是角度尺寸要素。

2.1.2 孔和轴

在公差与配合标准中，孔和轴这两个术语有其特定含义，关系到公差标准的应用范围。

（1）孔：工件的内尺寸要素，包括非圆柱面形的内尺寸要素。

（2）轴：工件的外尺寸要素，包括非圆柱形的外尺寸要素。

从装配关系来讲，孔是包容面，在它之内没有材料；轴是被包容面，在它之外没有材料。在公差与配合标准中，孔、轴的概念是广义的，而且是由单一主要尺寸构成的。

图 2-2 中的 d_1、d_2、d_3 均表示轴，D_1 表示孔。在图 2-3 中，滑块槽宽 D_2、D_3、D_4 表示孔，而滑块槽厚度 d_4 表示轴。

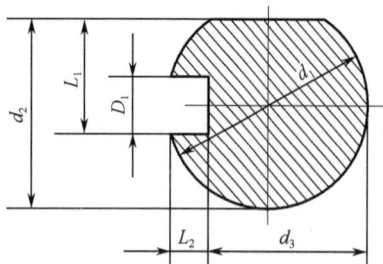

图 2-2 孔和轴定义示意图 1

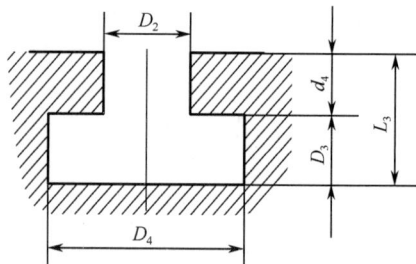

图 2-3 孔和轴定义示意图 2

2.1.3 有关尺寸

1. 公称尺寸

公称尺寸是指由图样规范定义的理想形状要素的尺寸。它是通过强度、刚度等方面的计算或根据结构需要，并考虑工艺方面的要求后确定的。孔的公称尺寸用 "D" 表示，轴的公称尺寸用 "d" 表示。公称尺寸由设计给定，设计时可根据零件的使用要求，通过计算、实验或类比的方法确定。图样上所标注的尺寸，通常都是公称尺寸。通过它应用上、下极限偏差可计算出极限尺寸。

【特别提示】

孔、轴配合时的公称尺寸相同，过去被称为"基本尺寸"。

2. 实际尺寸

几何要素：构成零件几何特征的点、线、面或者它们的集合，简称要素。

公称要素：由设计者在产品技术文件中定义的理想要素。

实际要素：对应于工件实际表面部分的几何要素。

理想要素：由参数化方程定义的要素。

拟合要素：通过拟合操作，从非理想表面模型中或从实际要素中建立的理想要素。

组成要素：属于工件的实际表面或表面模型的几何要素。

滤波要素：对一个非理想要素滤波而产生的非理想要素。

导出要素：对组成要素或滤波要素进行的一系列操作而产生的中心的、偏移的、一致的或镜像的几何要素。

实际尺寸：拟合组成要素的尺寸，通过测量得到，是一切拟合组成要素上两对应点之间距离的统称。显然，对同一要素在不同部位进行测量，测得的实际尺寸是不同的。孔以 "D_a" 表示，轴以 "d_a" 表示。如图 2-4 中的 d_{a1}、D_{a1} 均为实际尺寸。由于存在测量误差，所以实际尺寸并非尺寸的真值。例如，测得轴的轴颈尺寸为 29.975mm，测量的误差为 ±0.001mm，则实际尺寸的真值在 29.975 ± 0.001mm 范围内。真值是客观存在的，但又是不知道的，因此只能以测量获得的尺寸作为实际尺寸。

3. 极限尺寸

极限尺寸是指尺寸要素的尺寸所允许的极限值。尺寸要素允许的最大尺寸称为上极限尺寸（最大极限尺寸），孔以 "D_{max}"、轴以 "d_{max}" 表示；尺寸要素允许的最小尺寸称为下极限尺寸（最小极限尺寸），孔以"D_{min}"、轴以"d_{min}"表示。极限尺寸是以公称尺寸为基数来确定的。

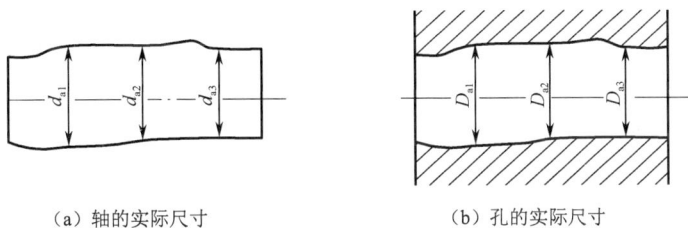

（a）轴的实际尺寸　　　　　　　　（b）孔的实际尺寸

图 2-4　实际尺寸

在机械加工中，由于机床、刀具、量具等各种因素而导致加工误差的存在，要把同一规格的零件加工成同一尺寸是不可能的。从使用的角度来讲，也没有必要将同一规格的零件都加工成同一尺寸，只需将零件的实际尺寸控制在一个范围内，就能满足使用要求。即实际尺寸位于上、下极限尺寸之间，含极限尺寸，如图 2-5 所示。

【特别提示】

要注意的是公称尺寸和极限尺寸都是设计时给定的，公称尺寸可以在极限尺寸所确定的范围内，也可以在极限尺寸所确定的范围外。不考虑几何误差的影响，加工后的零件拟合组成要素的实际尺寸若在两极限尺寸所确定的范围之内，则零件合格；否则零件不合格。

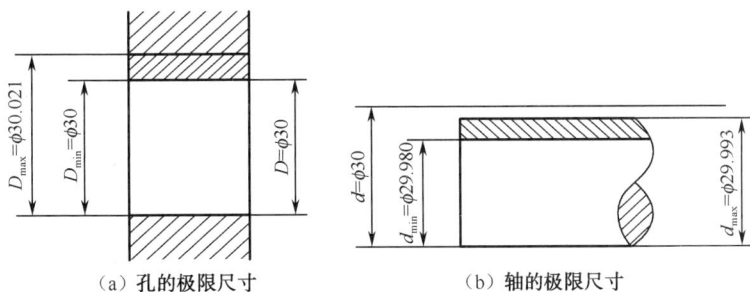

（a）孔的极限尺寸　　　　　　　　（b）轴的极限尺寸

图 2-5　极限尺寸

2.1.4　偏差、公差、公差带图

1. 尺寸偏差（简称偏差）

尺寸偏差是指某一尺寸（实际尺寸、极限尺寸）减其参考值（公称尺寸）所得的代数差。

（1）极限偏差：指极限尺寸减其公称尺寸所得的代数差。上极限尺寸减其公称尺寸所得的代数差称为上极限偏差，下极限尺寸减其公称尺寸所得的代数差称为下极限偏差。孔、轴的上极限偏差分别以 ES 和 es 表示，孔、轴的下极限偏差分别以 EI 和 ei 表示，即

$$ES=D_{max}-D \qquad es=d_{max}-d$$
$$EI=D_{min}-D \qquad ei=d_{min}-d \qquad\qquad (2-1)$$

（2）实际偏差：指拟合组成要素的实际尺寸减其公称尺寸所得的代数差。孔、轴的实际偏差分别以 Ea 和 ea 表示。工件尺寸合格的条件也可以用偏差表示：

对于孔：$ES \geqslant Ea \geqslant EI$

对于轴：$es \geqslant ea \geqslant ei$

（3）基本偏差：指确定公差带相对公称尺寸位置的那个极限偏差。当公差带位于零线上方时，其基本偏差为下极限偏差；当公差带位于零线下方时，其基本偏差为上极限偏差；当公差带对称于零线时，两者皆可，如图2-6所示。

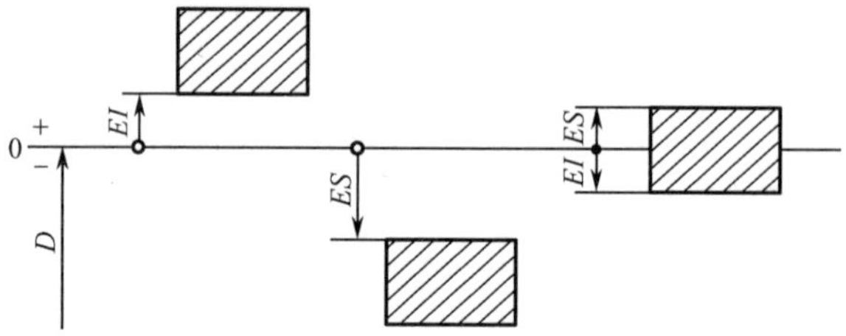

图2-6　基本偏差

【特别提示】

尺寸偏差可以为正值、负值或零，是一个带符号的值，正值加"+"，负值加"-"。上极限偏差总是大于下极限偏差。合格零件的实际偏差应在上、下极限偏差之间。标注示例：$\phi25^{+0.041}_{+0.020}$、$\phi25^{+0.007}_{-0.028}$、$\phi25^{+0.021}_{0}$、$\phi25^{0}_{-0.013}$、$\phi25\pm0.016$。

【例 2.1】 轴颈直径的公称尺寸为$\phi60$mm，上极限尺寸为$\phi60.018$mm，下极限尺寸为$\phi59.988$mm（见图2-7），求轴颈直径的上、下极限偏差。

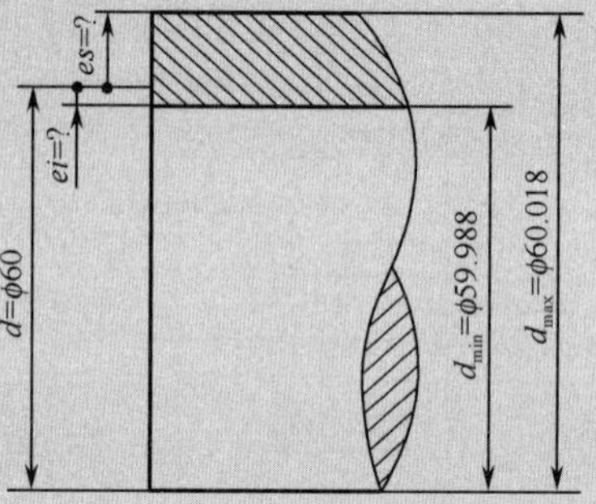

图2-7　上、下极限偏差计算

解：由式（2-1），可知轴颈直径的上、下极限偏差为

$es=d_{max}-d=60.018-60=+0.018$mm

$ei=d_{min}-d=59.988-60=-0.012$mm

2. 尺寸公差（简称公差）

允许尺寸的变动量称为尺寸公差。公差是指设计时根据零件要求的精度并考虑加工时的经济性能，对尺寸的变动范围给定的允许值。由于合格零件的尺寸只能在上极限尺寸与下极限尺寸之间变动，而变动只涉及大小，因此用绝对值定义。所以公差等于上极限尺寸与下极限尺寸的代数差的绝对值，也等于上极限偏差与下极限偏差的代数差的绝对值。孔和轴的公差分别以T_h和T_s表示，则其表达式为

$$T_h=\mid D_{max}-D_{min}\mid$$
$$T_s=\mid d_{max}-d_{min}\mid \tag{2-2}$$

由式（2-1）可得

$$D_{max}=D+ES$$
$$D_{min}=D+EI$$

代入式（2-2）中可得

$$T_h=|\,D_{max}-D_{min}\,|=|\,(D+ES)-(D+EI)\,|$$
$$T_h=|\,ES-EI\,|$$
$$T_s=|\,es-ei\,| \tag{2-3}$$

式（2-3）说明：公差又等于上极限偏差与下极限偏差代数差的绝对值。

标准公差是指线性尺寸公差 ISO 代号体系中的任一公差，缩略字母"IT"代表"国际公差"。

【特别提示】

从以上叙述可以看出，尺寸公差是用绝对值来定义的，没有正负的含义，因此在公差值的前面不能标出"+"或"–"；同时因加工误差不可避免，即零件的实际尺寸总是变动的，所以公差值不能取零。这两点与偏差是不同的。

从加工的角度看，公称尺寸相同的零件，公差值越大，加工就越容易；反之加工就越困难。

【例2.2】 求轴 $\phi 25^{-0.007}_{-0.020}$ 的尺寸公差（见图2-8）。

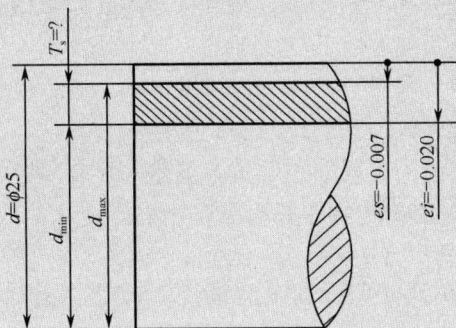

图2-8 轴的尺寸公差计算示例

解：利用式（2-1）进行计算得

$$d_{max}=d+es=25+(-0.007)=24.993mm$$
$$d_{mim}=d+ei=25+(-0.020)=24.980mm$$

利用式（2-2）进行计算得

$$T_s=|\,d_{max}-d_{mim}\,|=|\,24.993-24.980\,|=0.013mm$$

利用式（2-3）进行计算得

$$T_s=|\,es-ei\,|=|\,(-0.007)-(-0.020)\,|=0.013mm$$

【讨论】

求公差的大小可以采用极限尺寸和极限偏差两种方法，哪一种更简单？

3. 公差带图、零线、尺寸公差带

为了清晰地表示上述各量及其相互关系，一般采用极限与配合示意图，在图中将公差和极限偏差部分放大，如图2-9所示。从图中可以直观地看出公称尺寸、极限尺寸、极限偏差

和公差之间的关系。由于公差及偏差的数值与公称尺寸数值相比要小得多，不便用同一比例表示，所以在实际应用中，为了简化，只画出放大的孔、轴公差带来分析问题，这种方法称为公差带图解。如图 2-10 就是图 2-9 的公差带图。

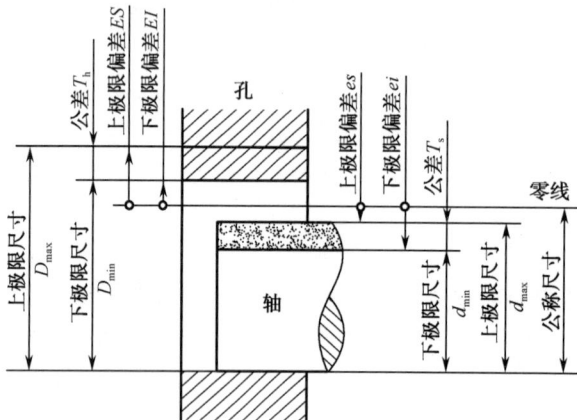

图 2-9 极限与配合示意图

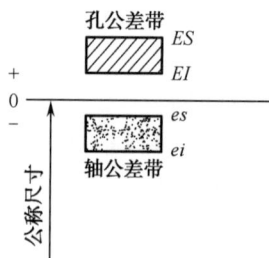

图 2-10 公差带图

（1）零线

在公差带图中，确定偏差的一条基准直线称为零线，即零偏差线。通常零线表示公称尺寸。正偏差位于零线上方，负偏差位于零线下方。

（2）尺寸公差带（简称公差带）

公差极限之间（包括公差极限）的尺寸变动值称为公差带。公差带的大小取决于尺寸公差的大小，公差带相对于零线的位置取决于基本偏差。只有既给定公差大小，又给定基本偏差（上极限偏差或下极限偏差），才能完整地描述一个公差带。

【特别提示】

公差带不必须包括公称尺寸，公差带的大小由尺寸公差的大小决定，公差带相对于零线的位置由基本偏差决定。

2.1.5 配合

1. 配合定义

配合是指类型相同且待装配的外尺寸要素（轴）和内尺寸要素（孔）之间的关系。形成配合要素的线性尺寸公差 ISO 代号体系应用的前提条件是孔和轴的公称尺寸相同。由于配合是指一批孔、轴的装配关系，而不是指单个孔与轴的装配关系，所以用公差带关系来反映配合比较确切。装配后的松紧程度，即装配的性质取决于相互配合的孔和轴公差带之间的关系。

2. 间隙与过盈

孔的尺寸减去相配合的轴的尺寸所得的代数差，此差值为正时表示间隙，一般用"X"表示；为负时表示过盈，一般用"Y"表示。非零间隙数值前应标"+"，非零过盈数值前应标"－"。在孔和轴的配合中，间隙的存在是配合后能产生相对运动的基本条件，而过盈的存在是为了保证配合零件位置固定或传递载荷，如图 2-11 所示。

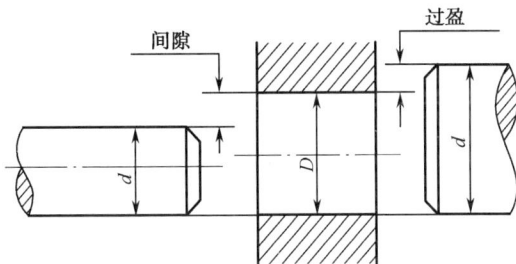

图 2-11 间隙、过盈

3. 间隙配合

具有间隙（包括最小间隙等于零）的配合称为间隙配合。某一规格的一批孔和某一规格的一批轴（孔、轴的公称尺寸相同），任选其中的一对孔、轴，则孔的尺寸总是大于或等于轴的尺寸，其代数差为正值或零，则这批孔与这批轴的配合为间隙配合。当其代数差为零时，则是间隙配合中的一种形式——零间隙。间隙配合时，孔的公差带在轴的公差带之上，如图 2-12 所示。

由于孔、轴的提取组成要素的局部尺寸允许在其公差带内变动，因而其配合的间隙是变动的。由图 2-12 可知：

$$X_{max}=D_{max}-d_{min}=ES-ei \qquad X_{min}=D_{min}-d_{max}=EI-es$$

$$X_{av} = \frac{1}{2}(X_{max} + X_{min})$$

式中，X_{max} 为最大间隙，X_{min} 为最小间隙，X_{av} 为平均间隙。

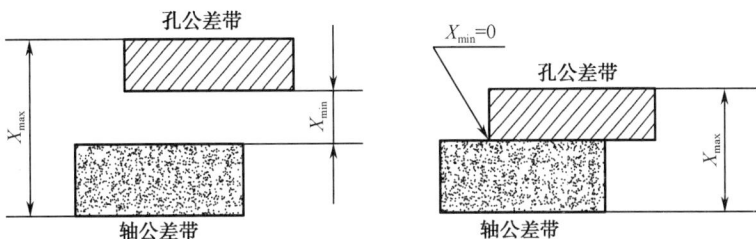

图 2-12 间隙配合

间隙配合主要用于孔、轴间的活动连接。间隙的作用为储藏润滑油，补偿温度引起的变化，补偿弹性变形及制造与安装误差等。间隙的大小影响孔、轴相对运动的活动程度。

4. 过盈配合

具有过盈（包括最小过盈等于零）的配合称为过盈配合。某一规格的一批孔和某一规格的一批轴（两者公称尺寸相同），任取其中一对孔、轴，则孔的尺寸总是小于或等于轴的尺寸，其代数差为负值或零，则这批孔与这批轴的配合为过盈配合。当其代数差为零时，则是过盈配合中的一种形式——零过盈。过盈配合时，孔的公差带在轴的公差带之下，如图 2-13 所示。

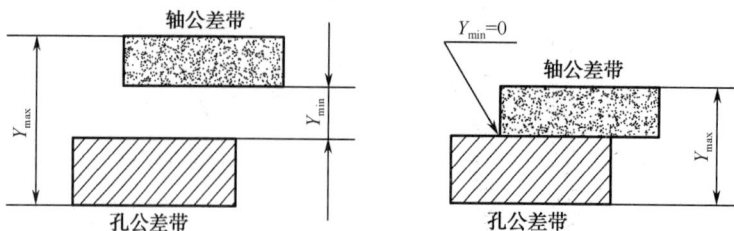

图 2-13　过盈配合

同样，由于孔、轴的提取组成要素的局部尺寸允许在其公差带内变动，因而其配合的过盈是变动的。由图 2-13 可知：

$$Y_{max}=D_{min}-d_{max}=EI-es \qquad Y_{min}=D_{max}-d_{min}=ES-ei$$

$$Y_{av}=\frac{1}{2}(Y_{max}+Y_{min})$$

式中，Y_{max} 为最大过盈，Y_{min} 为最小过盈，Y_{av} 为平均过盈。

过盈配合用于孔、轴间的紧密连接，不允许两者有相对运动。

5．过渡配合

孔和轴装配时可能具有间隙或过盈的配合称为过渡配合。某一规格的一批孔和某一规格的一批轴（两者公称尺寸相同），任取其中一对孔、轴，则孔的尺寸可能大于也可能小于或等于轴的尺寸，其代数差可能为正值，也可能为负值或零，则这批孔与这批轴的配合为过渡配合。可以说过渡配合是介于间隙配合与过盈配合之间的一种配合。过渡配合时，孔的公差带与轴的公差带相互交叠，其极限盈隙值为最大间隙 X_{max} 和最大过盈 Y_{max}，如图 2-14 所示。

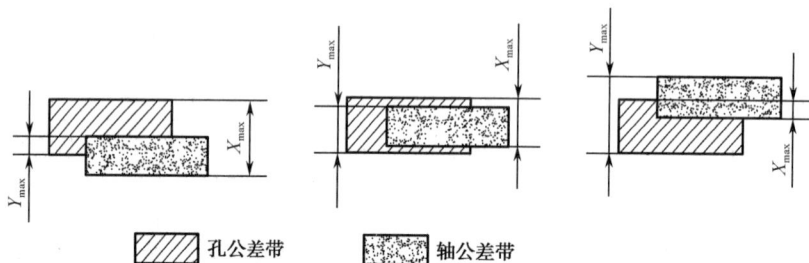

▨ 孔公差带　　▨ 轴公差带

图 2-14　过渡配合

由图 2-14 可知：

$$X_{max}=D_{max}-d_{min}=ES-ei \qquad Y_{max}=D_{min}-d_{max}=EI-es$$

$$X_{av}(Y_{av})=\frac{1}{2}(X_{max}+Y_{max})$$

过渡配合主要用于孔、轴的定位连接。国标中规定的过渡配合的间隙或过盈一般较小，因此可以保证结合零件具有很好的同轴度，并且便于拆卸和装配。

6．配合公差 T_f

配合公差是指允许间隙或过盈的变动量。对间隙配合 $T_f=|X_{max}-X_{min}|$，对过盈配合 $T_f=|Y_{min}-Y_{max}|$，对过渡配合 $T_f=|X_{max}-Y_{max}|$。把极限尺寸或极限偏差代入以上式子，可得关系式 $T_f=T_h+T_s$，即配合公差是组成配合的两个尺寸要素的尺寸公差之和。

当公称尺寸一定时，配合公差 T_f 表示配合的精确程度，反映了设计使用要求；而孔公差

T_h 和轴公差 T_s 则分别表示孔、轴加工的精确程度，反映了工艺制造要求和加工的难易程度。通过关系式 $T_f = T_h + T_s$，将这两方面的要求联系在一起。若使用要求或设计要求提高，即 T_f 减小，则 $T_h + T_s$ 也要减小，则加工更困难，成本也相应增加。

【特别提示】

公差的实质，反映了机器使用要求与制造要求的矛盾，或设计与工艺的矛盾。

7. 配合公差带

配合公差带的大小表示配合的精度，可用配合公差带图来直观地表达配合性质。在配合公差带图中，横坐标为零线，表示间隙或过盈为零；零线上方的纵坐标为正值，代表间隙 X，零线下方的纵坐标为负值，代表过盈 Y。配合公差带两端的坐标值，代表极限间隙或极限过盈，反映了配合的松紧程度；上、下两端间的距离为配合公差 T_f，反映了配合的松紧变化程度，如图 2-15 所示。

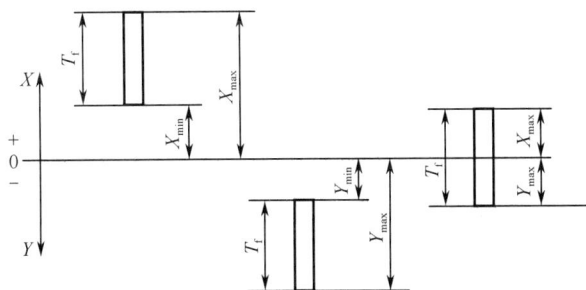

图 2-15　配合公差带图

任务小结

由图 2-1 中孔、轴的尺寸标注可知：孔的公称尺寸为 $\phi25$mm，上极限尺寸为 $\phi25.021$mm，下极限尺寸为 $\phi25$mm，上极限偏差为 +0.021mm，下极限偏差为 0，公差为 0.021mm，基本偏差为下极限偏差 0；轴的公称尺寸为 $\phi25$mm，上极限尺寸为 $\phi25.048$mm，下极限尺寸为 $\phi25.035$mm，上极限偏差为 +0.048mm，下极限偏差为 +0.035mm，公差为 0.013mm，基本偏差为下极限偏差 +0.035mm。由于孔、轴的公称尺寸相同，配合时孔的公差带在轴的公差带之下，所以是过盈配合，且最大过盈为 -0.048mm，最小过盈为 -0.014mm，配合公差为 0.034mm，尺寸公差带图如图 2-16 所示。

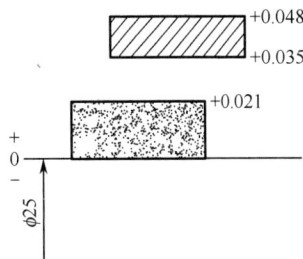

图 2-16　尺寸公差带图

任务 2　识读尺寸公差及配合标注

	课前	准备及预习	了解标准公差及基本偏差
	课中	互动提问	1. 常用尺寸标准公差等级有多少级？最高级及最低级标示符是什么？
			2. 孔、轴的基本偏差标示符是什么？
			3. 公差带代号的组成是什么
	课后	作业	练习题3

图 1-1 中减速器输出轴端盖与箱体座孔的极限与配合如图 2-17 所示,试解释端盖与箱体座孔配合公差代号 $\phi100J7/f9$ 的含义。

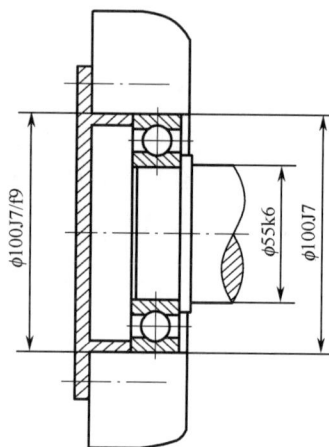

图 2-17　减速器输出轴端盖与箱体座孔的极限与配合

为了实现互换性和满足各种使用要求,由孔、轴公差带结合形成各种配合。各种配合是由孔和轴公差带之间的关系决定的,而公差带有两个基本参数,即公差带的大小和位置。标准公差决定公差带的大小,基本偏差决定公差带的位置。为了使公差与配合实现标准化,国家标准 GB/T 1800.1—2020《产品几何技术规范(GPS)线性尺寸公差 ISO 代号体系 第 1 部分:公差、偏差和配合的基础》规定了标准公差系列和基本偏差系列。

2.2.1　ISO 配合制

所谓 ISO 配合制,即由线性尺寸公差 ISO 代号体系确定公差的孔和轴组成的一种配合制度。而基准制配合是指以两个相配合零件中的一个为基准件,并选定标准公差带,然后按使用要求的最小间隙或最小过盈确定非基准件公差带位置,从而形成各种配合的一种制度。

1. 基孔制配合

它是基本偏差为一定的孔公差带与不同基本偏差的轴公差带形成各种配合的一种制度,如图 2-18(a)所示。基孔制配合中配合的孔称为基准孔,它是配合的基准件。国标规定,基准孔的基本偏差(下极限偏差)为零,即 $EI=0$;而上极限偏差为正值,即公差带在零线上侧。

基孔制配合中配合的轴为非基准件,如图 2-18(a)所示。当轴的基本偏差为上极限偏差且为负值或零时,是间隙配合;基本偏差为下极限偏差且为正值时,若孔与轴公差带相交叠为过渡配合,相错开为过盈配合。另外,在图 2-18(a)中,轴的另一极限偏差用一条虚线画出,以示意其位置随公差带大小而变化的范围。这样,根据孔与轴的另一极限偏差线位置之间的关系不同，在过渡配合与过盈配合之间，出现了配合类别不确定的"过渡配合或过盈配合"区。

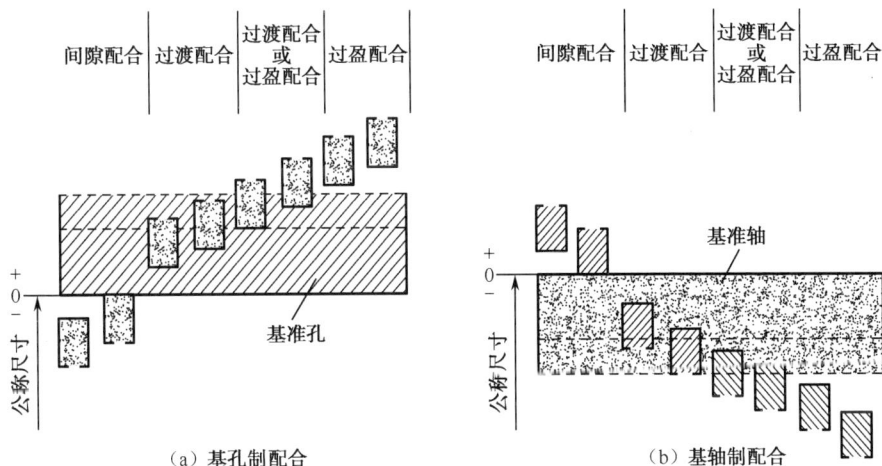

图 2-18　基孔制与基轴制配合

2．基轴制配合

它是基本偏差为一定的轴公差带与不同基本偏差的孔公差带形成各种配合的一种制度，如图 2-18（b）所示。

基轴制配合中配合的轴称为基准轴，是配合的基准件，而孔为非基准件。国标规定，基准轴的基本偏差（上偏差）为零，即 $es=0$；而下偏差为负值，即公差带在零线下方。与基孔制相似，根据基准轴与相配孔公差之间相互关系不同，可形成不同松紧程度的间隙配合、过渡配合和过盈配合。

2.2.2　标准公差系列

标准公差是指国标规定的用来确定公差带大小的任一公差值。标准公差系列是由不同公差等级和不同公称尺寸的标准公差构成的。

1．标准公差等级

确定尺寸精确程度的等级称为公差等级。规定和划分公差等级的目的，是简化和统一对公差的要求，使规定的公差等级既能满足广泛的使用要求，又能大致代表各种加工方法的精度。这样既有利于设计，也有利于制造。标准公差等级是用常用标示符征表的线性尺寸公差组。

在机械产品中，公称尺寸小于或等于 500mm 的零件应用最广泛，因此这一尺寸段称为常用尺寸段。在国家标准中，常用尺寸段范围内规定了 20 个标准公差等级，用 IT（国际公差）和阿拉伯数字表示，标准公差等级标示符分别为 IT01、IT0、IT1、IT2～IT18，其中 IT01 精度等级最高，其他等级依次降低，IT18 精度等级最低。

2．尺寸分段

实践证明，公差等级相同而公称尺寸相近的公差数值差别不大。为了减少标准公差数目、统一公差值、简化公差表格以及便于实际应用，国家标准将公称尺寸分成若干段。按尺寸分段后，对同一尺寸段内的所有公称尺寸，在相同的公差等级的情况下规定相同的标准公差。

【特别提示】

在公称尺寸相同的条件下，标准公差数值随公差等级的降低而依次增大，加工难度依次降低。同一公差等级、同一尺寸段内各公称尺寸的标准公差数值是相同的。同一公差等级对所有公称尺寸的一组公差也被认为具有同等的精确程度。

机械制造行业常用尺寸（公称尺寸至 500mm）的标准公差数值如表 2-1 所示。

表 2-1 公称尺寸至 500mm 的标准公差数值（摘自 GB/T 1800.1—2020）

公称尺寸/mm		标准公差等级																			
		IT01	IT0	IT1	IT2	IT3	IT4	IT5	IT6	IT7	IT8	IT9	IT10	IT11	IT12	IT13	IT14	IT15	IT16	IT17	IT18
大于	至	标准公差数值																			
		μm													mm						
—	3	0.3	0.5	0.8	1.2	2	3	4	6	10	14	25	40	60	0.10	0.14	0.25	0.40	0.60	1.0	1.4
3	6	0.4	0.6	1	1.5	2.5	4	5	8	12	18	30	48	75	0.12	0.18	0.30	0.48	0.75	1.2	1.8
6	10	0.4	0.6	1	1.5	2.5	4	6	9	15	22	36	58	90	0.15	0.22	0.36	0.58	0.90	1.5	2.2
10	18	0.5	0.8	1.2	2	3	5	8	11	18	27	43	70	110	0.18	0.27	0.43	0.70	1.10	1.8	2.7
18	30	0.6	1	1.5	2.5	4	6	9	13	21	33	52	84	130	0.21	0.33	0.52	0.84	1.30	2.1	3.3
30	50	0.6	1	1.5	2.5	4	7	11	16	25	39	62	100	160	0.25	0.39	0.62	1.00	1.60	2.5	3.9
50	80	0.8	1.2	2	3	5	8	13	19	30	46	74	120	190	0.30	0.46	0.74	1.20	1.90	3.0	4.6
80	120	1	1.5	2.5	4	6	10	15	22	35	54	87	140	220	0.35	0.54	0.87	1.40	2.20	3.5	5.4
120	180	1.2	2	3.5	5	8	12	18	25	40	63	100	160	250	0.40	0.63	1.00	1.60	2.50	4.0	6.3
180	250	2	3	4.5	7	10	14	20	29	46	72	115	185	290	0.46	0.72	1.15	1.85	2.90	4.6	7.2
250	315	2.5	4	6	8	12	16	23	32	52	81	130	210	320	0.52	0.81	1.30	2.10	3.20	5.2	8.1
315	400	3	5	7	9	13	18	25	36	57	89	140	230	360	0.57	0.89	1.40	2.30	3.60	5.7	8.9
400	500	4	6	8	10	15	20	27	40	63	97	155	250	400	0.63	0.97	1.55	2.50	4.00	6.3	9.7

2.2.3 基本偏差系列

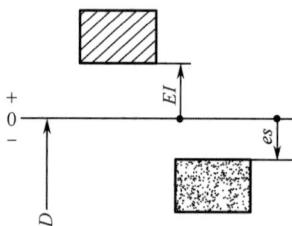

图 2-19 基本偏差

基本偏差是指确定公差带相对公称尺寸位置的那个极限偏差。因此公差带在零线之上的，以下极限偏差为基本偏差；公差带在零线之下的，以上极限偏差为基本偏差。如图 2-19 所示，孔的基本偏差为下极限偏差（EI），轴的基本偏差为上极限偏差（es）。

1．基本偏差标示符

公差带是由公差带大小和公差带位置两部分构成的，大小由标准公差决定，而位置则由基本偏差确定。为满足机器中各种不同性质和不同松紧程度的配合，需要一系列不同的公差带位置以组成各种不同的配合。

国家标准中已经将基本偏差标准化，孔和轴分别规定了 28 种公差带位置，用字母表示。大写字母表示孔，小写字母表示轴。26 个字母中除去 5 个容易与其他含义混淆的字母 I（i）、L（l）、O（o）、Q（q）、W（w），剩下的 21 个字母加上 7 个双写的字母 CD（cd）、EF（ef）、

FG（fg）、JS（js）、ZA（za）、ZB（zb）、ZC（zc），共 28 种，作为基本偏差标示符。这 28 种基本偏差构成基本偏差系列，如图 2-20 所示。

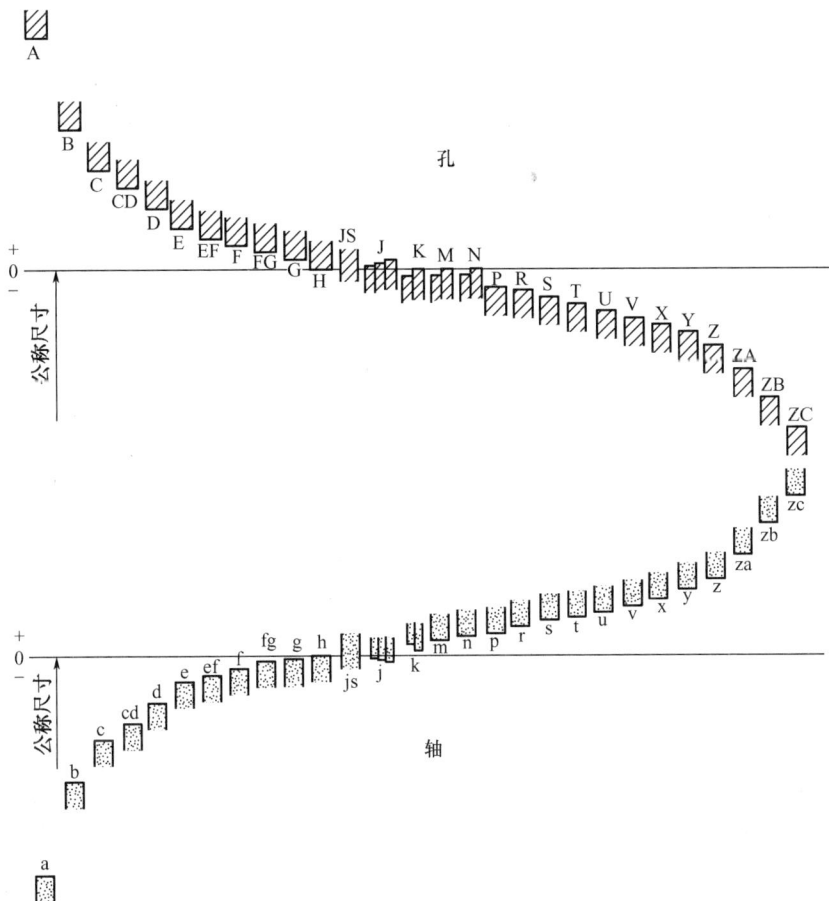

图 2-20　基本偏差系列

2．基本偏差系列特点

从图 2-20 可以看出，这些基本偏差的主要特点如下：

① 基本偏差系列中的 H（h）其基本偏差为零，即 H 的下极限偏差 $EI=0$，h 的上极限偏差 $es=0$。由前述可知，H 和 h 分别为基准孔和基准轴的基本偏差代号。

② JS（js）与零线对称；上极限偏差 ES（es）= +IT/2，下极限偏差 EI（ei）= −IT/2，上、下极限偏差均可作为基本偏差。以 J 和 j 为基本偏差组成的公差带跨在零线上，不对称分布，它们的基本偏差不一定是靠近零线的那个偏差。JS（js）将逐渐取代近似对称的偏差 J 和 j，所以在新的国家标准中，孔仅保留了 J6、J7、J8，轴仅保留了 j5、j6、j7 和 j8 等几种。因此，在基本偏差系列中将 J 和 j 放在 JS 和 js 的位置上。

③ 在孔的基本偏差系列中，A～H 的基本偏差为下极限偏差 EI（为正值或零）；J～ZC 的基本偏差为上极限偏差 ES（多为负值）。

④ 在轴的基本偏差系列中，a～h 的基本偏差为上极限偏差 es（为负值或零）；j～zc 的基本偏差为下极限偏差 ei（多为正值）。

⑤ K、M、N的基本偏差为上极限偏差；k的基本偏差为下极限偏差；因精度等级不同，其基本偏差数值不同，故同一代号有两个位置。

⑥ 在基本偏差系列图中，仅绘出了公差带的一端，对公差带的另一端未绘出"开口"，因为它取决于公差等级和这个基本偏差的组合。

3．基本偏差数值

① 轴的基本偏差的确定。轴的各种基本偏差是在基孔制的基础上制定的，是根据生产实践经验和科学实验，将轴的各种基本偏差整理为一系列的计算公式得到的，具体数值列于表2-2中。

轴的基本偏差确定后，在已知公差等级的情况下，即可确定轴的另一极限偏差。例如，轴的基本偏差为上极限偏差 es，标准公差为 IT，则可算出另一极限偏差 ei 为

$$ei=es\text{-}IT$$

同样，已知轴的基本偏差为下极限偏差 ei，标准公差为 IT，则可算出另一极限偏差 es 为

$$es=ei\text{+}IT$$

② 孔的基本偏差的确定。孔的基本偏差是在基轴制基础上制定的。由于基轴制与基孔制是两种平行等效的配合制度，所以孔的基本偏差不需要另外制定一套计算公式，而是根据同一字母的轴的基本偏差，按一定规则换算得到，具体数值列于表2-3中。

【特别提示】

在实际应用中，不论选择同级公差的孔、轴，还是不同级公差的孔、轴，也不论选用哪一种代号的配合，均可直接从表格中查出基本偏差数值，不必另行计算。

4．各种基本偏差所形成配合的特征

① 间隙配合：a～h（或A～H）11种基本偏差与基准孔的基本偏差H（或基准轴的基本偏差h）形成间隙配合。其中a与H（或A与h）形成配合的间隙最大。此后，间隙依次减小，基本偏差h与H所形成配合的间隙最小，该配合的最小间隙为零。

② 过渡配合：js、j、k、m、n（或JS、J、K、M、N）5种基本偏差与基准孔基本偏差H（或基准轴基本偏差h）形成过渡配合。其中js与H（或JS与h）形成的配合较松，获得间隙的概率较大。此后，配合依次变紧，n与H（或N与h）形成的配合较紧，获得过盈的概率较大。而标准公差等级很高的n与H（或N与h）形成的配合则为过盈配合。

③ 过盈配合：p～zc（或P～ZC）12种基本偏差与基准孔的基本偏差H（或基准轴的基本偏差h）形成过盈配合。其中p与H（或P与h）形成配合的过盈最小。此后，过盈依次增大，基本偏差zc与H（或ZC与h）所形成配合的过盈最大。

5．公差带代号和配合代号

公差带代号由孔、轴基本偏差标示符和标准公差等级的数字组合标示。例如，孔公差带代号H7、F8、M6、K5等，轴公差带代号h7、f8、m6、v5等。尺寸及其公差可以标示为 $\phi45^{+0.039}_{0}$、$\phi45H8$、$\phi45H8(^{+0.039}_{0})$ 或 $\phi45^{+0.039}_{0}$（H8）。把孔和轴公差带代号组合起来，就组成配合代号，用分数形式表示，分子代表孔，分母代表轴，如 $\phi25H7/s6$ 等，如图2-21所示。

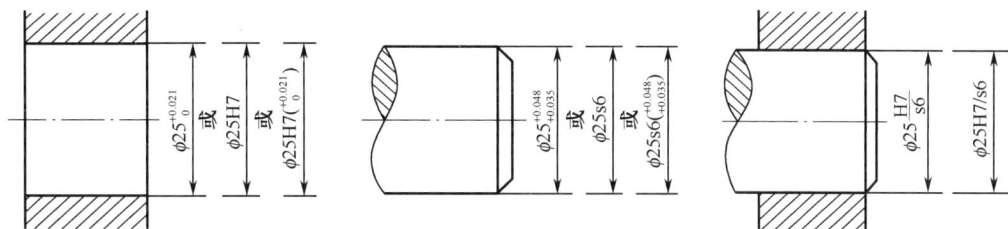

图 2-21 孔、轴尺寸及配合尺寸的标注

【特别提示】

当孔与轴有一个是标准件时，装配图上只在非标准件的公称尺寸后标注出基本偏差代号与公差等级。如减速器箱体座孔、输出轴轴颈与轴承的配合代号见图 2-17。

6．应用举例

【例 2.3】 确定 $\phi35$ H7/g6 及 $\phi35$ G7/h6 配合中孔与轴的极限偏差。

解：由表 2-1 查得，IT6=16μm，IT7=25μm。

由表 2-2 查得，g 的基本偏差 es=-9μm。

则

$\phi35$ H7：ES=+25μm，EI=0

$\phi35$ g6：es=-9μm，ei=es-IT6=-9-16=-25μm

查表 2-3 得 G 的基本偏差 EI=+9μm。

故

$\phi35$ G7：ES=EI+IT7=9+25=+34μm，EI=+9μm

$\phi35$ h6：es=0，ei=es-IT6=0-16=-16μm

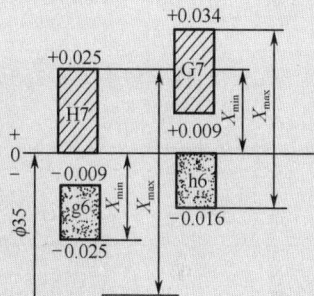

图 2-22 两对孔、轴配合

因而两对孔、轴配合可以表示为如图 2-22 所示形式。

从图中可以看到 $\phi35$ H7/g6 及 $\phi35$ G7/h6 两对配合的最大间隙与最小间隙均相等，即配合性质相同。

【验证讨论】

$\phi35$ H7/p6 及 $\phi35$ P7/h6 两对配合的配合性质是否相同？

2.2.4 国标中规定的公差带代号与配合

1．孔、轴的公差带代号

根据国家标准提供的标准公差和基本偏差，可以组成大量的、不同大小与位置的孔、轴公差带（孔有 203 种，轴有 204 种）。由不同的孔、轴公差带又可以组合成多种多样的配合。如果如此多的公差与配合全部投入使用，显然很不经济。通过对公差带代号选取的限制，可以避免工具和量具不必要的多样性。图 2-23 和图 2-24 分别给出了孔和轴的公差带代号，框中所示的公差带代号应优先选取。

表 2-2　轴的基本偏差数值

公称尺寸 /mm		基本偏差数值																
		上极限偏差 es												下极限偏差 ei				
		所有公差等级												IT5 和 IT6	IT7	IT8	IT4 至 IT7	≤IT3, >IT7
大于	至	a	b	c	cd	d	e	ef	f	fg	g	h	js	j			k	
—	3	−270	−140	−60	−34	−20	−14	−10	−6	−4	−2	0	偏差等于 $\pm\dfrac{\mathrm{IT}n}{2}$，n 是标准公差等级数	−2	−4	−6	0	0
3	6	−270	−140	−70	−46	−30	−20	−14	−10	−6	−4	0		−2	−4	—	+1	0
6	10	−280	−150	−80	−56	−40	−25	−18	−13	−8	−5	0		−2	−5	—	+1	0
10	14	−290	−150	−95	—	−50	−32	—	−16	—	−6	0		−3	−6	—	+1	0
14	18																	
18	24	−300	−160	−110	—	−65	−40	—	−20	—	−7	0		−4	−8	—	+2	0
24	30																	
30	40	−310	−170	−120	—	−80	−50	—	−25	—	−9	0		−5	−10	—	+2	0
40	50	−320	−180	−130														
50	65	−340	−190	−140	—	−100	−60	—	−30	—	−10	0		−7	−12	—	+2	0
65	80	−360	−200	−150														
80	100	−380	−220	−170	—	−120	−72	—	−36	—	−12	0		−9	−15	—	+3	0
100	120	−410	−240	−180														
120	140	−460	−260	−200	—	−145	−85	—	−43	—	−14	0		−11	−18	—	+3	0
140	160	−520	−280	−210														
160	180	−580	−310	−230														
180	200	−660	−340	−240	—	−170	−100	—	−50	—	−15	0		−13	−21	—	+4	0
200	225	−740	−380	−260														
225	250	−820	−420	−280														
250	280	−920	−480	−300	—	−190	−110	—	−56	—	−17	0		−16	−26	—	+4	0
280	315	−1050	−540	−330														
315	355	−1200	−600	−360	—	−210	−125	—	−62	—	−18	0		−18	−28	—	+4	0
355	400	−1350	−680	−400														
400	450	−1500	−760	−440	—	−230	−135	–	−68	—	−20	0		−20	−32	—	+5	0
450	500	−1650	−840	−480														

注：公称尺寸小于等于 1mm 时，不使用基本偏差 a 和 b。

（摘自 GB/T 1800.1—2020）　　　　　　　　　　　　　　　　　　　　　　　　　　　　　单位：μm

公称尺寸/mm		基本偏差数值 下极限偏差 ei 所有公差等级													
大于	至	m	n	p	r	s	t	u	v	x	y	z	za	zb	zc
—	3	+2	+4	+6	+10	+14	—	+18	—	+20	—	+26	+32	+40	+60
3	6	+4	+8	+12	+15	+19	—	+23	—	+28	—	+35	+42	+50	+80
6	10	+6	+10	+15	+19	+23	—	+28	—	+34	—	+42	+52	+67	+97
10	14	+7	+12	+18	+23	+28	—	+33	—	+40	—	+50	+64	+90	+130
14	18	+7	+12	+18	+23	+28	—	+33	+39	+45	—	+60	+77	+108	+150
18	24	+8	+15	+22	+28	+35	—	+41	+47	+54	+63	+73	+98	+136	+188
24	30	+8	+15	+22	+28	+35	+41	+48	+55	+64	+75	+88	+118	+160	+218
30	40	+9	+17	+26	+34	+43	+48	+60	+68	+80	+94	+112	+148	+220	+274
40	50	+9	+17	+26	+34	+43	+54	+70	+81	+97	+114	+136	+180	+242	+325
50	65	+11	+20	+32	+41	+53	+66	+87	+102	+122	+144	+172	+226	+300	+405
65	80	+11	+20	+32	+43	+59	+75	+102	+120	+146	+174	+210	+274	+360	+480
80	100	+13	+23	+37	+51	+71	+91	+124	+146	+178	+214	+258	+335	+445	+585
100	120	+13	+23	+37	+54	+79	+104	+144	+172	+210	+256	+310	+400	+525	+690
120	140	+15	+27	+43	+63	+92	+122	+170	+202	+248	+300	+365	+470	+620	+800
140	160	+15	+27	+43	+65	+100	+134	+190	+228	+280	+340	+415	+535	+700	+900
160	180	+15	+27	+43	+68	+108	+146	+210	+252	+310	+380	+465	+600	+780	+1000
180	200	+17	+31	+50	+77	+122	+166	+236	+284	+350	+425	+520	+670	+880	+1150
200	225	+17	+31	+50	+80	+130	+180	+258	+310	+385	+470	+575	+740	+960	+1250
225	250	+17	+31	+50	+84	+140	+196	+284	+340	+425	+520	+640	+820	+1050	+1350
250	280	+20	+34	+56	+94	+158	+218	+315	+385	+475	+580	+710	+920	+1200	+1550
280	315	+20	+34	+56	+98	+170	+240	+350	+425	+525	+650	+790	+1000	+1300	+1700
315	355	+21	+37	+62	+108	+190	+268	+390	+475	+590	+730	+900	+1150	+1500	+1900
355	400	+21	+37	+62	+114	+208	+294	+435	+530	+660	+820	+1000	+1300	+1650	+2100
400	450	+23	+40	+68	+126	+232	+330	+490	+595	+740	+920	+1100	+1450	+1850	+2400
450	500	+23	+40	+68	+132	+252	+360	+540	+660	+820	+1000	+1250	+1600	+2100	+2600

表2-3　孔的基本偏差数值

公称尺寸/mm 大于	至	基本偏差数值 下极限偏差 EI（所有公差等级） A	B	C	CD	D	E	EF	F	FG	G	H	JS	上极限偏差 ES J IT6	J IT7	J IT8	K ≤IT8	K >IT8	M ≤IT8	M >IT8
—	3	+270	+140	+60	+34	+20	+14	+10	+6	+4	+2	0		+2	+4	+6	0	0	−2	−2
3	6	+270	+140	+70	+36	+30	+20	+14	+10	+6	+4	0		+5	+6	+10	−1+Δ	—	−4+Δ	−4
6	10	+280	+150	+80	+56	+40	+25	+18	+13	+8	+5	0		+5	+8	+12	−1+Δ	—	−6+Δ	−6
10 / 14	14 / 18	+290	+150	+95	—	+50	+32	—	+16	—	+6	0		+6	+10	+15	−1+Δ	—	−7+Δ	−7
18 / 24	24 / 30	+300	+160	+110	—	+65	+40	—	+20	—	+7	0		+8	+12	+20	−2+Δ	—	−8+Δ	−8
30 / 40	40 / 50	+310 / +320	+170 / +180	+120 / +130	—	+80	+50	—	+25	—	+9	0	偏差等于 $\pm\dfrac{ITn}{2}$，n是标准公差等级数	+10	+14	+24	−2+Δ	—	−9+Δ	−9
50 / 65	65 / 80	+340 / +360	+190 / +200	+140 / +150	—	+100	+60	—	+30	—	+10	0		+13	+18	+28	−2+Δ	—	−11+Δ	−11
80 / 100	100 / 120	+380 / +410	+220 / +240	+170 / +180	—	+120	+72	—	+36	—	+12	0		+16	+22	+34	−3+Δ	—	−13+Δ	−13
120 / 140 / 160	140 / 160 / 180	+440 / +520 / +580	+260 / +280 / +310	+200 / +210 / +230	—	+145	+85	—	+43	—	+14	0		+18	+26	+41	−3+Δ	—	−15+Δ	−15
180 / 200 / 225	200 / 225 / 250	+660 / +740 / +820	+340 / +380 / +420	+240 / +260 / +280	—	+170	+100	—	+50	—	+15	0		+22	+30	+47	−4+Δ	—	−17+Δ	−17
250 / 280	280 / 315	+920 / +1050	+480 / +540	+300 / +330	—	+190	+110	—	+56	—	+17	0		+25	+36	+55	−4+Δ	—	−20+Δ	−20
315 / 355	355 / 400	+1200 / +1350	+600 / +680	+360 / +400	—	+120	+150	—	+62	—	+18	0		+29	+39	+60	−4+Δ	—	−21+Δ	−21
400 / 450	450 / 500	+1500 / +1650	+760 / +840	+440 / +480	—	+230	+135	—	+68	—	+20	0		+33	+43	+66	−5+Δ	—	−23+Δ	−23

注：公称尺寸小于等于1mm时，不适用基本偏差A和B。特例：对于公称尺寸为250mm～315mm的公差带代号M6，ES＝−9μm。

（摘自 GB/T 1800.1—2020）　　　　　　　　　　　　　　　　　　　　单位：μm

公称尺寸/mm		基本偏差数值 上极限偏差 ES															Δ/μm 标准公差等级					
大于	至	≤IT8	>IT8	≤IT7	>IT7 的标准公差等级												3	4	5	6	7	8
		N	N	P~ZC	P	R	S	T	U	V	X	Y	Z	ZA	ZB	ZC						
—	3	-4	-4		-6	-10	-14	—	-18	—	-20	—	-26	-32	-40	-60	0					
3	6	-8+Δ	0	在大于IT7的标准公差等级的基本偏差数值上增加一个Δ值	-12	-15	-19	—	-23	—	-28	—	-35	-42	-50	-80	1	1.5	1	3	4	6
6	10	-10+Δ	0		-15	-19	-23	—	-28	—	-34	—	-42	-52	-67	-97	1	1.5	2	3	6	7
10	14	-12+Δ	0		-18	-23	-28	—	-33	—	-40	—	-50	-64	-90	-130	1	2	3	3	7	9
14	18									-39	-45	—	-60	-77	-108	-150						
18	24	-15+Δ	0		-22	-28	-35	—	-41	-47	-54	-65	-73	-98	-136	-188	1.5	2	3	4	8	12
24	30							-41	-48	-55	-64	-75	-88	-118	-160	-218						
30	40	-17+Δ	0		-26	-34	-43	-48	-60	-68	-80	-94	-112	-148	-200	-274	1.5	3	4	5	9	14
40	50							-54	-70	-81	-95	-114	-136	-180	-242	-325						
50	65	-20+Δ	0		-32	-41	-53	-66	-87	-102	-122	-144	-172	-226	-300	-400	2	3	5	6	11	16
65	80					-43	-59	-75	-102	-120	-146	-174	-210	-274	-360	-480						
80	100	-23+Δ	0		-37	-51	-71	-92	-124	-146	-178	-214	-258	-335	-445	-585	2	4	5	7	13	19
100	120					-54	-79	-104	-144	-172	-210	-254	-310	-400	-525	-690						
120	140	-27+Δ	0		-43	-63	-92	-122	-170	-202	-248	-300	-365	-470	-620	-800	3	4	6	7	15	23
140	160					-65	-100	-134	-190	-228	-280	-340	-415	-535	-700	-900						
160	180					-68	-108	-146	-210	-252	-310	-380	-465	-600	-780	-1000						
180	200	-31+Δ	0		-50	-77	-122	-166	-236	-284	-350	-425	-520	-670	-880	-1150	3	4	6	9	17	26
200	225					-80	-130	-180	-258	-310	-385	-470	-575	-740	-960	-1250						
225	250					-84	-140	-196	-284	-340	-425	-520	-640	-820	-1050	-1350						
250	280	-34+Δ	0		-56	-94	-158	-218	-315	-385	-475	-580	-710	-920	-1200	-1500	4	4	7	9	20	29
280	315					-98	-170	-240	-350	-425	-525	-650	-790	-1000	-1300	-1700						
315	355	-37+Δ	0		-62	-108	-190	-268	-390	-475	-590	-730	-900	-1150	-1500	-1900	4	5	7	11	21	32
355	400					-114	-208	-294	-435	-530	-660	-820	-1000	-1300	-1650	-2100						
400	450	-40+Δ	0		-68	-126	-232	-330	-490	-595	-740	-920	-1100	-1450	-1850	-2400	5	5	7	13	23	34
450	500					-132	-252	-360	-540	-660	-820	-1000	-1250	-1600	-2100	-2600						

					G6	H6	JS6	K6	M6	N6	P6	R6	S6	T6
				F7	G7	H7	JS7	K7	M7	N7	P7	R7	S7	T7	U7	X7
			E8	F8	G7	H8	JS8	K8	M8	N8	P8	R8
		D9	E9	F9		H9
	C10	D10	E10			H10
A11	B11	C11	D11			H11

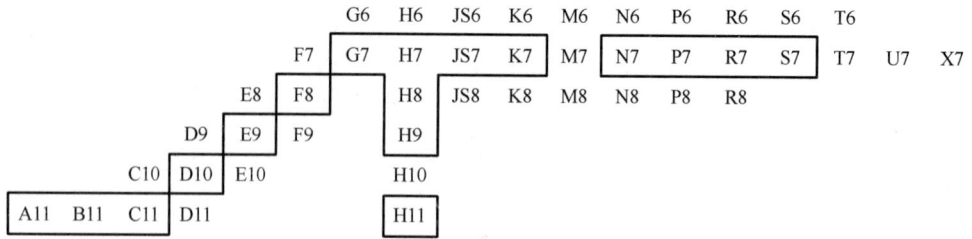

图 2-23　孔的公差带代号

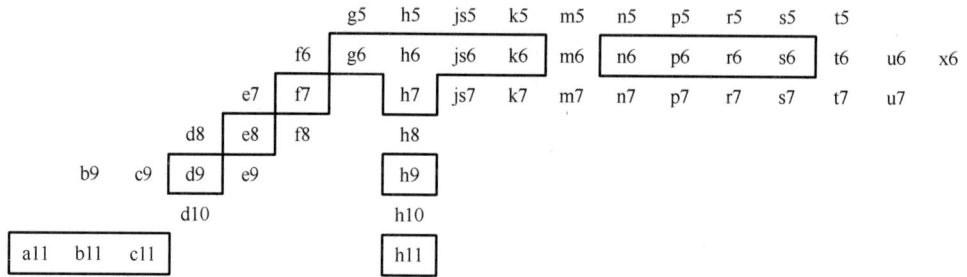

					g5	h5	js5	k5	m5	n5	p5	r5	s5	t5
				f6	g6	h6	js6	k6	m6	n6	p6	r6	s6	t6	u6	x6
			e7	f7		h7	js7	k7	m7	n7	p7	r7	s7	t7	u7
		d8	e8	f8		h8
b9	c9	d9	e9			h9
		d10				h10
a11	b11	c11				h11

图 2-24　轴的公差带代号

2．孔、轴的配合

孔、轴公差带进行组合可得近三十万种配合，远远超过了实际需要。对于通常的工程，只需要许多可能的配合中的少数。因此，国家标准在规定了孔、轴可选用的公差带代号的基础上，还规定了孔、轴的配合。公称尺寸不大于 500mm 范围内，基孔制优先配合如表 2-4 所示，基轴制优先配合如表 2-6 所示。

表 2-4　基孔制优先配合（GB/T 1800.1—2020）

基准孔	轴公差带代号																
	b	c	d	e	f	g	h	js	k	m	n	p	r	s	t	u	x
	间隙配合							过渡配合				过盈配合					
H6						g5	h5	js5	k5	m5	n5	p5					
H7					f6	▼g6	▼h6	▼js6	▼k6	m6	▼n6	▼p6	▼r6	▼s6	t6	u6	x6
H8				e7	▼f7		▼h7	js7	k7	m7				s7		u7	
			d8	▼e8	f8		h8										
H9			d8	▼e8	f8		h8										
H10	b9	c9	▼d9	e9			▼h9										
H11	▼b11	▼c11	d10				h10										

注：标注 ▼ 的配合为优先配合。

表2-5 基轴制优先配合（GB/T 1800.1—2020）

基轴孔	孔公差带代号																		
	B	C	D	E	F	G	H	JS	K	M	N	P	R	S	T	U	X		
	间隙配合							过渡配合				过盈配合							
h5						G6	H6	JS6	K6	M6	N6	P6							
h6					F7	▼G7	▼H7	▼JS7	▼K7	M7	▼N7	▼P7	▼R7	▼S7	T7	U7	X7		
h7				E8	▼F8		▼H8												
h8			D8	▼E9	F9		▼H9												
				E8	▼F8		▼H8												
h9			D9	▼E9	F9		▼H9												
	▼B11	C10	▼D10				H10												

注：标注▼的配合为优先配合。

【特别提示】

当有特殊需要时，可以根据生产和使用的要求自行选用公差带并组成配合。

3. 一般公差、线性尺寸的未注公差

一般公差是指在车间通常加工条件下可保证的公差，是机床设备在正常维护和操作情况下能达到的经济加工精度。采用一般公差时，在该尺寸后不标注极限偏差或其他代号，所以也称未注公差。

一般公差主要用于较低精度的非配合尺寸。当功能上允许的公差等于或大于一般公差时，均应采用一般公差；只有当要素的功能允许比一般公差大的公差，且注出更为经济时，如装配所钻盲孔的深度，则相应的极限偏差要在尺寸后注出。在正常情况下，一般公差可不必检验。一般公差适用于金属切削加工的尺寸、一般冲压加工的尺寸，对非金属材料和其他工艺方法加工的尺寸也可参照采用。

《一般公差 未注公差的线性和角度尺寸的公差》（GB/T 1804—2000）中规定了4个公差等级，线性尺寸的极限偏差数值如表2-6所示，倒圆半径和倒角高度尺寸的极限偏差数值如表2-7所示。

表2-6 线性尺寸的极限偏差数值（摘自GB/T 1804—2000） 单位：mm

公差等级	基本尺寸分段							
	0.5~3	>3~6	>6~30	>30~120	>120~400	>400~1000	>1000~2000	>2000~4000
f（精密）	±0.05	±0.05	±0.1	±0.15	±0.2	±0.3	±0.5	—
m（中等）	±0.1	±0.1	±0.2	±0.3	±0.5	±0.8	±1.2	±2
c（粗糙）	±0.2	±0.3	±0.5	±0.8	±1.2	±2	±3	±4
v（最粗）	—	±0.5	±1	±1.5	±2.5	±4	±6	±8

采用一般公差时，在图样上不标注公差，但应在技术要求中做相应注明，如选用中等级m时，表示为GB/T 1804—2000-m。

表 2-7　倒圆半径和倒角高度尺寸的极限偏差数值（摘自 GB/T 1804—2000）　　　单位：mm

公差等级	基本尺寸分段			
	0.5～3	>3～6	>6～30	>30
f（精密）	±0.2	±0.5	±1	±2
m（中等）				
c（粗糙）	±0.4	±1	±2	±4
v（最粗）				

任务小结

图 1-1 中减速器输出轴端盖与箱体座孔的极限与配合见图 2-17，配合公差代号为 ϕ100J7/f9，其含义解读如下：

由于箱体座孔同时与轴承外环和端盖两个零件的外径尺寸配合，而轴承为标准部件，所以箱体座孔的公称尺寸与轴承外环的公称尺寸相同，为 ϕ100mm；箱体座孔内径尺寸公差要由与标准部件轴承的配合性质决定，考虑在满足功能要求前提下的装配工艺，箱体座孔与轴承外环选择过渡配合，考虑运转及负荷状态，参照轴承公差及配合标准，箱体座孔的公差代号为 J7，即箱体座孔的尺寸公差代号为 ϕ100J7。查标准公差数值表，IT7=0.035mm；查孔的基本偏差数值表，箱体座孔的基本偏差为上极限偏差 ES=+0.022mm；则通过计算得下极限偏差 EI=−0.013mm，上极限尺寸 D_{max}=ϕ100.022mm，下极限尺寸 D_{min}=ϕ99.987mm。

输出轴端盖与轴承座孔配合，所以输出轴端盖配合外径公称尺寸为 ϕ100mm，配合要求很松，它的连接可靠性主要靠螺钉连接来保证，对配合精度要求低，相配合的孔件和轴件既没有相对运动，又不承受外界负荷，所以输出轴端盖的配合外径采用 IT9 是经济合理的。为了保证在拧紧螺钉时不使端盖发生歪斜，输出轴端盖与轴承座孔配合间隙不可太大，所以可选输出轴端盖的公差代号为 f9，即输出轴端盖的配合外径尺寸公差代号为 ϕ100f9，查标准公差数值表，IT9=0.087mm；查轴的基本偏差数值表，输出轴端盖的配合外径的基本偏差为上极限偏差即 es=−0.036mm；则通过计算得下极限偏差 ei=−0.123mm，上极限尺寸 d_{max}=ϕ99.964mm，下极限尺寸 d_{min}=ϕ99.877mm。

减速器输出轴端盖与箱体座孔的配合公差代号为 ϕ100J7/f9，标注在减速器装配图中。

任务3　设计尺寸公差及配合

课前	准备及预习	了解配合的选择
课中	互动提问	1. 基准制配合有几种，各有什么特点？
		2. 选用标准公差等级的原则是什么？
		3. 孔与轴之间有相对运动，只能选用间隙配合，对吗
课后	作业	练习题 4

试选用图 1-1 中减速器输出轴轴头与大齿轮孔、轴颈与轴承的公差与配合，并标注在装配图中，其装配图如图 2-25 所示。

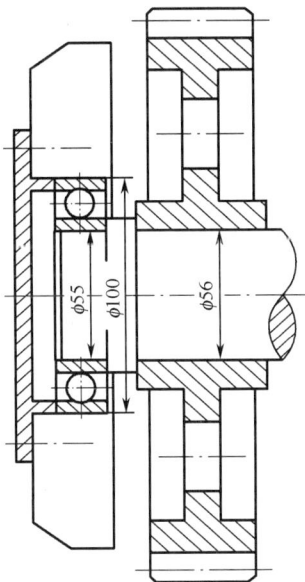

图 2-25　减速器输出轴轴头与大齿轮孔、轴颈与轴承的装配图

设计尺寸公差及配合，即极限与配合的选择，是机械设计和制造中非常重要的一环，是一项既重要又困难的工作。合理的选择，不但有利于产品质量的提高，而且有利于生产成本的降低。在设计工作中，极限与配合的选择主要包括配合制、公差等级和配合种类的选择。选择原则是既要保证机械产品的性能优良，又要兼顾经济可行。

2.3.1　配合制的选择

配合制主要指基准制和非基准制，基准制包括基孔制和基轴制，基孔制和基轴制可以满足同样的使用要求。选用配合制主要从产品结构、工艺和经济性等方面来综合考虑，并遵循以下原则进行。

1. 一般情况下优先选用基孔制

一般孔比轴难加工，并且通常用定值刀具（如钻头、绞刀、拉刀等）加工，使用塞规检验；而轴使用通用刀具（如车刀、砂轮等）加工，便于用普通计量器具测量。因此，优先采用基孔制可减少定值刀具和塞规的规格种类和数量，是经济合理的。

2．有些情况下选用基轴制

在下列情况下采用基轴制较为经济合理：

（1）当配合的公差等级要求不高时，可直接采用冷拉钢材直接做轴（这种轴是按基轴制的轴制造的，已经标准化，尺寸公差等级一般为IT7～IT9），而不需要进行机械加工，因此采用基轴制较为经济合理，对于细小直径的轴尤为明显。

（2）在同一公称尺寸的轴上需要装配几个具有不同配合性质的零件时，要求采用基轴制。如图 2-26（a）所示活塞连杆机构中，活塞销同时与连杆孔和活塞孔相配合，连杆要转动，故采用间隙配合（H6/h5），而与活塞孔的配合要求紧些，故采用过渡配合（M6/h5）。如采用基孔制，则如图 2-26（b）所示，活塞销需做成中间小、两头大的阶梯形，这种形状的活塞销加工不方便，同时装配也困难，易拉毛连杆孔；反之，采用基轴制，如图 2-22（c）所示，则活塞销的尺寸不变，制成光轴，而连杆孔、活塞孔分别按不同要求加工，较为经济合理且便于装配。

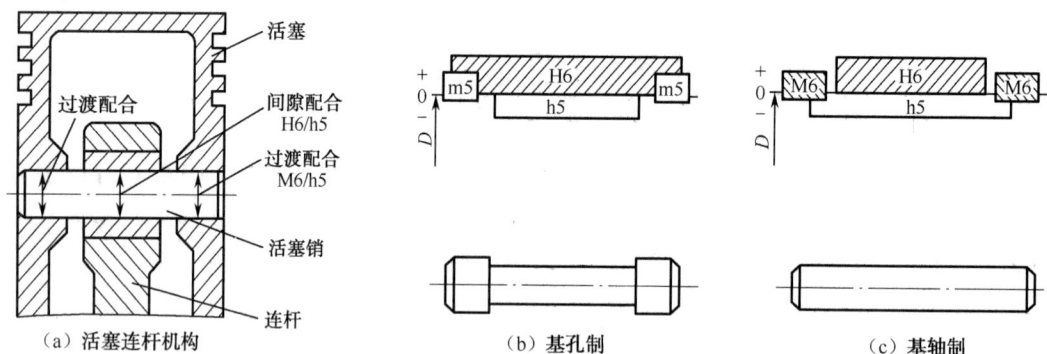

图 2-26　活塞连杆机构的配合

（3）若与标准件配合，应以标准件为基准件来确定采用基孔制还是基轴制。

对于与标准件配合的孔或轴，基准制的选择要依据标准件而定。例如，与滚动轴承内圈相配合的轴应选用基孔制，而与滚动轴承外圈相配合的壳体孔则应选用基轴制。

3．特殊情况可以采用非基准制

为满足配合的特殊要求，必要时采用任意孔、轴公差带组成非基准制的配合（混合制配合），如图 2-17 中减速器箱体座孔和输出轴端盖处的配合。

2.3.2　尺寸公差等级选择

公差等级的选择是一项重要又比较困难的工作，因为公差等级的高低直接影响产品使用性能和加工的经济性。公差等级过低，产品质量得不到保证；公差等级过高，将使制造成本增加。所以，必须综合考虑这两方面。

1．公差等级选择原则

选用公差等级的原则：在充分满足使用要求的前提下，考虑工艺的可能性，尽量选用精度较低的公差等级。

2．公差等级的选择方法

（1）类比法（经验法）：参考经过实践证明合理的类似产品的公差等级，将所设计的机械（机构、产品）的使用性能、工作条件、加工工艺装备等情况与之进行比较，从而确定合理的公差等级。初学者多采用类比法，此方法主要通过查阅参考资料、手册，并进行分析比较后确定公差等级。类比法多用于一般要求的配合。

（2）计算法：根据一定理论和公式计算后，根据尺寸公差与配合的标准确定合理的公差等级。即根据工作条件和使用性能要求确定配合部位的间隙或过盈允许的界限，然后通过计算法确定相配合的孔、轴的公差等级。计算法多用于重要的配合。

3．确定公差等级应考虑的几个问题

（1）遵守工艺等价原则。

在按使用要求确定了配合公差 T_f 后，由于 $T_f = T_h + T_s$，这里 T_h 与 T_s 的公差分配可按工艺等价性考虑。孔和轴的工艺等价性是指孔和轴加工难易程度应相当。

在公称尺寸小于或等于 500mm 时，为了使组成配合的孔、轴工艺等价，孔比轴的公差等级要低一级，主要用于中高精度的配合；在间隙和过渡配合中孔的标准公差≤IT8，过盈配合中孔的标准公差≤IT7 时，可确定轴的公差等级比孔高一级，如 H7/f6、H7/p6；低精度的孔和轴可采用同级配合，如 H8/s8；在公称尺寸大于 500mm 时，孔、轴的公差等级相同。

（2）联系相配合零部件的相关精度要求。

与标准件相配合的零件，其公差等级由标准件的精度要求所决定。如与轴承配合的孔和轴，其公差等级由轴承的精度等级来决定，与 0 级滚动轴承配合的轴径一般为 IT6、轴承座孔一般为 IT7。与齿轮孔相配合的轴，其配合部位的公差等级由齿轮的精度等级所决定，如 7、8 级齿轮的基准轴为 IT6，7、8 级齿轮的基准孔为 IT7。

（3）满足配合要求的前提下，孔、轴的公差等级可以任意组合，不受工艺等价原则限制。

如轴承端盖与轴承座孔的配合要求很松，它的连接可靠性主要靠螺钉连接来保证，对配合精度要求低，相配合的孔和轴既没有相对运动，又不承受外界负荷，所以轴承端盖的配合外径采用 IT9 是经济合理的。轴承座孔的公差等级是由轴承的外径精度所决定的，如 IT7，此处如果轴承端盖的配合外径按工艺等价原则采用 IT6，则反而是不合理的，会提高制造成本，对提高产品质量起不到任何作用。

（4）联系配合。

一般的非配合尺寸要比配合尺寸的公差等级低；对过渡配合或过盈配合，一般不允许其间隙或过盈的变动太大，因此公差等级不能太低，孔可选标准公差≤IT8，轴可选标准公差≤IT7。间隙配合可不受此限制。但间隙小的配合公差等级应较高，间隙大的配合公差等级可以低些。如选用 H6/g5 和 H11/a11 是可以的，而选用 H11/g11 和 H6/a5 就不合理了。

（5）用类比法确定公差等级时，在满足设计要求的前提下，应尽量考虑工艺的可能性和经济性，查明各个公差等级的应用范围，了解各种加工方法所能达到的精度，具体如表 2-8～表 2-10 所示。

表 2-8 公差等级的应用范围

应用			公差等级 IT																		
			01	0	1	2	3	4	5	6	7	8	9	10	11	12	13	14	15	16	17	18
量块			———	———	———																	
量规	高精度					———	———	———	———													
	低精度									———	———											
孔与轴配合	特别精密	轴				———	———	———														
		孔					———	———	———													
	精密	轴						———	———	———												
		孔							———	———	———											
	中等精度	轴									———	———	———									
		孔										———	———	———								
	低精度														———	———						
非配合尺寸																———	———	———	———	———	———	———
原材料公差											———	———	———	———	———	———	———					

表 2-9 常用公差等级的应用实例

公差等级	应 用
IT5 （孔为IT6）	主要用在对配合公差、几何公差要求很高的地方，其配合性质稳定，一般在机床、发动机、仪表等重要部位应用。例如，与IT5滚动轴承配合的外壳孔，与IT6滚动轴承配合的机床主轴，机床的尾架、套筒，精密机械及高速机械中的轴颈，精密丝杠轴径等
IT6 （孔为IT7）	配合性质能达到较高的均匀性。例如，与IT6滚动轴承相配合的孔、轴径；与齿轮、蜗轮、联轴器、带轮、凸轮等连接的轴径、机床丝杠轴径；摇臂钻立柱；机床夹具中导向件的外径；IT6精度齿轮的基准孔；IT7、IT8精度齿轮的基准轴
IT7	IT7精度比IT6精度要求稍低，应用条件与IT6基本相似，在一般机械制造中应用较为普遍。例如，联轴器、带轮、凸轮等孔径；机床夹盘座孔；夹具中固定钻套；IT7、IT8齿轮基准孔；IT9、IT10齿轮基准轴
IT8	在机械制造中属于中等精度。例如，轴承座衬套沿宽度方向尺寸；IT9~IT12齿轮基准孔；IT11~IT12齿轮基准轴
IT9、IT10	主要用于机械制造中轴套外径与孔、操纵件与轴、带轮与轴、单键与花键
IT11、IT12	配合精度很低，装配后可能产生很大间隙，适用于基本上没有什么配合要求的场合。例如，机床的法兰盘与止口、滑块与滑移齿轮、加工工序间尺寸、冲压加工的配合件、机床制造中的扳手孔与扳手座的连接

表 2-10 各种加工方法能达到的公差等级

加工方法	公差等级 IT																			
	01	0	1	2	3	4	5	6	7	8	9	10	11	12	13	14	15	16	17	18
研磨	—	—	—	—	—	—														
珩磨						—	—	—	—											
圆磨							—	—	—	—										
平磨							—	—	—	—										
金刚石车							—	—	—											
全刚石镗							—	—	—											
拉削							—	—	—	—										
铰孔								—	—	—	—									
车									—	—	—	—	—							
镗									—	—	—	—	—							
铣									—	—	—	—	—							
刨插												—	—							
钻孔												—	—	—						
滚压、挤压												—	—							
冲压												—	—	—	—	—				
压铸													—	—	—	—				
粉末冶金成形								—	—	—										
粉末冶金烧结									—	—	—									
砂型锻造、气割																	—	—	—	—
锻造																		—	—	

2.3.3 配合的选择

选择配合主要是为了解决配合零件在机器工作时的相互关系，以保证机器中各个零件能协调动作，实现预定的任务。正确地选择配合，可以提高机器的性能、质量和使用寿命，并使加工经济合理。

选择配合时，应首先考虑选用标准中规定的优先配合，其次选择常用配合，再次采用一般用途孔、轴公差带组成的配合，必要时可选用任意孔、轴公差带组成的配合。

1. 配合选择的方法

配合的选择有三种方法：计算法、实验法和类比法。

用计算法选择标准公差等级和配合种类，通常要用到相关专业理论知识，通过一些公式计算出极限间隙或极限过盈，可以借助计算机来完成。

用实验法选择标准公差等级和配合种类，主要用于对产品质量和性能有极大影响的重要配合，通过一定数量的实验，确定出最佳工作性能所需的极限间隙或极限过盈，这种方法费时、费力，费用颇高，因此很少采用。

用类比法选择标准公差等级和配合种类是设计时常用的方法，借鉴使用效果良好的同类产品的技术资料或参考有关资料并加以分析来确定孔轴的极限尺寸。这种方法就是凭经验，在生产实践中广泛应用。

2. 配合选择的步骤

采用类比法时，可以按照下列步骤选择配合。功能要求及对应的配合类型如表 2-11 所示。

表 2-11　功能要求及对应的配合类型

			永久结合	过盈配合
无相对运动	要传递转矩	要精确同轴	可拆结合	过渡配合或基本偏差为 H（h）[1]的间隙配合加紧固件[2]
		不要精确同轴		间隙配合加紧固件
	不要传递转矩			过渡配合或轻的过盈配合
有相对运动	只有移动			基本偏差为 H（h）、G(g)[1]等的间隙配合
	转动或转动和移动形成的复合运动			基本偏差为 A～F（a～f）[1]等的间隙配合

注：① 指非基准件的基本偏差代号；

　　② 紧固件指键、销钉和螺钉等。

1）确定配合的类型

根据配合部位的功能要求，确定配合的类型。

（1）间隙配合

间隙配合有 A～H（a～h）共 11 种，其特点是利用间隙存储润滑油及补偿温度变形、安装误差、弹性变形所引起的误差。其在生产中应用广泛，不仅用于运动配合，加紧固件后也可用于传递力矩。不同基本偏差代号与基准孔（或基准轴）分别形成不同间隙的配合，主要依据变形、误差需要补偿间隙的大小，相对运动速度，是否要求定心和是否经常装拆来选定。各种间隙配合的性能特征如表 2-12 所示。

表 2-12　各种间隙配合的性能特征

基本偏差代号	a、b（A、B）	c（C）	d（D）	e（E）	f（F）	g（G）	h（H）
间隙大小	特大间隙	很大间隙	大间隙	中等间隙	小间隙	较小间隙	很小间隙 $X_{\min}=0$
配合松紧程度	松 ← --→ 紧						
定心要求	无对中、定心要求					略有定心功能	有一定的定心功能
摩擦类型	紊流液体摩擦		层流液体摩擦				半液体摩擦
润滑性能	差 ← ------------→ 好 ← --------------------------→ 差						
相对运动速度	—	慢速转动	高速转动		中速转动	低速转动或移动（或手动移动）	

（2）过渡配合

过渡配合有 JS～N（js～n）5 种基本偏差，其主要特点是定心精度高且可拆卸，也可加键、销等紧固件后用于传递力矩，主要根据机构受力情况、定心精度和要求、装拆次数来考虑基本偏差的选择。定心要求高、受冲击负荷、不常拆卸的，可选较紧的基本偏差，如 N（n）；反之应选较松的配合，如 K（k）或 JS（js）。各种过渡配合的性能特征如表 2-13 所示。

表 2-13 各种过渡配合的性能特征

基本偏差	js（JS）	k（K）	m（M）	n（N）
间隙或过盈量	过盈率很小；稍有平均间隙	过盈率中等；平均间隙（过盈）接近零	过盈率较大；平均过盈较小	过盈率大；平均过盈稍大
定心要求	可达一般高的定心精度	可达较高的定心精度	可达精密的定心精度	可达很精密的定心精度
装配和拆卸性能	木锤装配；拆卸方便	木锤装配；拆卸比较方便	最大过盈时需要相当大的压入力才可以拆卸	用锤或压力机装配，拆卸困难

（3）过盈配合

过盈配合有 P～ZC（p～zc）12 种基本偏差，其特点是由于有过盈，装配后孔的尺寸被胀大而轴的尺寸被压小；产生弹性变形，在结合面上产生一定的正压力和摩擦力，用以传递力矩和紧固件。选择过盈配合时，如不加键、销等紧固件，则最小过盈应能保证传递所需的力矩，最大过盈应不使材料被破坏，故配合公差不能太大，所以公差等级一般为 IT5～IT7。基本偏差根据最小过盈量及结合件的标准来选取。各种过盈配合的性能特征如表 2-14 所示。

表 2-14 各种过盈配合的性能特征

基 本 偏 差	p、r（P、R）	s、t（S、T）	u、v（U、V）	x、y、z（X、Y、Z）
过盈量	较小与小的过盈	中等与大的过盈	很大的过盈	特大过盈
传递扭矩的大小	加紧固件传递一定的扭矩与轴向力，属轻型过盈配合；不加紧固件可用于准确定心，仅传递小扭矩，需轴向定位	不加紧固件传递较小的扭矩与轴向力，属中型过盈配合	不加紧固件传递较大的扭矩与动载荷，属重型过盈配合	需传递特大扭矩和动载荷，属特重型过盈配合
装配和拆卸性能	装配时适用吨位小的压力机，用于需要拆卸的配合	用于很少拆卸的配合	用于不拆卸（永久结合）的配合	

注：① p（P）与 r（R）在特殊情况下可能为过渡配合，如当公称尺寸小于 3mm 时，H7/p6 为过渡配合；当公称尺寸小于 100mm 时，H8/r7 为过渡配合。

② x（X）、y（Y）、z（Z）一般不推荐，需经实验后才可应用。

2）确定非基准件的基本偏差代号

根据配合部位具体的功能要求，通过查表，比照配合的应用实例，参考各种配合的性能特征，选择合适的配合，即确定非基准件的基本偏差代号。具体可参考表 2-15 优先配合选用说明及表 2-16 各种基本偏差的特性及应用。

表 2-15 优先配合选用说明

配合类别	配合特征	配合代号	应用
间隙配合	特大间隙	（H11/b11）　H10/b9	用于高温下工作或工作时要求大间隙的配合
	很大间隙	（H11/c11）　H11/d10	用于工作条件较差、受力变形或为了便于装配而需要大间隙的配合和高温下工作的配合
	较大间隙	H10/c9　（H10/d9）　H10/e9　H9/d8　（H9/e8） H8/d8　（H8/e8）　H8/e7	用于高速重载的滑动轴承或大直径的滑动轴承，也可用于大跨距或多支点支承的配合
	一般间隙	H9/f8　H8/f8　（h8/f7）　H7/f6	用于一般转速的动配合，当温度影响不大时，广泛应用于普通润滑油润滑的支承处
	很小间隙	（H7/g6）	用于精密滑动零件或缓慢间歇回转的零件配合
	很小间隙和零间隙	H6/g5　H11/h11　（H10/h9）　H9/h8　H8/h8 （H8/h7）　（H7/h6）　h6/h5	用于不同精度要求的一般定位件的配合和缓慢移动与摆动零件的配合
过渡配合	绝大部分有微小间隙	H8/js7　（H7/js6）　H6/js5	用于易于装拆的定位配合或加紧固件后可传递一定静载荷的配合
	大部分有微小间隙	H8/k7　（H7/k6）　H6/k5	用于稍有振动的定位配合，加紧固件可传递一定载荷，装拆方便，可用木锤敲入
	大部分有微小过盈	H8/m7　H7/m6　H6/m5	用于定位精度较高且能抗振的定位配合，加键可传递较大载荷，可用铜锤敲入或小压力压入
	绝大部分有微小过盈	（H7/n6）	用于精确定位或紧密组合件的配合，加键能传递大力矩或冲击性载荷，只在大修时拆卸
	绝大部分有较小过盈	H8/p7	加键后能传递很大力矩，且承受振动和冲击的配合，装配后不再拆卸
过盈配合	轻型	H6/n5　（H7/p6）　H6/p5　（H7/r6）	用于精确的定位配合，一般不能靠过盈传递力矩，要传递力矩需加紧固件
	中型	H8/s7　（H7/s6）　H7/t6	无须加紧固件就可传递较小力矩和轴向力，加紧固件后可承受较大载荷或动载荷的配合
	重型	H8/u7　H7/u6	无须加紧固件就可传递和承受大的力矩和动载荷的配合，要求零件材料有高强度
	特重型	H7/x6	能传递与承受很大力矩和动载荷的配合，实验后方可应用

注：① 括号内的配合为优先配合；

　　② 国家标准规定的 59 种基轴制配合的应用与本表中的同名配合相同。

表 2-16 各种基本偏差的特性及应用

配合	基本偏差	特性及应用示例
间隙配合	a（A）、b（B）	可得到特别大的间隙，应用场合很少

配合	基本偏差	特性及应用示例
间隙配合	c（C）	可得到很大的间隙，一般适用于缓慢、松弛的动配合，当工作条件较差（如农业机械）、受力变形，或为了便于装配而必须保证有较大的间隙时，推荐配合为 H11/c11，其与较高等级的 H8/c7 配合，适用于轴在高温下工作的紧密动配合，如内燃机排气阀和导管
	d（D）	一般用于 IT7～IT11，适用于松的转动配合，如密封盖、轮滑、空转带轮等与轴的配合，也适用于大直径滑动轴承配合，如透平机、球磨机、轧滚成形、重型弯曲机以及其他重型机械中的一些滑动轴承
	e（E）	多用于 IT7～IT9，通常用于要求有明显间隙，易于转动的轴承配合，如大跨距轴承、多支点轴承等配合。高级的 e 轴适用于大的、高速、重载支承，如涡轮发电机、大型电动机及内燃机主要轴承、凸轮轴轴承等的配合
	f（F）	多用于 IT6～IT8 的一般转动配合，当温度影响不大时，广泛用于普通润滑油（或润滑脂）润滑的支承，如主轴箱、小电动机、泵等的转轴与滑动轴承的配合
	g（G）	配合间隙很小、制造成本高，除很轻载荷的精密装置外，不推荐用于转动配合。多用于 IT5～IT7，最适合不回转的精密滑动配合，也用于插销等的定位配合，如精密连杆轴承、活塞、滑阀、连杆销等
	h（H）	多用于 IT4～IT11，广泛用于无相对转动的零件，作为一般的定位配合，若没有温度、变形影响，也可用于精密滑动配合，如车床尾座孔与滑动套筒的配合为 H6/h5
过渡配合	js（JS）	偏差完全对称（±IT/2）、平均间隙较小的配合，多用于 IT4～IT7，并允许略有过盈的定位配合，如联轴节、齿圈与钢制轮毂，可用木锤装配
	k（K）	平均间隙接近零的配合，适用于 IT4～IT7，推荐用于稍有过盈的定位配合，如为了消除振动用的定位配合，一般用木锤装配
	m（M）	平均过盈较小的配合，适用于 IT4～IT7，一般可用木锤装配，但在最大过盈时，要求有相当的压入力
	n（N）	平均过盈较大，很少得到间隙，适用于 IT4～IT7，用锤子或压入机装配，通常推荐用于紧密的组件配合。H6/n5 配合时为过盈配合，如冲床上齿轮与轴的配合，用锤子或压入机装配
过盈配合	p（P）	与 H6 或 H7 孔配合时是过盈配合，与 H8 孔配合时则为过渡配合，对非铁零件，为较轻的压入配合，易于拆卸；对钢、铸铁或钢、钢组件装配是标准压入配合
	r（R）	对铁类零件为中等打入配合，对非铁零件为轻打入配合，可以拆卸，与 H8 孔配合，ϕ100mm 以上时为过盈配合，直径小时为过渡配合
	s（S）	用于钢和铁类零件的永久性和半永久性装配，可产生相当大的结合力，当采用弹性材料（如轻合金）时，配合性质与铁类零件的 p 相当，如套环压装在轴、阀座上配合。当尺寸较大时，为了避免损伤配合表面，需用热胀法或冷缩法装配
	t（T）	过盈较大的配合；对钢和铸铁零件适用于永久性结合，不用键可传递力矩，需用热胀法或冷缩法装配，如联轴节与轴的配合
	u（U）	过盈大，一般应验算在最大过盈时工件材料是否被损坏，要用热胀法或冷缩法装配，如火车轮毂和轴的装配
	v（V）、x（X）、y（Y）、z（Z）	过盈大，目前使用的经验和资料还很少，必须经实验后再应用，一般不推荐

3）配合选择的注意事项

在选择配合时，还要综合考虑以下一些因素。

（1）孔和轴的定心精度。相互配合的孔、轴对定心精度要求高时，不宜用间隙配合，多用过渡配合。过盈配合也能保证定心精度。

（2）受载荷情况。若载荷较大，对过盈配合过盈量要较大，对过渡配合要选用过盈概率大的过渡配合。

（3）拆装情况。经常拆装的孔和轴的配合比不经常拆装的配合要松些。有时零件虽然不经常拆装，但受结构限制装配困难的，也要选松一些的配合。

（4）配合件的材料。当配合件中有一件是铜或铝等塑性材料时，因它们容易变形，选择配合时可适当增大过盈或减小间隙。

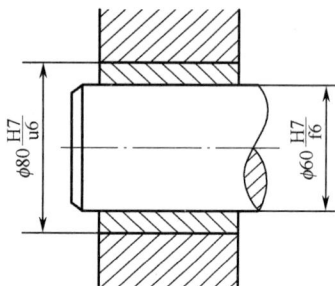

图 2-27　具有装配变形的结构

（5）装配变形。对于一些薄壁套筒的装配，还要考虑装配变形的问题。如图 2-27 所示，套筒外表面与机座孔的配合为过盈配合，套筒内孔与轴的配合为间隙配合。当套筒压入机座孔后套筒内孔会收缩，使内孔变小，因而就无法满足$\phi60H7/f6$预定的间隙要求。在选择套筒内孔与轴的配合时，此变形量应给予考虑。具体办法有两个，一是将内孔做大些，以补偿装配变形；二是用工艺措施来保证，将套筒压入机座孔后，再按$\phi60H7$加工套筒内孔。

（6）工作温度。当工作温度与装配温度相差较大时，选择配合时要考虑到热变形的影响。

（7）生产类型。在大批量生产时，加工后的尺寸通常按正态分布。但在单件小批生产时，多采用试切法，加工后孔的尺寸多偏向下极限尺寸，轴的尺寸多偏向上极限尺寸。这样，对同一配合，单件小批生产比大批量生产总体上就显得紧一些。因此，在选择配合时，对同一使用要求，单件小批生产时采用的配合应比大批生产时要松一些。例如，大批量生产时的配合为$\phi60H7/js6$，而在单件小批生产时应选择$\phi60H7/h6$。

选择配合时，应根据零件的工作条件，综合考虑以上各因素的影响，当工作条件变化时，可参考表 2-17 对配合的间隙或过盈的大小进行调整。

表 2-17　工作条件对配合间隙和过盈的影响

具体工作情况		间隙量	过盈量	具体工作情况		间隙量	过盈量
工作温度	孔高于轴时	减小	增大	生产类型	单件小批量	增大	减小
	轴高于孔时	增大	减小		大批量	减小	—
表面粗糙度较大		减小	增大	材料的线膨胀系数	孔大于轴	减小	增大
配合面几何误差较大		增大	减小		孔小于轴	增大	减小
润滑油黏度较大		增大	—	两支承距离较大或多支承		增大	—
经常拆卸		—	减小	工作中受冲击		减小	增大
旋转速度较高		减小	增大	有轴向运动		增大	—
定心精度或配合精度较高		减小	增大	配合长度较大		增大	减小

1）确定减速器输出轴轴头与大齿轮孔的配合

（1）分析

为了保证该对齿轮正常传递运动和转矩，要求齿轮在减速器中的装配位置正确，才能正常啮合，减少磨损，延长使用寿命。因此$\phi56mm$输出轴轴颈与齿轮孔的配合有以下要求。

① 定心精度。$\phi56mm$输出轴的轴线与齿轮孔的轴线的同轴度要高，即$\phi56mm$输出轴与齿轮孔之间要求同心（对中），而且配合的一致性要高。

因为输入轴上齿轮与输出轴上齿轮的相对位置是由输入轴与轴承、输出轴与轴承、轴承与箱体座孔的配合以及箱体上轴承座孔轴线的相对位置来确定的，所以$\phi56mm$输出轴与齿轮孔的配合很大程度上决定了齿轮在箱体内的空间位置精度。

② $\phi56mm$输出轴与齿轮孔之间无相对运动，传递运动由键实现。

③ 应便于减速器的装配和拆卸、维修。

（2）根据上述分析选择配合

① 配合制的选择。输出轴与齿轮孔均是非标准件，属于一般场合，应选择基孔制，即孔的基本偏差代号为H。

② 尺寸公差等级的选择。$\phi56mm$齿轮孔的尺寸公差等级是依据齿轮面精度等级确定的，依据圆柱齿轮公差相关要求，减速器中齿轮一般为8级精度，8级精度的齿轮孔为7级、轴为6级，所以齿轮孔的公差等级为IT7，$\phi56mm$输出轴轴头的公差等级为IT6。

③ 基本偏差的选择。根据$\phi56mm$输出轴与齿轮孔的配合要求，它们之间应无相对运动，有精确的同轴度要求，且由键传递转矩，需要拆卸等。

首先确定配合的大致类别。由表2-11可知，选择基本偏差代号为h的间隙配合加紧固件，即$\phi56mm$输出轴与齿轮孔的配合代号为$\phi56H7/h6$，它们是由基准件组成的，既是基孔制，也是基轴制，是优先选用配合，减速器输出轴轴头与齿轮孔的配合标注如图2-28所示。

2）确定减速器输出轴轴颈与轴承的配合

轴承是标准件，所以轴颈的公差等级应与轴承的公差等级相协调，如0级轴承配合轴颈一般为IT6、箱体座孔一般为IT7，所以减速器输出轴轴颈的公差等级为IT6；结合轴承内圈工作条件及内圈公称内径$\phi56mm$，查相关轴承国家标准，可知轴颈的基本偏差代号为k，所以减速器输出轴轴颈的公差代号为k6。由于轴承是标准件，因而在装配图上只需标出轴颈的公差代号，如图2-28所示。

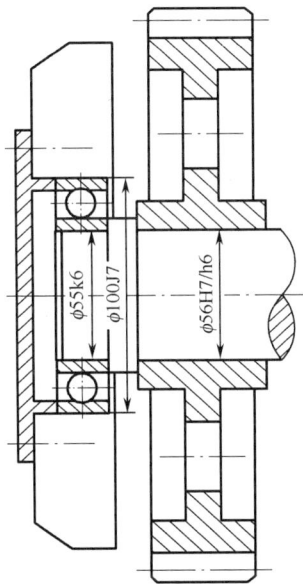

图2-28　减速器输出轴轴头与齿轮孔、轴颈与轴承的配合标注

思行并进

从 500 米口径球面射电望远镜看协作配合与团队精神

2020 年 1 月 11 日，建于贵州省平塘县的被誉为"中国天眼"的 500 米口径球面射电望远镜，简称 FAST，通过国家验收，正式投入运行，成为全球最大且最灵敏的射电望远镜。这意味着"中国天眼"开启了"睁眼看宇宙"的新征程，也意味着人类向宇宙未知地带探索的眼力更加深邃、眼界更加开阔。FAST 工程建设实现了多项自主创新，显著提升了我国射电天文研究和技术水平，推动了相关产业技术的革新与发展，产生了较大的社会经济效益。FAST 综合性能达到国际领先水平，对促进我国天文学实现重大原创突破具有重要意义。

"中国天眼" FAST 是以南仁东为代表的老一代天文学家于上世纪 90 年代提出的设想，利用贵州省天然喀斯特巨型洼地，建设世界最大单口径射电望远镜。历经 5 年半的建设，FAST 团队攻克了望远镜超大尺度、超高精度的技术难题，按期完成了工程建设任务。2016 年 9 月 25 日，FAST 落成启用，进入调试期。

2019 年 4 月 25 日，中国科学院国家天文台 FAST 工程调试团队喜获第二十三届"中国青年五四奖章集体"殊荣，这是共青团中央、全国青联授予青年集体的最高荣誉。FAST 工程调试团队总共 65 人，其中 35 岁以下的有 39 人，是由青年人组成的调试突击队。在望远镜调试过程中，调试团队充分发挥了吃苦耐劳、攻坚克难、充分协作的精神，突破了一系列的技术难题，仅用时两年就完成了望远镜的调试任务，获得国内、国际同行的高度认可。

FAST 工程调试团队代表、FAST 总工程师姜鹏在会上进行了先进事迹分享。他结合科研工作和成长经历，分享了调试团队的情况和青年科研人员的奋斗故事，生动诠释了科研团队"抓住机遇，团结协作，努力为国家科技创新贡献力量"的奋斗历程；分享了基层青年科研工作者科技报国、创新为民的家国情怀和胸怀中国梦、当好青年兵的理想信念；并交流了对新时代共青团工作的思考和实践。

一个团队经过团队协作才能成功，我们要增强团队意识，协作配合，行动起来吧！

项目 3   测量技术

教 学 导 航

知识点	知识重点	量块、测量器具与测量方法的分类，确定验收极限及选择所需的通用计量器具
	知识难点	随机误差、系统误差、粗大误差的特性及等精度直接测量的数据处理
	必须掌握的理论知识	测量的基础知识、测量的基本条件，测量误差、误收和误废的概念，确定验收极限及选择所需的通用计量器具
教学方法	推荐教学方法	任务驱动教学法
	推荐学习方法	课堂：听课+互动+技能训练 课外：了解测量技术的现状及发展趋势
课程思政	思行并进	从港珠澳大桥看现代检测技术与创新精神
技能训练	理论	练习题5，练习题6
	实践	任务书4，用光学仪器测轴径
考核	阶段考核	阶段考核3——识读发动机汽门挺杆零件图（1） 阶段考核4——识读发动机汽门挺杆零件图（2）

任务 1   选择计量器具

课前	准备及预习	了解企业常用计量器具类型
课中	互动提问	1．测量过程有哪几个要素？ 2．测量的基本要求是什么？ 3．我国的长度量值传递系统有哪几部分
课后	作业	练习题5

任 务 介 绍

被检验工件为ϕ50h9Ⓔ（单件或小批量生产），试确定验收极限，并选择适当的计量器具。

相 关 知 识

在各种几何量的测量中，尺寸测量是最基础的。几何量中形状、位置、表面粗糙度等的测量大都是以长度值来表示的，它们的测量实质上仍然是以尺寸测量为基础的。因此，许多通用性的尺寸测量器具并不只限于测量简单的尺寸，它们也常在形状和位置误差等的测量中使用。

3.1.1 测量技术基础

1. 测量的概念

测量是指以确定具体量值为目的的一组操作。测量的实质是将被测几何量与复现计量单位的标准量进行比较，从而确定比值的过程。

一个完整的测量过程应包括以下四个要素：

（1）测量对象：本书中涉及的测量对象是几何量，包括长度、角度、表面粗糙度、形状和位置误差、螺纹的各种参数等。

（2）计量单位：在机械制造的常用计量单位中，长度单位为毫米（mm）、角度单位为弧度（rad），在机械图样上以毫米为单位时可省略不标。

（3）测量方法：指测量时所采用的测量原理、计量器具及测量条件的总和。测量条件是指测量时零件和测量器具所处的环境，如温度、湿度、振动和灰尘等。

（4）测量精度：指测量结果与真值的一致程度。测量结果越接近真值，测量精度越高；反之，测量精度越低。

【特别提示】

测量的基本要求是保证测量精度，提高测量效率，降低测量成本。

2. 长度计量单位与量值传递系统

1）长度计量单位

我国统一实行法定计量单位，其中长度的基本单位为米（m）。机械制造中常用的为毫米（mm），1mm=0.001m。精密测量时，多采用微米（μm）为单位，1μm=0.001mm。超精密测量时，则用纳米（nm）为单位，1nm=0.001μm。

2）长度量值传递系统

1985年，我国用自己研制的碘吸收稳定的0.633μm氦氖激光辐射来复现我国的国家长度基准。

在实际生产和科研中，不便于用光波作为长度基准进行测量，而是采用各种计量器具进行测量。为了保证量值统一，必须把长度基准和量值准确地传递到生产中应用的计量器具和工件上去。从国家波长基准开始，长度量值分两个平行的系统向下传递：一个是端面量具系统，一个是线纹量具系统。如图3-1所示为长度量值传递系统，其中以量块为标准器的传递系统应用较广。

3）量块

量块是用耐磨材料制造，横截面为矩形，并具有一对相互平行测量面的实物量具，在计量部门和机械制造中应用很广。其在长度计量中作为实物标准，用来体现测量单位，并作为尺寸传递的标准器。此外，量块还广泛用于计量器具、机床、夹具的调整，有时也直接用于工件的测量和检验及精密划线等。

（1）量块的构成

量块是没有刻度的平面平行端面量具，用特殊合金钢或陶瓷制成，其线膨胀系数小，不易变形且耐磨性好，具有研合性。量块有长方体和圆柱体两种形式，常用的是长方体。量块上有两个平行的测量面，其表面光滑平整（达镜面精度），两个测量面间具有精确的尺寸。从量块一个测量面上任意点（距离过缘 0.5mm 区域除外）到与其相对的另一测量面相研合的辅助体表面（如平晶）之间的垂直距离为量块长度 l。从量块一个测量面上中心点到与其相对的另一测量面相研合的辅助体表面之间的垂直距离为量块中心长度 lc。量块上标出的长度尺寸称为量块的标称长度，如图 3-2 所示。

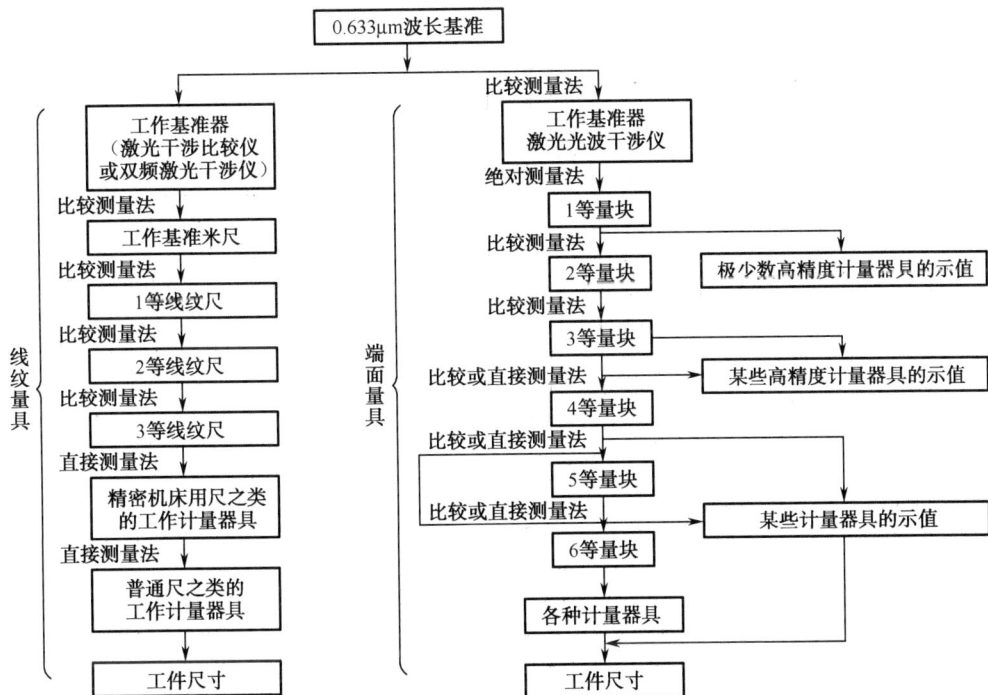

图 3-1　长度量值传递系统

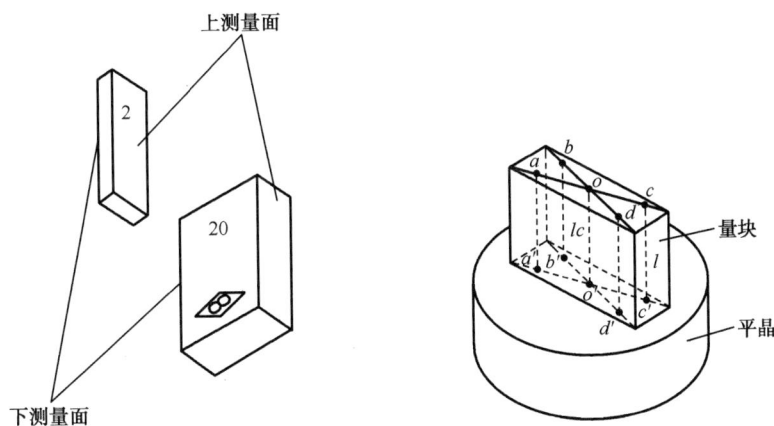

图 3-2　量块的标称长度

（2）量块的精度

《几何量技术规范（GPS）长度标准　量块》（GB/T 6093—2001）按制造精度将量块分为 K、0、1、2、3 级共 5 级，其中 K 级精度最高，3 级精度最低。量块按"级"使用时，以量块的标称长度为工作尺寸，该尺寸包含了量块的制造误差，将引入到测量结果中。由于不需要修正，故使用方便。

JJG146—2011《量块检定规程》按检定精度将量块分为1～5等，从1等到5等精度依次降低。量块按"等"使用时，不再以标称长度作为工作尺寸，而是用量块经检定后所给出的实测中心长度作为工作尺寸，该尺寸排除了量块的制造误差，仅包含检定时较小的测量误差。

【特别提示】

量块一般按"等"使用，比按"级"使用测量精度高。

（3）量块的组合及选用

量块的测量面极为光滑平整，将其沿测量面加压推合，就能研合在一起，这就是量块的可研合性。由于量块具有可研合的特性，可根据实际需要将不同尺寸的量块组合成所需要的长度标准尺寸。为了保证精度，量块组中量块一般不超过4块。研合量块组的方法：首先用航空汽油将选用的各量块清洗干净，用洁布擦干；然后以大尺寸量块为基础，顺次将小尺寸量块研合上去，如图3-3所示。研合量块时要小心，避免碰撞或跌落，切勿划伤测量面。

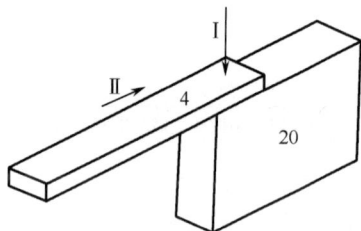

图3-3 研合量块组的方法

量块是成套生产的，根据GB/T 6093—2001的规定，共有17个系列的成套量块，每套的块数分别为91、83、46、12、10、8、6、5等，第2套及第3套量块的尺寸系列如表3-1所示。

表3-1 第2套及第3套量块的尺寸系列（摘自GB/T 6093—2001）

套 别	总 块 数	级 别	尺寸系列/mm	间隔/mm	块 数
2	83	00、0、1、2、3	0.5	—	1
			1	—	1
			1.005	—	1
			1.01、1.02、…、1.49	0.01	49
			1.5、1.6、…、1.9	0.1	5
			2.0、2.5、…、9.5	0.5	16
			10、20、…、100	10	10
3	46	0、1、2	1	—	1
			1.001、1.002、…、1.009	0.001	9
			1.01、1.02、…、1.09	0.01	9
			1.1、1.2、…、1.9	0.1	9
			2、3、…、9	1	8
			10、20、…、100	10	10

选用量块时，应从消去所需尺寸最小尾数开始，逐一选取。例如，从83块量块中选取51.995mm量块组，如图3-4所示。

3. 计量器具与测量方法

1）计量器具的分类

计量器具按用途不同分为标准、通用和专用计量器具；按结构和工作原理分为机械式、光学式、气动式、电动式和光电式计量器具；按结构、工作原理和用途分为量具、量规、量仪和计量装置；按用途和功效分为标准量具、极限量规、检验夹具和计量仪器。

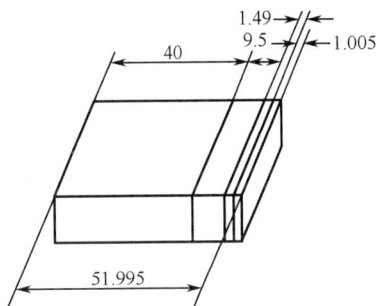

图 3-4　量块组尺寸组成示例

（1）标准量具：只有某一个固定尺寸，通常用来校对和调整其他计量器具或作为标准用来与被测工件进行比较，如量块、直角尺、各种曲线样板及标准量规等。

（2）极限量规： 种没有刻度的专用检验工具，通规和止规成对使用，不能给出被检验工件的具体尺寸，但能确定被检验工件是否合格。在光滑极限量规中，检验孔的量规称为塞规，检验轴的量规称为环规或卡规。

（3）检验夹具：一种专用的检验工具，当配合各种比较仪时，能用来检查更多或更复杂的参数。

（4）计量仪器：能将被测的量值转换成可直接观察的指示值或等效信息的计量器具。根据构造上的特点，计量仪器还可分为以下几种。

① 固定刻线量具：钢直尺、卷尺等；

② 游标类量具：游标卡尺、游标高度尺及游标量角器等；

③ 微动螺旋副类量具：外径千分尺、内径千分尺等；

④ 机械类量仪：百分表、千分表、杠杆比较仪、扭簧比较仪等；

⑤ 光学机械类量仪：光学计、测长仪、投影仪、干涉仪等；

⑥ 气动类量仪：压力式气动量仪、流量计式气动量仪等；

⑦ 电动类量仪：电感比较仪、电动轮廓仪等；

⑧ 光电式量仪：光电显微镜、光纤传感器、激光干涉仪等。

2）计量器具的基本度量指标

度量指标是用来说明计量器具的性能和功用的，它是选择和使用计量器具、研究和判断测量方法正确性的依据。计量器具的基本度量指标如表 3-2 所示。

表 3-2　计量器具的基本度量指标

项　　目	含　　义	说　　明
刻度间距	刻度尺或分度盘上相邻两刻线中心之间的距离，一般为 1～2.5mm	与被测量的单位和标尺上的单位无关
分度值	指标尺或分度盘上相邻两刻线间所代表被测量的量值。一般来说，分度值越小，计量器具的精度越高	千分表的分度值为 0.001mm，百分表的分度值为 0.01mm
示值范围	从计量器具所能显示的最低值（起始值）到最高值（终止值）的范围，二者之差称为量程	光学比较仪的示值范围为±0.1mm
测量范围	在允许的误差界限内，从计量器具所能测量的下限值（最小值）到上限值（最大值）的范围，二者之差称为量程	某千分尺的测量范围为 75～100mm，某光学比较仪的测量范围为 0～180mm

项　目	含　义	说　明
灵敏度	计量器具的指针对被测量变化的反应能力。灵敏度又称放大比（放大倍数），通常，分度值越小，灵敏度越高	放大比 $K=c/i$，其值为常数（c 为计量器具的刻度间距，i 为计量器具的分度值）
测量力	计量器具的测头与被测表面之间的接触压力。在接触测量中，要求有一定的恒定测量力	测量力太大会使零件或测头产生变形，测量力不恒定会使示值不稳定
示值误差	计量器具上的示值与被测量真值的代数差。一般来说，示值误差越小，精度越高	由于真值不能确定，所以实践中常用约定值
示值变动	在测量条件不变的情况下，用计量器具对同一被测量进行多次测量（一般为 5～10 次）所得示值中的最大差值	示值变动又称测量重复性，通常以测量重复性误差的极限值（正、负偏差）来表示
回程误差	在相同条件下，对同一被测量进行往、返两个方向测量时，计量器具示值的最大变动量	由计量器具中测量系统的间隙、变形和摩擦等引起
不确定度	由于测量误差的存在而对被测量值不能肯定的程度。不确定度用极限误差表示，它是一个综合指标，包括示值误差、回程误差等	分度值为 0.01mm 的千分尺，在车间条件下测量一个尺寸小于 50mm 的零件时，其不确定度为 ±0.004mm

3）测量方法的分类

测量方法可以从不同角度进行分类，如表 3-3 所示。

表 3-3　测量方法分类

分类方式	名　称	含　义	说　明
获得被测结果的方法	直接测量	直接从计量器具上获得被测量的量值的测量方法	如用游标卡尺、千分尺测量零件的直径或长度
	间接测量	先测量与被测量有一定函数关系的量，再通过函数关系计算出被测量的测量方法	为减少测量误差，一般采用直接测量，必要时才采用间接测量
读数值是否为被测量的整个量值	绝对测量	被测量的全值从计量器具的读数装置上直接读出	如用游标卡尺、千分尺测量零件，其尺寸由刻度尺上直接读出，测量精度低
	相对测量	从计量器具上仅读出被测量对已知标准量的偏差值，而被测量的量值为计量器具的示值与标准量的代数和	如用比较仪测量时，先用量块调整仪器零位，然后测量被测量，测量精度高
被测表面与计量器具的测头是否有机械接触	接触测量	在使用计量器具测量时，其测头与被测表面直接接触的测量方法	如用游标卡尺、千分尺测量零件的尺寸，会引起被测表面和计量器具有关部分产生弹性变形，进而影响测量精度
	非接触测量	计量器具的测头与被测表面不接触的测量方法	如用气动量仪测量孔径和用光切显微镜测量工件的表面粗糙度
同时测量参数的数量	单项测量	分别测量工件的各个参数的测量方法	如分别测量螺纹的中径、螺距和牙型半角。其测量效率低，但测量结果便于进行工艺分析
	综合测量	同时测量工件上某些相关的几何量，综合判断结果是否合格	如用螺纹通规检验螺纹的单一中径、螺距和牙型半角实际值的综合结果，即作用中径，其测量效率高

分类方式	名 称	含 义	说 明
测量在加工过程中所起的作用	主动测量	在加工过程中对零件进行的测量,测量结果用来控制零件的加工过程,从而及时防止废品的产生	使检测与加工过程紧密结合,以保证产品品质
	被动测量	在加工完毕后对零件进行的测量,测量结果只能用来判断零件是否合格,仅限于发现并剔除废品	用于验收产品
被测量在测量过程中所处状态	静态测量	测量时被测表面与计量器具的测头处于静止状态	如用游标卡尺、千分尺测量零件尺寸
	动态测量	测量时被测表面与计量器具的测头处于相对运动状态	如用电动轮廓仪测量表面粗糙度,在磨削过程中测量零件尺寸

4．测量精度

测量精度是指测量结果与真值的一致程度。而测量误差是客观存在的,彻底排除测量误差的影响是不可能的。测量误差影响越小,测量结果与真值越接近,精度越高;反之精度越低。为了能够区分测量误差对测量精度的影响程度,将测量精度分为精密度、正确度和准确度。精密度、正确度和准确度的关系如图3-5所示。

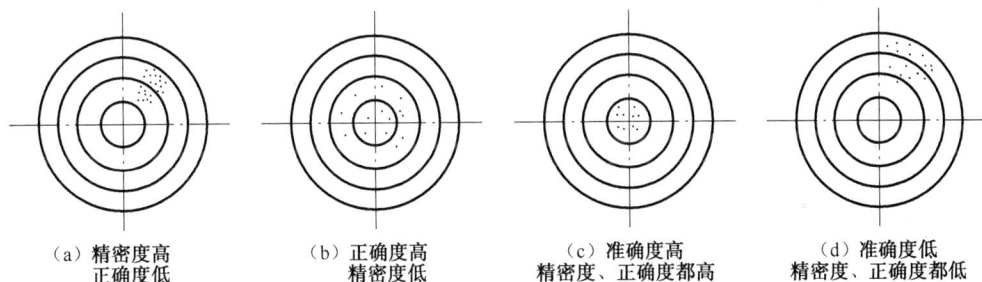

图 3-5 精密度、正确度和准确度的关系

（1）精密度反映测量结果受随机误差影响的程度。随机误差越小,测量结果的精密度越高。

（2）正确度反映测量结果受系统误差影响的程度。系统误差越小,测量结果的正确度越高。

（3）准确度（精确度）反映测量结果受随机误差和系统误差综合影响的程度。随机误差和系统误差越小,测量结果的准确度越高。准确度的定量特征可用测量结果的不确定度来表示。

【特别提示】

通常精密度高的,正确度不一定高;正确度高的,精密度不一定高;但准确度高时,精密度和正确度必定高。

3.1.2 确定验收极限

在进行检测时,把超出公差界限的废品误判为合格品而接收称为误收。将接近公差界限的合格品误判为废品而给予报废称为误废。

《产品几何技术规范（GPS）光滑工件尺寸的检验》（GB/T 3177—2009）对验收原则、验收极限和计量器具的选择等做了规定。该标准适用于普通计量器具（如游标卡尺、千分尺及车间使用的比较仪等）对图样上注出的公差等级为IT6～IT18、公称尺寸至500mm的光滑工件尺寸的检验，也适用于一般公差尺寸的检验。

国家标准规定的验收原则：所用验收方法应只接收位于规定的极限尺寸之内的工件。即允许有误废而不允许有误收，为了保证这个验收原则的实现，保证零件达到互换性要求，将误收减至最小，规定了验收极限。

验收极限是指判断所检验工件尺寸时判断合格与否的尺寸界限。验收极限可以按照下列两种方式之一确定。

方式 1：验收极限从图样上标定的上极限尺寸和下极限尺寸分别向工件公差带内移动一个安全裕度 A，如图 3-6 所示。所计算出的两极限值为验收极限（上验收极限和下验收极限），计算式如下。

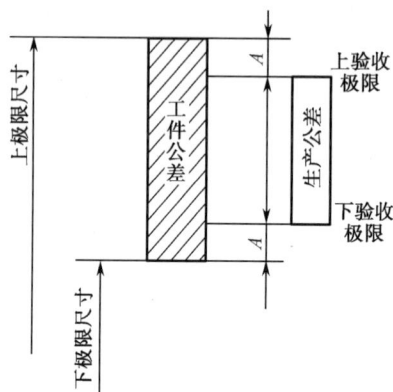

图 3-6　验收极限与安全裕度

$$上验收极限=上极限尺寸-A \quad\quad (3\text{-}1)$$
$$下验收极限=下极限尺寸+A \quad\quad (3\text{-}2)$$

安全裕度 A 由工件公差确定，A 的数值取工件公差（T）的 1/10，其数值如表 3-4 所示。

表 3-4　安全裕度（A）与计量器具的测量不确定度允许值（u_1）　　　　　单位：μm

公称尺寸/mm		IT6		u_1			IT7		u_1			IT8		u_1			IT9		u_1			IT10		u_1			IT11		u_1		
大于	至	T	A	I	II	III	T	A	I	II	III	T	A	I	II	III	T	A	I	II	III	T	A	I	II	III	T	A	I	II	III
—	3	6	0.6	0.54	0.9	1.4	10	1.0	0.9	1.5	2.3	14	1.4	1.3	2.1	3.2	25	2.5	2.3	3.8	5.6	40	4.0	3.6	6.0	9.0	60	6.0	5.4	9.0	14
3	6	8	0.8	0.72	1.2	1.8	12	1.2	1.1	1.8	2.7	18	1.8	1.6	2.7	4.1	30	3.0	2.7	4.5	6.8	48	4.8	4.3	7.2	11	75	7.5	6.8	11	17
6	10	9	0.9	0.81	1.4	2.0	15	1.5	1.4	2.3	3.4	22	2.2	2.0	3.3	5.0	36	3.6	3.3	5.4	8.1	58	5.8	5.2	8.7	13	90	9.0	8.1	14	20
10	18	11	1.1	1.0	1.7	2.5	18	1.8	1.7	2.7	4.1	27	2.7	2.4	4.1	6.1	43	4.3	3.9	6.5	9.7	70	7.0	6.3	11	16	110	11	10	17	25
18	30	13	1.3	1.2	2.0	2.9	21	2.1	1.9	3.2	4.7	33	3.3	3.0	5.0	7.4	52	5.2	4.7	7.8	12	84	8.4	7.6	13	19	130	13	12	20	29
30	50	16	1.6	1.4	2.4	3.6	25	2.5	2.3	3.8	5.6	39	3.9	3.5	5.9	8.8	62	6.2	5.6	9.3	14	100	10	9.0	15	23	160	16	14	24	36
50	80	19	1.9	1.7	2.9	4.3	30	3.0	2.7	4.5	6.8	46	4.6	4.1	6.9	10	74	7.4	6.7	11	17	120	12	11	18	27	190	19	17	29	43
80	120	22	2.2	2.0	3.3	5.0	35	3.5	3.2	5.3	7.9	54	5.4	4.9	8.1	12	87	8.7	7.8	13	20	140	14	13	21	32	220	22	20	33	50
120	180	25	2.5	2.3	3.8	5.6	40	4.0	3.6	6.0	9.0	63	6.3	5.7	9.5	14	100	10	9.0	15	23	160	16	15	24	36	250	25	23	38	56

公称尺寸/mm		公差等级																													
		IT6					IT7					IT8					IT9					IT10					IT11				
				u_1					u_1					u_1					u_1					u_1					u_1		
大于	至	T	A	I	II	III	T	A	I	II	III	T	A	I	II	III	T	A	I	II	III	T	A	I	II	III	T	A	I	II	III
180	250	29	2.9	2.6	4.4	6.5	46	4.6	4.1	6.9	10	72	7.2	6.5	11	16	115	12	10	17	26	185	18	17	28	42	290	29	26	44	65
250	315	32	3.2	2.9	4.8	7.2	52	5.2	4.7	7.8	12	81	8.1	7.3	12	18	130	13	12	19	29	210	21	19	32	47	320	32	29	48	72
315	400	36	3.6	3.2	5.4	8.1	57	5.7	5.1	8.4	13	89	8.9	8.0	13	20	140	14	13	21	32	230	23	21	35	52	360	36	32	54	81
400	500	40	4.0	3.6	6.0	9.0	63	6.3	5.7	9.5	14	97	9.7	8.7	15	22	155	16	14	23	35	250	25	23	38	56	400	40	36	60	90

由于验收极限向工件的公差带内移动，为了保证验收合格，在生产时工件不能按原有的极限尺寸加工，应按由验收极限所确定的范围生产，这个范围称为"生产公差"。

方式2：验收极限等于图样上标定的上极限尺寸和下极限尺寸，即 A 值等于零。

方式 1 和方式 2，具体选择哪一种，要结合工件尺寸功能要求及其重要程度、尺寸公差等级、测量不确定度和工艺能力等因素综合考虑。具体原则：

（1）对要求符合包容要求的尺寸、公差等级高的尺寸，其验收极限按方式 1 确定。

（2）工艺能力指数 $Cp \geqslant 1$ 时，其验收极限可以按方式 2 确定。

工艺能力指数 Cp 是指工件公差 T 与加工设备工艺能力 $C\sigma$ 的比值。C 为常数，工件尺寸遵循正态分布时 $C=6$；σ 为加工设备的标准偏差，$Cp = T/6\sigma$。

（3）对偏态分布的尺寸，其验收极限可以仅对尺寸偏向的一边按方式 1 确定，而另一边按方式 2 确定。

（4）对非配合和一般的尺寸，其验收极限按方式 2 确定。

【特别提示】

对要求符合包容要求的尺寸，其轴的上极限尺寸和孔的下极限尺寸要按方式 1 确定。

3.1.3 选择普通计量器具

在进行检测时，要针对零件不同的结构特点和精度要求采用不同的计量器具。对于大批量生产，多采用专用量规检验，以提高检测效率。对于小批量生产，则常采用普通计量器具进行检测。下面主要介绍普通计量器具的选择及常用的尺寸测量方法。

计量器具的选择主要取决于技术指标和经济指标。具体要求如下：

（1）选择的计量器具应与被测工件的外形、位置、尺寸及被测参数特性相适应，使所选计量器具的测量范围能满足工件的要求。

（2）选择计量器具应考虑工件的尺寸公差，使所选计量器具的不确定度既要保证测量精度，又要符合经济性要求。

为了保证测量的可靠性和量值的统一，规定按照计量器具的测量不确定度允许值 u_1 选择计量器具（见表 3-4）。u_1 值大小分为 I、II、III 挡，分别约为工件公差的 1/10、1/6 和 1/4。对于 IT6~IT11，u_1 值分为 I、II、III 挡；对于 IT12~IT18，u_1 值分为 I、II 挡。一般情况下，优先选用 I 挡，其次选用 II、III 挡。

在选择计量器具时，所选用的计量器具的不确定度应小于或等于计量器具不确定度的允

许值 u_1。表 3-5 为千分尺和游标卡尺的不确定度，表 3-6 为比较仪的不确定度，表 3-7 为指示表的不确定度。

表 3-5 千分尺和游标卡尺的不确定度 单位：mm

尺寸范围		所使用的计量器具			
		分度值为 0.01 外径千分尺	分度值为 0.01 内径千分尺	分度值为 0.02 游标卡尺	分度值为 0.05 游标卡尺
大于	至	不确定度			
0	50	0.004			0.05
50	100	0.005	0.008		0.05
100	150	0.006		0.020	
150	200	0.007		0.020	
200	250	0.008	0.013		0.100
250	300	0.009			0.100
300	350	0.010			
350	400	0.011	0.020		
400	450	0.012			0.100
450	500	0.013	0.025		
500	600				
600	700		0.030		
700	1000				0.150

注：当采用比较测量时，千分尺的不确定度可小于本表规定的数值，一般可减小 40%。

表 3-6 比较仪的不确定度 单位：mm

尺寸范围		所使用的计量器具			
		分度值为 0.0005（相当于放大 2000 倍）的比较仪	分度值为 0.001（相当于放大 1000 倍）的比较仪	分度值为 0.002（相当于放大 400 倍）的比较仪	分度值为 0.005（相当于放大 250 倍）的比较仪
大于	至	不确定度			
0	25	0.0006	0.0010	0.0017	0.0030
25	40	0.0007	0.0010	0.0017	0.0030
40	65	0.0008	0.0011	0.0018	0.0030
65	90	0.0008	0.0011	0.0018	0.0030
90	115	0.0009	0.0012	0.0019	0.0030
115	165	0.0010	0.0013	0.0019	0.0030
165	215	0.0012	0.0014	0.0020	0.0035
215	265	0.0014	0.0016	0.0021	0.0035
265	315	0.0016	0.0017	0.0022	0.0035

注：测量时，使用的标准器由 4 块 1 级（或 4 等）量块组成。

表 3-7 指示表的不确定度 单位：mm

尺寸范围		所使用的计量器具			
		分度值为0.001的千分表（0级在全程范围内，1级在0.2mm内）；分度值为0.002的千分表（在1转范围内）	分度值为0.001、0.002、0.005的千分表（1级在全程范围内）；分度值为0.01的百分表（0级在任意1mm内）	分度值为0.01的百分表（0级在全程范围内，1级在任意1mm内）	分度值为0.01的百分表（1级在全程范围内）
大于	至	不确定度			
0	25	0.005	0.010	0.018	0.030
25	40				
40	65				
65	90	0.005			
90	115				
115	165		0.010	0.018	0.030
165	215	0.006			
215	265				
265	315				

3.1.4 常用计量器具的结构、原理及应用

在实际生产中，尺寸的测量方法和使用的计量器具种类很多，下面主要介绍几种常用的计量器具。

1．固定刻线量具

（1）钢卷尺

在工厂中，常用钢卷尺来粗测较为长大的工件。这种尺所能量得的准确度是±1mm。一种钢卷尺的截面为弧形，有弹性，因钢卷尺很薄，故能测直伸量也能测微弯曲量。另一种较长的钢卷尺是扁平状的，有 10m、20m、30m、50m 等不同长度。

（2）钢直尺（常称钢尺）

钢尺用于较准确的测量，其刻度是用精密刻度机刻成的，按照准确度的不同分成几个等级。

钢尺必须具备下列条件才能使用：

① 尺面没有受过损伤；

② 端边必须和零线符合；

③ 钢尺的端边必须和长边垂直（见图3-7）。

图 3-7 钢尺

用钢尺测量工件的方法如图3-8所示。首先应注意钢尺的零线是否确与工件的边缘重合，如果钢尺的零线模糊不清或有损伤，可以改用零线后的某个刻度线作为测量的起始线。读数方法要正确（见图3-9），钢尺和靠边角尺的测量方法如图3-10所示。

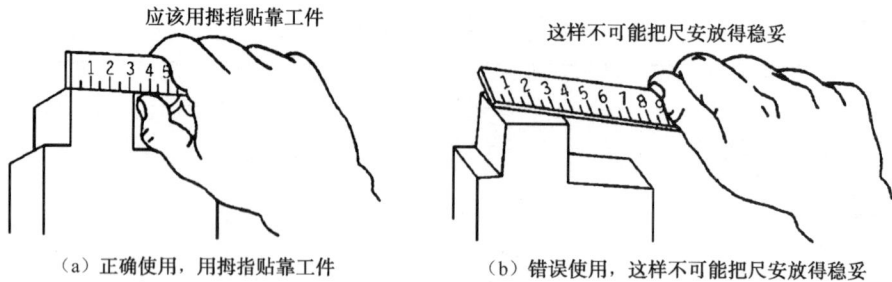

（a）正确使用，用拇指贴靠工件　　　　　　（b）错误使用，这样不可能把尺安放得稳妥

图 3-8　用钢尺测量工作的方法

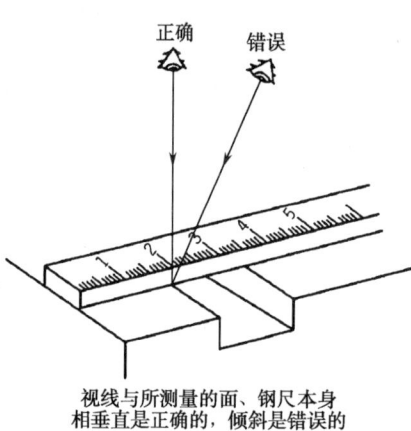

图 3-9　读数方法

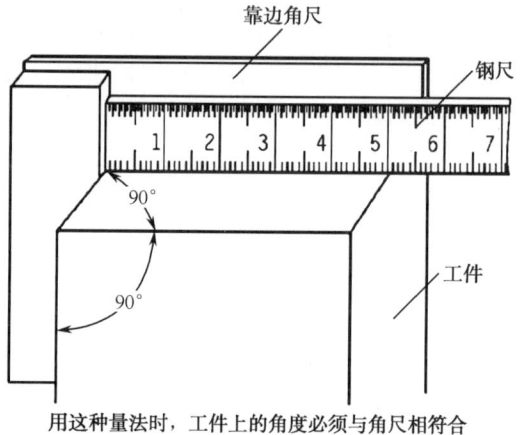

图 3-10　钢尺和靠边角尺的测量方法

2．游标类量具

（1）原理。游标类量具是利用游标读数原理制成的一种常用量具，它具有结构简单、使用方便、测量范围大等特点。

（2）读数。游标卡尺的分度值有 0.1mm、0.05mm、0.02mm 三种。用游标量具进行测量时，首先读出主尺刻度的整数部分数值；再判断副尺（游标尺）游标第几根刻线与主尺刻线对齐，用副尺游标刻线的序号乘以分度值，即可得到被测量的小数部分数值；将整数部分与小数部分相加，即为测量所得结果，如图 3-11 所示。

【特别提示】

游标卡尺的游标尺的零线应与主尺的零线对齐，若对得不齐，应记录游标的读数（该值应在处理数据时作为定值系统误差予以修正）。游标卡尺的读数值就是测量时的读数精度，不要估读。

（3）用游标卡尺测量工件的方法。

把工件放入游标卡尺两个张开的卡脚中时，必须贴靠在左侧固定卡脚上，然后用微小的压力把活动卡脚推过去。当两个卡脚的测量面已和工件均匀贴靠时，即可从游标卡尺上读出工件的尺寸，如图 3-12 所示。

在车床或磨床上使用游标卡尺测量工件尺寸，必须先使工件的运动停下后，才可用游标卡尺量尺寸。先使固定卡脚贴靠工件，然后移动活动卡脚，轻压到工件上。绝不可把已固定好开口的游标卡尺用一只手硬卡到工件上去，这样会使卡脚弯曲，使被测量面磨损，降低游标卡尺的精确度，如图 3-13 所示。

0.02mm精度，16+20×0.02=16.40mm

图3-11 0.02mm 游标类量具读尺寸方法

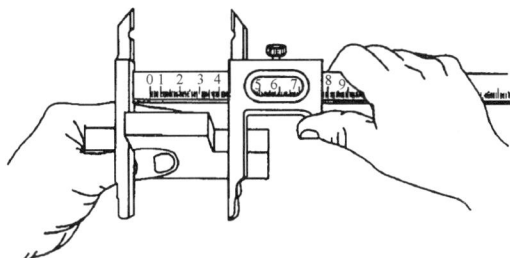

图3-12 正确使用游标卡尺测量工件

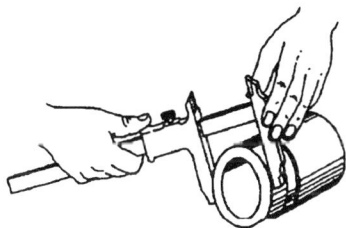

（a）正确测量方法　　　（b）错误测量方法

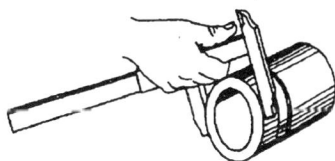

图3-13 车削或磨削工件时的测量方法

（4）分类。

常用的游标量具有游标卡尺、深度游标尺、高度游标尺，如图3-14 所示。它们的读数原理相同，所不同的主要是测量面的位置。除了测量功能，高度游标尺还兼具划线功能。

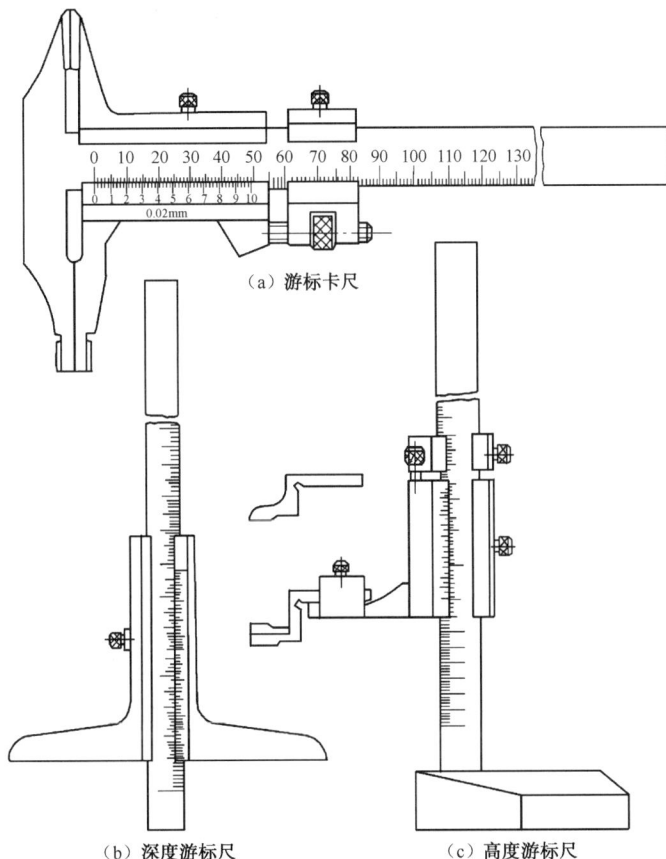

（a）游标卡尺

（b）深度游标尺　　　（c）高度游标尺

图3-14 常用的游标量具

为了读数方便，有的游标卡尺上装有测微表头，如图 3-15 所示，它是通过机械传动装置，将两测量爪的相对移动转变为指示表的回转运动，并借助尺身刻度和指示表，对两测量爪相对移动所分隔的距离进行读数的。

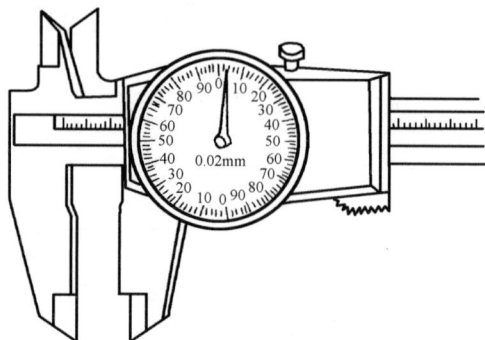

图 3-15　带表游标卡尺

如图 3-16 所示为电子数显卡尺，它具有非接触性电容式测量系统，由液晶显示器显示，用电子数显卡尺测量方便可靠。

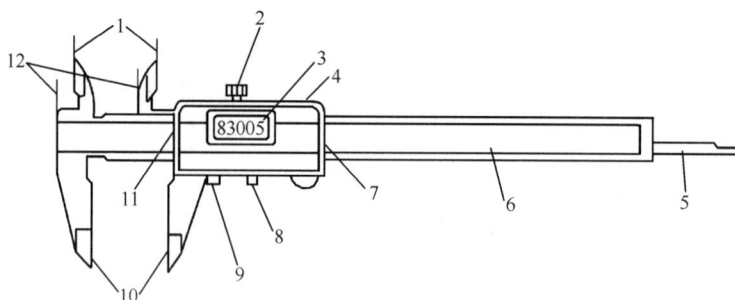

1—内测量爪；2—紧固螺钉；3—液晶显示器；4—数据输出端口；5—深度尺；6—尺身；

7、11—去尘板；8—置零按钮；9—米/英制换算按钮；10—外测量爪；12—台阶测量面。

图 3-16　电子数显卡尺

为了便于对复杂工件或有特殊要求的工件进行测量，游标卡尺还有很多类型，如背置量爪型中心线卡尺，专门用于孔轴间距测量，如图 3-17 所示；偏置卡尺，尺身量爪可上下滑动便于进行阶差端面的测量，如图 3-18 所示；内（外）凹槽卡尺，适用于对内（外）凹槽尺寸的测量，如图 3-19 所示。

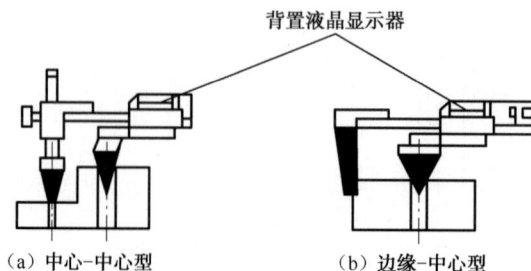

（a）中心-中心型　　　　　　　（b）边缘-中心型

图 3-17　背置量爪型中心线卡尺

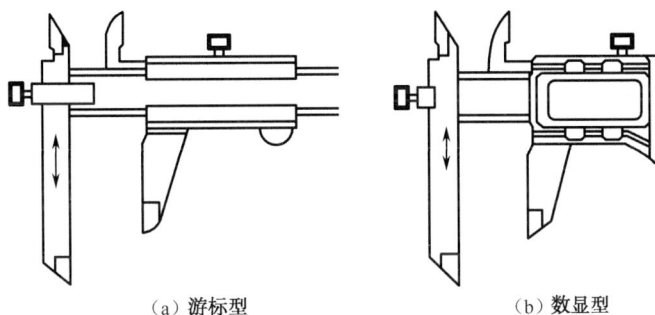

（a）游标型　　　　　　　　　　（b）数显型

图 3-18　偏置卡尺

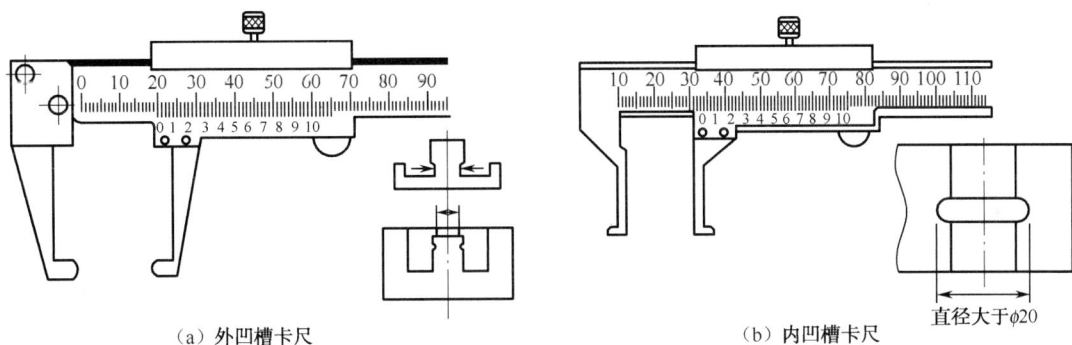

（a）外凹槽卡尺　　　　　　　　　　（b）内凹槽卡尺

直径大于φ20

图 3-19　内（外）凹槽卡尺

3．螺旋测微类量具

（1）原理。螺旋测微类量具是利用螺旋的角位移与其线位移成比例的原理进行测量和读数的一种测微量具。

（2）分类。螺旋测微类量具可分为外径千分尺、内径千分尺、深度千分尺、螺纹千分尺、公法线千分尺等。常用外径千分尺的分度值为 0.01mm，测量范围有 0～25mm、25～50mm、50～75mm 以至几米以上，但测微螺杆的测量位移一般为 25mm。外径千分尺的结构如图 3-20所示。

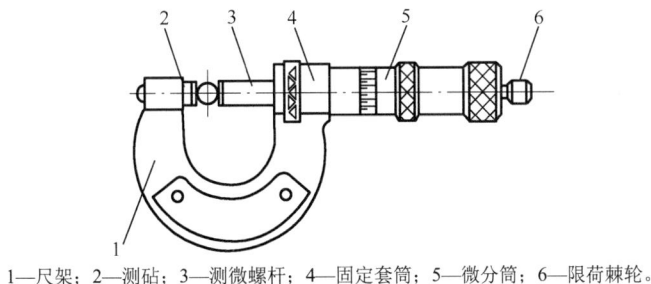

1—尺架；2—测砧；3—测微螺杆；4—固定套筒；5—微分筒；6—限荷棘轮。

图 3-20　外径千分尺的结构

（3）读数。在千分尺上读尺寸的方法：

步骤一，读出微分筒边缘处固定套筒露出刻线的毫米、半毫米整数。

步骤二，看微分筒上哪一格与固定套筒上基准线对齐，要估读一位，再乘以分度值 0.01mm。

步骤三，把以上两个读数相加，如图 3-21 所示。

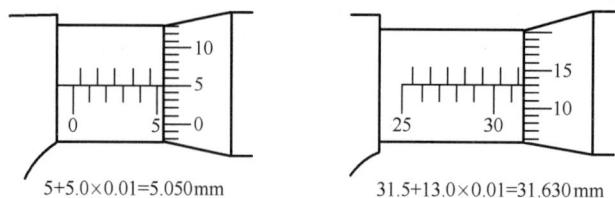

5+5.0×0.01=5.050mm　　　　　31.5+13.0×0.01=31.630mm

图 3-21　千分尺的读尺寸方法

（4）外径千分尺的测量方法。

步骤一，将被测物擦干净，使用千分尺时轻拿轻放。

步骤二，松开千分尺锁紧装置，校准零位，转动旋钮，使测砧与测微螺杆之间的距离略大于被测物。

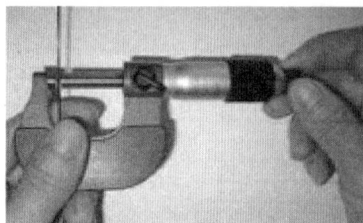

图 3-22　外径千分尺的测量方法

步骤三，一只手拿千分尺的尺架，将被测物置于测砧与测微螺杆的端面之间，另一只手转动旋钮，当测微螺杆要接近物体时，改旋限荷棘轮，直至听到"咔咔咔"声。

步骤四，旋紧锁紧装置（防止移动千分尺时测微螺杆转动），即可读数，如图 3-22 所示。

（5）外径千分尺零误差的判定。

校准好的千分尺，当测微螺杆与测砧（或校零标准测杆）接触后，微分筒上的零线与固定刻度上的水平横线应该是对齐的，如图 3-23（a）所示，如果没有对齐，测量时就会产生系统误差——零误差。如无法消除零误差，则应考虑它们对读数的影响。

① 可动刻度的零线在水平横线上方，且第 X 条刻度线与横线对齐，即说明测量时的读数要比真实值小 $X/100$mm，这时零误差为负值，如图 3-23（b）所示。

② 可动刻度的零线在水平横线下方，且第 Y 条刻度线与横线对齐，则说明测量时的读数要比真实值大 $Y/100$mm，这时零误差为正值，如图 3-23（c）所示。

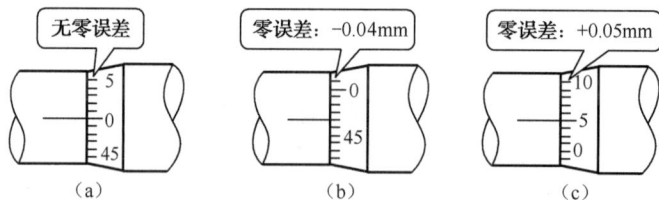

图 3-23　外径千分尺零误差的判定

对于存在零误差的外径千分尺，零误差应在处理数据时作为定值系统误差予以修正，应该给出外径千分尺读数的修正值（与零误差大小相等、符号相反），则测量结果应等于读数值加修正值，即

$$测量结果=固定刻度读数+可动刻度读数+修正值$$

4．机械量仪

（1）原理。机械量仪是利用机械机构将直线位移经传动、放大后，通过读数装置表示出

来的一种测量器具。

（2）分类及用途。

① 百分表。百分表是应用最广的机械量仪之一，它的结构如图 3-24 所示。分度值为 0.01mm 的称为百分表，分度值为 0.001mm（或 0.002mm）的称为千分表。百分表刻度盘圆周刻有 100 条等分刻线，测量杆移动 1mm，大指针回转一圈，小指针可指示大指针转过的圈数，指针的偏转量即为被测工件的实际偏差或间隙值。百分表的示值范围有 0～3mm、0～5mm、0～10mm 三种。

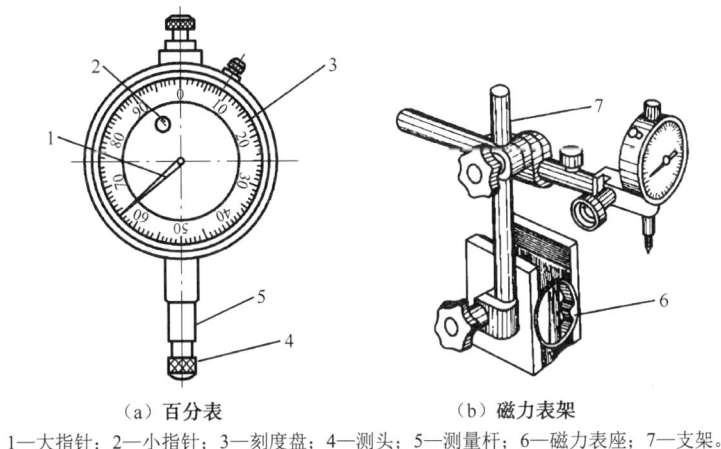

（a）百分表　　　　　　（b）磁力表架

1—大指针；2—小指针；3—刻度盘；4—测头；5—测量杆；6—磁力表座；7—支架。

图 3-24　百分表的结构

百分表的使用方法：

步骤一，百分表在使用时，可装在专用的磁力表架（见图 3-24（b））上，表架放在平板上，或放在某一平整位置。百分表在表架的上下、前后位置可以任意调节。

步骤二，调整表架，使测量杆垂直被测表面，并使测量杆略被压缩（即大指针有转动，一般为 0～1mm）。

步骤三，转动刻度盘使大指针对正零线，即"调零"。

步骤四，使百分表与被测表面缓慢地产生相对运动。

步骤五，读出相对运动前后指针的变化值即为相对长度变化值。

② 内径百分表。内径百分表是一种用相对测量法测量孔径的常用量仪，它可测量 6～1000mm 的内径尺寸，特别适合于测量深孔。内径百分表结构如图 3-25 所示。内径百分表活动测头的位移量很小，它的测量操作是由更换或调整可换测头的长度而实现的。

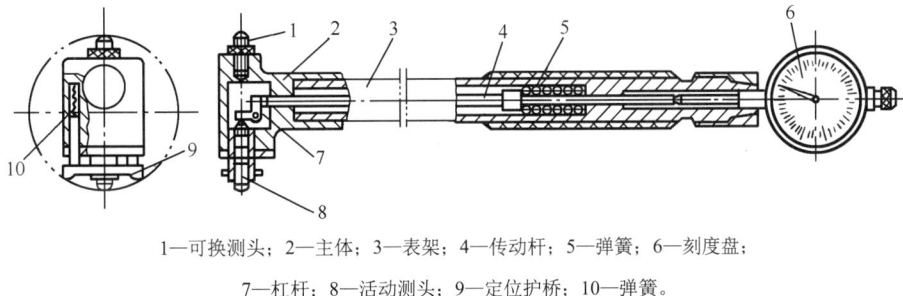

1—可换测头；2—主体；3—表架；4—传动杆；5—弹簧；6—刻度盘；

7—杠杆；8—活动测头；9—定位护桥；10—弹簧。

图 3-25　内径百分表结构

内径百分表的测量范围有 6～10mm、10～18mm、18～35mm、35～50mm、50～100mm、100～160mm、160～250mm、250～450mm 几种。

测量步骤：

步骤一，选择内径百分表，使其测量范围满足被测尺寸。选择适当大小的可换测头，把它装于表杆端部壳体的螺孔中并用螺母背紧（此时两测量头自由状态的长度应比被测孔径大0.5～1mm，使内径百分表测量时有半圈到一圈的预压量。预压量不能过大，更不能超出百分表规格的上限值）。

步骤二，用量块夹或外径千分尺得到调整零位的基准孔，基准孔的尺寸为被测孔的公称尺寸。

步骤三，调整零位。将内径百分表的两测头置于量块夹或外径千分尺的两测量面之间，按图 3-26 中 A、B 所示旋摆方向分别绕轴 Y、Z 摆动。随着两测量头连线逐渐垂直于两测量爪的测量面，大指针顺时针旋转至极限位置（此时内径百分表两测量头之间的尺寸恰为基准孔的标准量值）。调整内径百分表刻度盘，使零线与大指针顺时针旋转的极限位置重合。反复调整数次，直至大指针再无顺时针旋转超过此零线的状态时，"调零"操作结束。

测量孔径，读取偏差值。

步骤四，将内径百分表的两测量头置于被测件孔中，按图 3-26 中 A 所示方向往复摆动，内径百分表大指针顺时针旋转至极限位置（拐点）时的读数，即为被测孔径某测量位置的尺寸与基准孔标准量的偏差。

步骤五，记录数据，给出结论。在与工件中心线垂直的若干个测量平面内，测量若干个方位。每个方位多测几次，取各次读数值的算术平均值作为测量结果，记入实验记录内。根据被测孔径的公差要求，判断被测孔径是否合格。

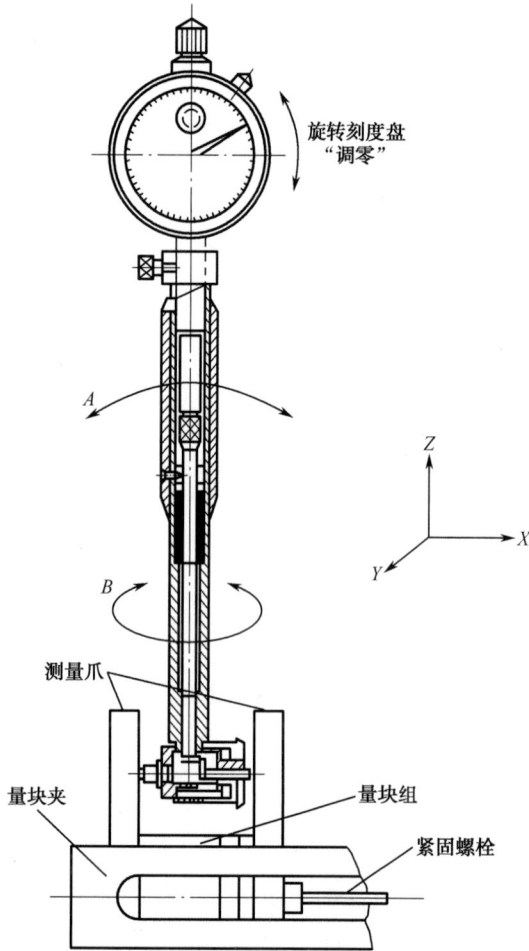

图 3-26　内径百分表调整零位示意图

③ 杠杆百分表。杠杆百分表又称靠表，其分度值为 0.01mm，示值范围一般为 ±0.4mm。如图 3-27 所示为杠杆百分表的外形与传动原理示意图。当测量杆的测头摆动 0.01mm 时，杠杆、齿轮传动机构的指针正好偏转一小格，这样得到 0.01mm 的读数值。杠杆百分表的体积小，测量杆的方向又可以改变，在校正工件和测量工件时都很方便。尤其对于小孔的校正和在机床上校正零件时，受空间限制，百分表放不进去，这时，使用杠杆百分表就显得比较方便了。

④ 扭簧比较仪。

原理：扭簧比较仪是利用扭簧作为传动放大机构，将测量杆的直线位移转变为指针的角位移的，其外形与传动原理示意图如图 3-28 所示。

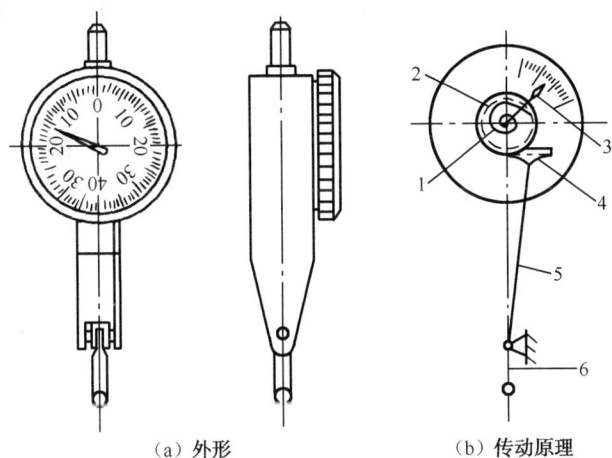

（a）外形　　　　（b）传动原理

1—小齿轮；2—大齿轮；3—指针；4—扇形齿轮；5—杠杆；6—测量杆。

图 3-27　杠杆百分表的外形与传动原理示意图

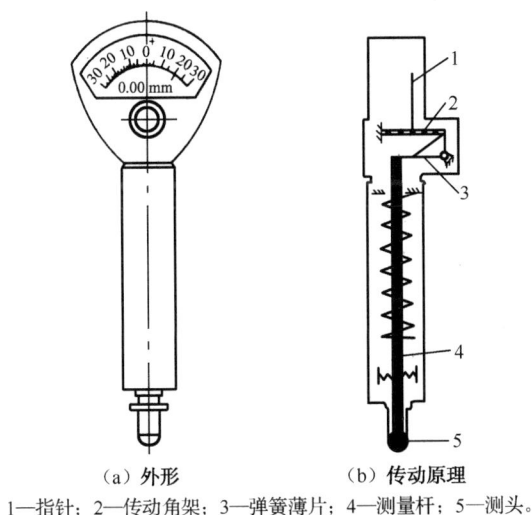

（a）外形　　　　（b）传动原理

1—指针；2—传动角架；3—弹簧薄片；4—测量杆；5—测头。

图 3-28　扭簧比较仪的外形与传动原理示意图

示值范围：扭簧比较仪的分度值有 0.001mm、0.0005mm、0.0002mm、0.0001mm 四种，其标尺的示值范围分别为±0.03mm、±0.015mm、±0.006mm、±0.003mm。

用途：扭簧比较仪的结构简单，它的内部没有相互摩擦的零件，因此灵敏度极高，可用于精密测量。

测量步骤：

步骤一，按照工件尺寸公差要求选择并组合量块。

步骤二，用汽油或酒精棉球及绸布将仪器工作台擦干净后，把组合好的量块组置于比较仪的工作台上。松开横臂锁紧螺钉，缓慢地调整横臂高度，使比较仪测头与量块上表面轻轻接触，将横臂锁紧。再通过微调旋钮进行微调，使刻度盘零线与指示表的指针重合。轻轻按动测头杠杆抬起夹数次，观察指针复位情况，直至指针与刻度盘零线准确重合为止。

步骤三，测量、记录数据。按动测头杠杆抬起夹使测头抬起。取下量块组，将被测工件置于测头下，分别在不同的方位进行测量。每个测量点要重复测量几次，取各读数值的算术平均值作为测量结果填入实验记录中（注意偏差的正、负值）。

步骤四，测量完毕，用汽油或酒精棉球擦拭工作台、测头、量块并用绸布擦干净，涂覆防锈油脂。

5．光学量仪

（1）原理：光学量仪是利用光学原理制成的量仪，在长度测量中应用比较广泛的有光学计、测长仪等。

（2）分类及用途。

① 立式光学计。立式光学计是利用光学杠杆放大作用将测量杆的直线位移转换为反射镜的偏转，使反射光线也发生偏转，从而得到标尺影像的一种光学量仪。

立式光学计外形结构如图3-29所示。测量时，先将量块置于工作台上，调整仪器使反射镜与主光轴垂直，然后换上被测工件。立式光学计的光学系统如图3-30所示。

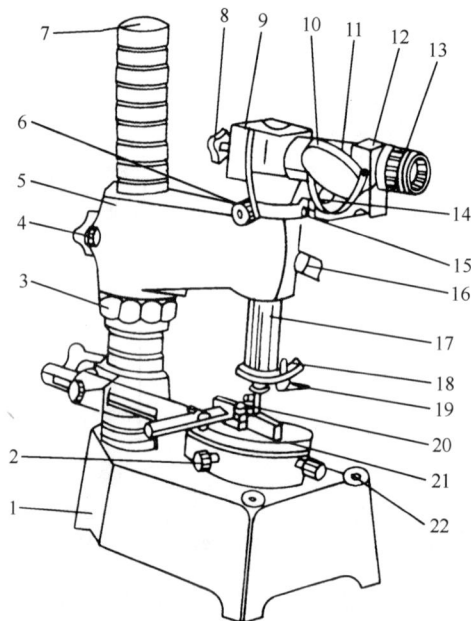

1—底座；2—调整螺钉；3—粗调节螺母；4、8、15、16—紧固螺钉；5—横臂；6—细调节手轮；

7—立柱；9—插孔；10—反射镜；11—连接座；12—目镜座；13—目镜；14—微调节手轮；

17—光学计管；18—螺钉；19—提升器；20—测头；21—工作台；22—基础调整螺钉。

图3-29　立式光学计外形结构

立式光学计的分度值为0.001mm，示值范围为±0.1mm，测量范围为高0～180mm、直径0～150mm，仪器的最大不确定度为0.00025mm，测量的最大不确定度为（0.5+$L/100$）μm（L是被测长度，单位为mm）。

测量步骤：

步骤一，测头的选择。测头有球形、平面形和刀口形三种，根据被测零件表面的几何形状来选择，使测头与被测表面尽量满足点接触。所以，测量平面或圆柱面工件时，选用球形测头；测量球面工件时，选用平面形测头；测量直径小于 10mm 的圆柱形工件时，选用刀口形测头。

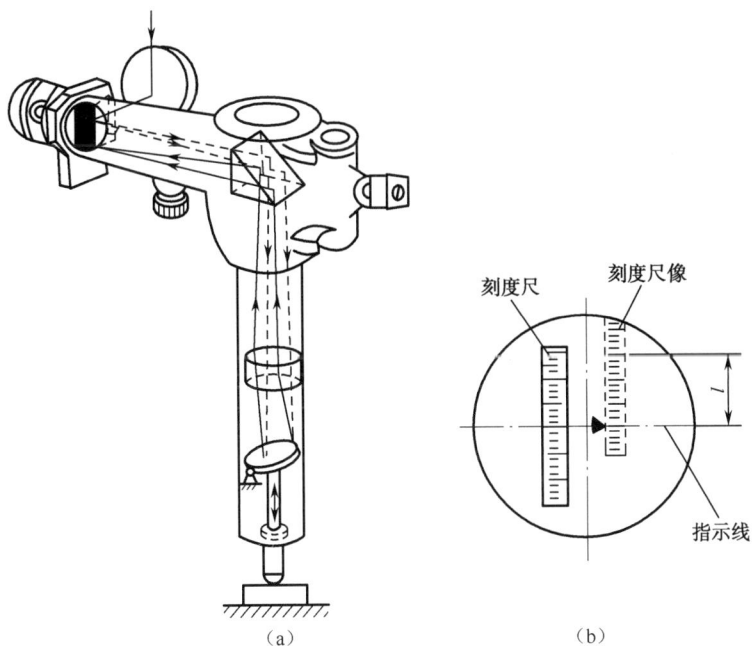

图 3-30 立式光学计的光学系统

步骤二，按工件的公称尺寸组合量块。

步骤三，调整仪器零位。选好量块组后，将下测量面置于工作台 21 中央，并使测头 20 对准一测量面中央。

a. 粗调节。松开紧固螺钉 4，转动粗调节螺母 3，使支臂缓慢下降，直到测头与量块上测量面轻微接触，并能在视线中看到刻度尺像时，将紧固螺钉 4 锁紧。

b. 细调节。松开紧固螺钉 16，转动细调节手轮 6，直至在目镜中观察到刻度尺像与指示线接近为止，如图 3-31（a）所示，然后将紧固螺钉 16 锁紧。

c. 微调节。转动微调节手轮 14，使刻度尺的零线景像与指示线重合，如图 3-31（b）所示，然合提起提升器 19 数次，使零位稳定。

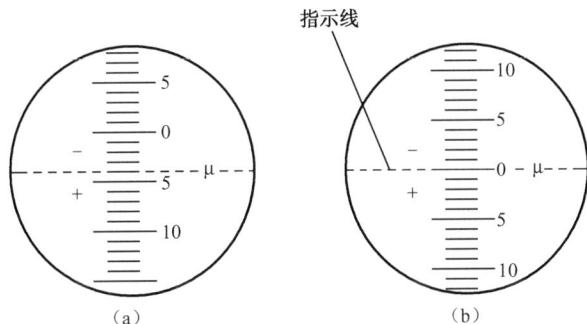

图 3-31 调整零位

步骤四，将工件放在工作台上进行测量，将测量结果填入记录表格中。

步骤五，处理数据，根据尺寸公差要求判断是否合格。

② 万能测长仪。测长仪是一种精密量仪，它是将光学系统和电气部分相结合的长度测量仪器，可按测量轴的位置分为卧式测长仪和立式测长仪两种。卧式测长仪结构如图 3-32 所示，可用于测量外尺寸、内尺寸、小孔径尺寸、螺纹中径等，因此卧式测长仪又称为万能测长仪。

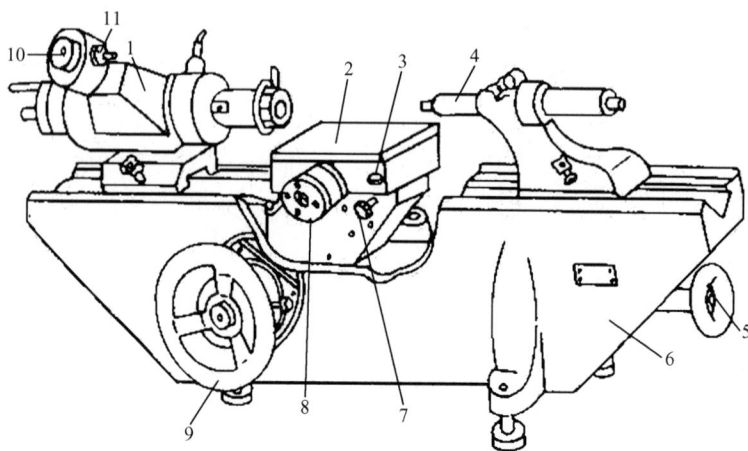

1—测座；2—万能工作台；3、7—手柄；4—尾座；5、8、9—手轮；

6—底座；10—目镜；11—读数回转手轮。

图 3-32　卧式测长仪结构

万能测长仪的技术指标如下。

a. 分度值。读数显微镜为 0.001mm，工作台微分筒为 0.01mm，直接测量范围为 0～100mm。

b. 使用范围。外尺寸测量（不用顶针架）为0～500mm，内尺寸测量（深度为4～50mm时）为 150～250mm。

工件位置的确定：

在圆柱体（无论是外圆柱面还是内孔）的测定中，必须使测量轴线穿过该曲面的中心，并垂直于圆柱体的轴线（符合阿贝原则的位置）。为了满足这一条件，在被测件固定于工作台上后，就要利用万能工作台各个可能的运动条件，通过寻找"读数转折点"，将工件调整到符合阿贝原则的正确位置上。孔径的测量如图 3-33 所示。

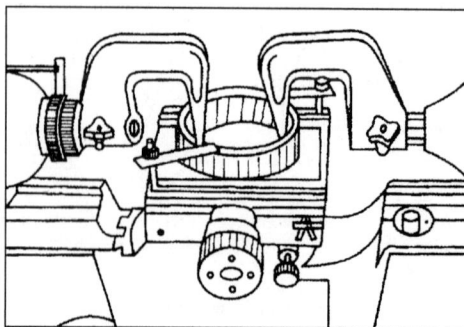

图 3-33　孔径的测量

转动工作台升降手轮，调整工作台的高度，使测头位于孔内适当的位置。慢慢旋转工作台横向移动手轮，同时观察目镜刻度尺的变化，以读数最大值为转折点，在此处将工作台横向固定。最后调整工作台垂直摆动手柄，以读数最小值为转折点，在此处将工作台纵向偏摆固定，方可正式读数（见图 3-34）。此时，测量轴线穿过被测工件的曲面中心，且与圆柱体的轴线垂直。

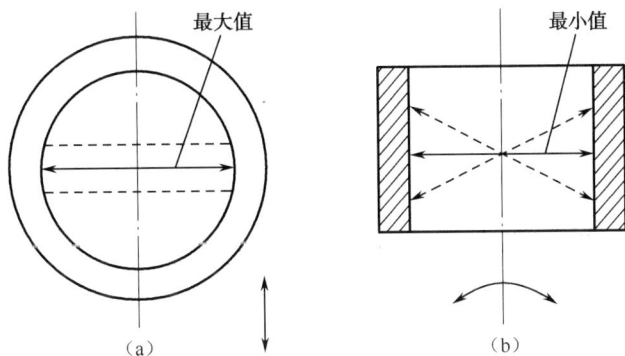

图 3-34 回转点的确定

万能测长仪读数方法：如图 3-35（a）所示，从目镜中观察，可同时看到三种刻线。先读毫米数（7mm），然后按毫米刻线在固定分划板上读出小数点后第一位数（0.4mm），再转动读数回转手轮，使靠近零点几毫米刻度值的一圈平面螺旋双刻线夹住毫米刻线，再从指示线对准的圆周刻度上读得微米数（5.1μm），所以如图 3-35（b）所示读数是 7.451mm。

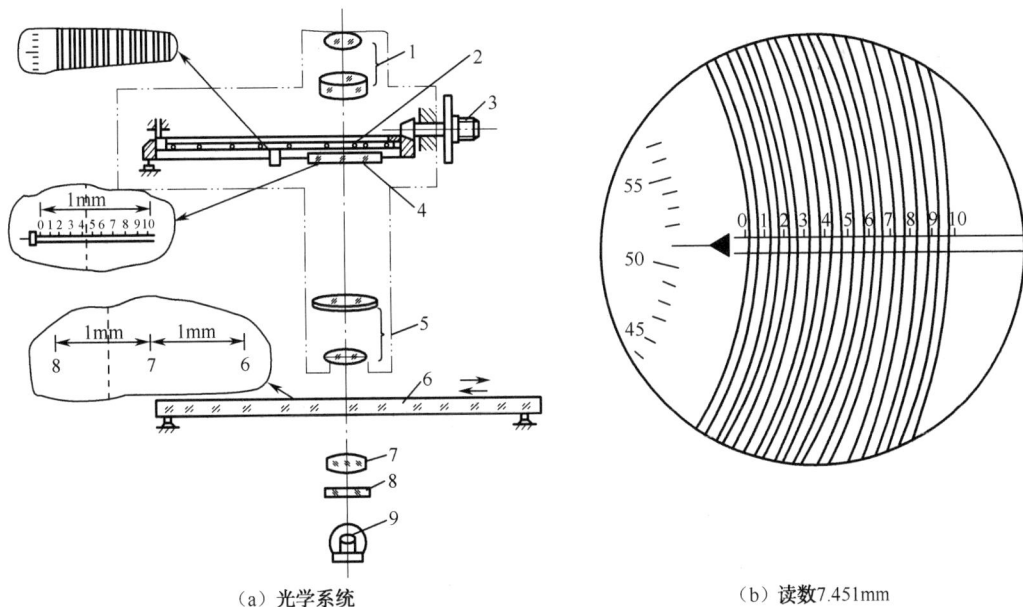

（a）光学系统　　　　　　　　　　　（b）读数7.451mm

1—目镜；2—可移动分划板；3—读数回转手轮；4—固定分划板；5—物镜；

6—毫米刻线尺；7—聚光镜；8—滤色片；9—光源。

图 3-35 万能测长仪的读数原理

若要测量轴径，则应将工件安放在工作台上，使测头接触工件外径。先慢慢转动工作台升降手轮，观察毫米刻线的变化，以读数最大值为转折点，在此处将工作台的高度固定。扳动工作台水平回转手柄，以读数最小值为转折点，在此处将工作台的水平位置固定，然后进行正式读数。

测量步骤：

步骤一，清洁仪器工作台、内测钩、标准环和被测工件，接通电源。

步骤二，在测量杆上分别装上内测钩，并使内测钩的象鼻对齐。

步骤三，将标准环置于工作台上，使两测钩接触内孔表面，用工作台的几种调整方法，获得测量孔径的正确位置，记下读数值 λ_1。

步骤四，同上述方法，换上被测工件进行测量，记下读数值 λ_2。

步骤五，数据处理：$D=D_1+(\lambda_2-\lambda_1)$。式中，$D$ 为被测工件实际尺寸，D_1 为标准环孔径尺寸。

步骤六，将测量结果填入实验记录表格中，进行数据处理。

步骤七，根据被测工件的尺寸要求，判断合格性。

6. 三坐标测量机

三坐标测量机是综合利用精密机械、微电子、光栅和激光干涉仪等先进技术的计量装置。目前广泛应用于机械制造、电子工业、航空和国防工业各部门，特别适用于测量箱体类零件的孔径、面距以及模具、精密铸件、电子线路板、汽车外壳、发动机零件、凸轮和飞机型体等带有空间曲面的零件。

（1）类型、特点及结构形式

① 类型：三坐标测量机按其精度和测量功能，通常分为计量型（万能型）、生产型（车间型）和专用型三大类。

② 特点：计量型与生产型三坐标测量机的特点比较如表 3-8 所示。

表 3-8　计量型与生产型三坐标测量机的特点比较

类型	测量精度	软件功能	运动速度	测头形式	价格	对环境条件要求
计量型	高	多	低	多为三维电感测头	高	严格
生产型	一般较低	一般较少	高	多为电触式测头	低	低

③ 结构形式：三坐标测量机按结构可分为悬臂式、门框式（即龙门式）、桥式和卧轴式，框式又可分为活动门框与固定门框，如图 3-36 所示。

（2）应用

① 三坐标测量机与加工中心相配合，具有"测量中心"的功能。在现代化生产中，三坐标测量机已成为 CAD/CAM 系统中一个测量单元，它将测量信息反馈给系统主控计算机，进一步控制加工过程，提高产品质量。

② 三坐标测量机及其配置的实物编程软件系统以对实物与模型的测量，得到加工面几何形状的各种参数而生成加工程序，完成实物编程；借助绘图软件和绘图设备，可得到整个实物外观设计图样，实现设计、制造一体化。

③ 多台测量机联机使用，组成柔性测量中心，可实现生产过程的自动检测，提高生产效率。

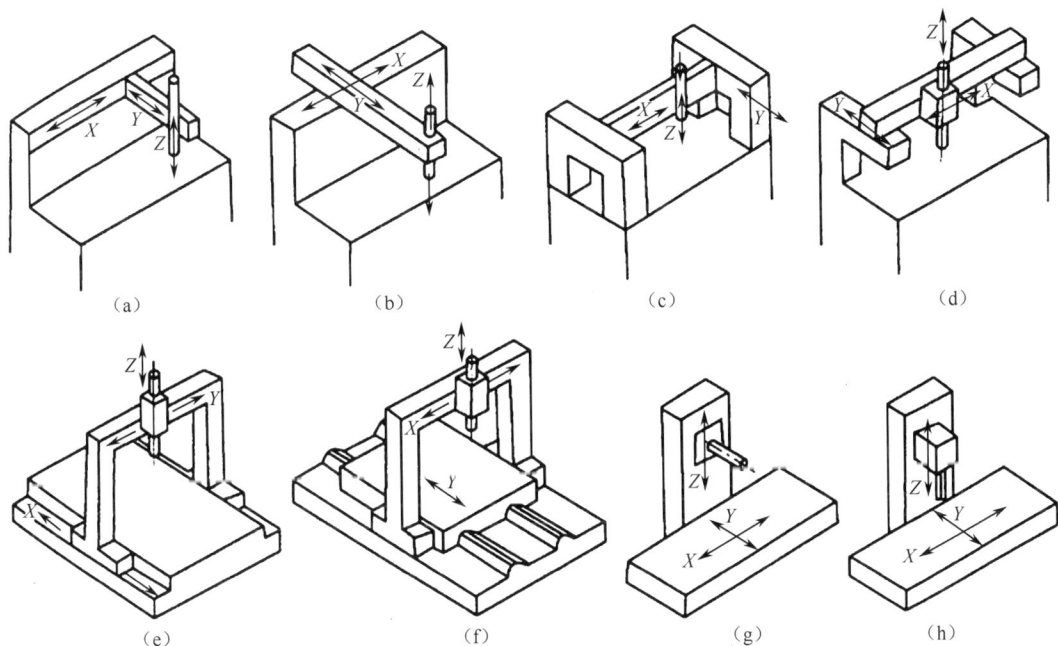

（a）、（b）为悬臂式；（c）、（d）为桥式；（e）、（f）为门框式；（g）、（h）为卧轴式。

图 3-36 三坐标测量机的结构形式

（3）测量原理

三坐标测量机所采用的标准器是光栅尺。反射式金属光栅尺固定在导轨上，读数头（指示光栅）与其保持一定间隙安装在滑架上，当读数头随滑架沿着导轨运动时，光栅所产生的莫尔条纹的明暗变化，经光电元件接收，将测量位移所得的光信号转换成周期变化的电信号，经电路放大、整形、细分处理成计数脉冲，最后显示数字量。当探头移到空间中某个点时，计算机屏幕上立即显示出其 X、Y、Z 方向的坐标值。测量时，在三维探头与工件接触的瞬间，测头向坐标测量机发出采样脉冲，锁存此时的测头球心的坐标值。当三维探头沿工件几何形状表面移动时，各点的坐标值被送入计算机中，即可求得其空间坐标方程，经专用测量软件处理后，就可以精确地计算出工件的几何尺寸和几何误差，实现多种几何量测量、实物编程、设计制造一体化、柔性测量中心等功能。

（4）主要技术特性

① 计量型三坐标测量机用于精密测量，分辨率有 0.1μm、0.2μm、0.5μm、1μm 几种规格。生产型三坐标测量机用于加工过程中的检测，分辨率有 5μm 和 10μm；专用型测量机分辨率可达 1μm 或 2μm。

② 按检测零件尺寸范围可分为大、中、小三类，大型机的 X 轴测量范围大于 2000mm，中型机的 X 轴测量范围为 600～2000mm，小型机的 X 轴测量范围一般小于 600mm。

③ 三坐标测量机通常配置测量软件系统、输出打印机、绘图仪等外围设备，增强了计算机的数据处理和自动控制等功能。

任务小结

被检验工件为ϕ50h9 Ⓔ（单件或小批量生产），所以应选用普通计量器具；公差等级 IT9

介于 IT6～IT18，公称尺寸 ϕ50mm 小于 500mm，所以应按光滑工件尺寸的检验来计算验收极限和选择计量器具；遵守包容要求，应按方式 1 确定验收极限。

查标准公差数值表得 IT9=62μm，查轴的基本偏差数值表得 $es=0$。

查表 3-4 得安全裕度 A=6.2μm，由式（3-1）、式（3-2）分别得

上验收极限=50-0.0062=49.9938mm

下验收极限=50-0.062+0.0062=49.9442mm

按优先选用 I 挡的原则，查表 3-4 得测量器具的不确定度允许值 u_1=5.6μm。

查表 3-5，得分度值为 0.01mm 的外径千分尺不确定度为 0.004mm，小于 0.0056mm，因此能满足要求。

任务2 处理等精度直接测量数据

课前	准备及预习	了解等精度测量的含义
课中	互动提问	1. 测量误差产生的原因有哪些？ 2. 测量误差按性质不同分为哪几类？ 3. 测量误差有哪几种形式
课后	作业	练习题 6

任务介绍

用立式光学计对某轴同一部位进行 12 次测量，测得数值为 28.784、28.789、28.789、28.784、28.788、28.789、28.786、28.788、28.788、28.785、28.788、28.786（单位：mm），假设已经消除了定值系统误差，试给出其测量结果。

相关知识

3.2.1 测量误差

1. 测量误差的概念

在测量过程中，由于计量器具本身的误差及测量方法和测量条件的限制，任何一次测量的测得值都不可能是被测量的真值，两者之间存在差异，这种差异在数值上即表现为测量误差。

测量误差有下列两种形式：

（1）绝对误差δ：指被测量的测量值 x 与其真值 x_0 之差的绝对值，即

$$\delta = \mid x - x_0 \mid \tag{3-3}$$

测量误差可能是正值，也可能是负值。因此，真值可以表示为

$$x_0 = x \pm \delta \tag{3-4}$$

利用式（3-4）可以由被测量的测量值和测量误差来估算真值所在范围。测量误差的绝对值越小，被测量的测量值就越接近真值，因此测量精度就越高；反之测量精度就越低。

【特别提示】

用绝对误差表示测量精度，适用于评定或比较大小相同的被测量的测量精度，对于大小不相同的被测量，则需要用相对误差来评定或比较它们的测量精度。

（2）相对误差 f：指绝对误差与真值之比。由于真值不知道，因此在实际中常以被测量的测量值代替真值进行估算，即

$$f = \delta/x_0 \approx \delta/x \tag{3-5}$$

2. 测量误差的来源

产生测量误差的因素很多，主要有以下几方面：

（1）计量器具误差：指计量器具本身所具有的误差，包括计量器具的设计、制造和使用过程中产生的各项误差，可用计量器具的示值精度或不确定度来表示。

（2）测量方法误差：指测量方法不完善（包括计算公式不精确、测量方法不适当、测量基准不统一、工件安装不合理及测量力不稳定）等引起的误差。

（3）测量环境误差：指测量时的环境条件不符合标准条件所引起的误差。环境条件包括温度、湿度、气压、照明、灰尘等。其中，温度对测量结果的影响最大。

（4）人员误差：指测量人员的主观因素所引起的误差。例如，测量人员技术不熟练、视觉偏差、估读判断错误引起的误差。

【特别提示】

造成测量误差的因素很多，有些误差是不可避免的，有些误差是可以避免的。测量时应采取相应的措施，设法减少或消除它们对测量结果产生的影响，以保证测量的精度。

3. 测量误差的种类和特性

根据测量误差的性质、出现规律和特点，可以将测量误差分成系统误差、随机误差和粗大误差三种基本类型。

1）系统误差

系统误差是指在同一条件下，多次测量同一量值时，误差的绝对值和符号保持不变，或按一定规律变化的测量误差。前者称为定值系统误差，如千分尺零位不正确产生的误差。后者称为变值系统误差，如刻度盘安装偏心导致的误差即按近正弦规律周期变化。

系统误差对测量结果有很大影响，因此在测量数据中如何发现并消除或减小系统误差是提高测量精度的一个重要问题。

（1）系统误差的发现

定值系统误差的大小和方向不变，因此它不能从一系列测量值中被揭示，只能通过实验对比来发现。实验对比法是通过改变测量条件进行不等精度测量的方法来分析测量结果的。如量块按标称长度使用引入的定值系统误差，只有用另一块更高级的量块进行对比测量，才能发现。

变值系统误差可以从对一系列测量值的处理和分析中发现，常用的方法为残余误差观察法。残余误差观察法是指将测量列按测量顺序排列或作图观察各残余误差的变化规律，如图 3-37 所示。

系统误差较随机误差大，如量块的误差所产生的系统误差，在高精度的测量中成为关键因素。

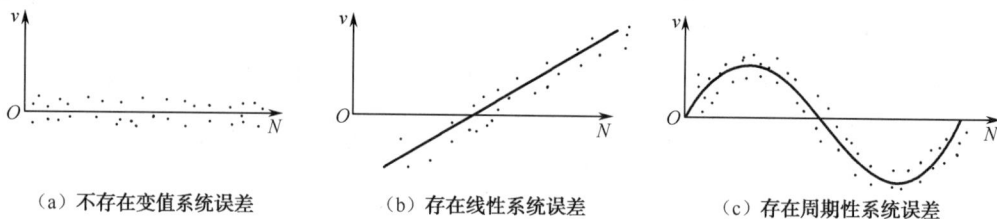

（a）不存在变值系统误差　　（b）存在线性系统误差　　（c）存在周期性系统误差

图3-37　残余误差观察法

（2）系统误差的消除

① 误差根除法，即从产生误差的根源上消除，这是消除系统误差的根本方法。要求测量人员对测量过程中可能产生系统误差的各个环节进行分析，找出产生误差的根源并加以消除。例如，为防止测量过程中仪器零位变动，测量开始和结束时都需要检查仪器零位。

② 误差修正法，即预先检定出测量仪器的系统误差，将其数值反向后作为修正值，用代数法加到实际测量值上，就可得到不包含该系统误差的测量结果。

③ 误差抵消法，即在对称位置上进行两头测量，使得两次测量读数时出现的系统误差大小相等、方向相反，再取两次测量值的平均值作为测量结果，来消除系统误差。例如，在工具显微镜上测量螺纹轴线与量仪工作台移动方向倾斜而引起的系统误差。

除了上述消除系统误差的方法，还有半周期法和对称消除法等。

【特别提示】

从理论上讲，系统误差是可以完全消除的，但由于许多因素的影响，实际上只能减小到一定限度。一般来说，系统误差若能减小到使其影响值相当于随机误差的程度，则可认为已经被消除。

2）随机误差

随机误差指在相同条件下，多次测量同一量值时绝对值和符号以不可预定的方法变化的误差。所谓随机，则指在单次测量中，误差出现是无规律可循的。但若进行多次重复测量时，误差总体上服从正态分布规律，因此常用概率论和统计原理对它进行处理。随机误差是由测量过程中诸如环境变化、读数不一致等随机因素引起的。

（1）随机误差的分布特性

大量实验统计数据说明，多数随机误差服从正态分布规律，如图3-38所示。正态分布的随机误差有如下四个特点。

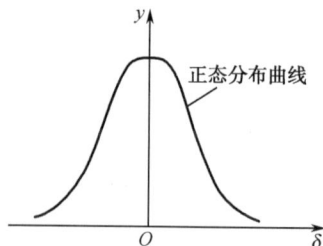

y—概率密度函数；δ—随机误差（测量值与真值之差）。

图3-38　正态分布规律

① 对称性，即绝对值相等的正误差和负误差出现的次数大致相等。

② 单峰性，即绝对值小的误差比绝对值大的误差出现的次数多。

③ 有界性，即在一定条件下，误差的绝对值不会超过一定的限度。

④ 抵偿性，即对同一量在同一条件下重复测量，各次随机误差的代数和随着测量次数的增加趋于零。

（2）随机误差的评定指标

实际使用时，可直接查正态分布表，下面列出几个特殊区间的置信概率 P（$z=\delta/\sigma$，z 为置信系数，σ 为标准偏差）。

当 $z=1$ 时，$\delta=\pm\sigma$，$P=0.6826=68.26\%$。

当 $z=2$ 时，$\delta=\pm 2\sigma$，$P=0.9544=95.44\%$。

当 $z=3$ 时，$\delta=\pm 3\sigma$，$P=0.9973=99.73\%$。

当 $z=4$ 时，$\delta=\pm 4\sigma$，$P=0.9993=99.93\%$。

可见，正态分布的随机误差有 99.73% 的可能分布在 $\pm 3\sigma$ 范围内，而超出该范围的概率仅为 0.27%，可以认为这种可能性几乎没有了。因此，可将 $\pm 3\sigma$ 视为单次测量的随机误差的极限值，则单次测量结果 x 为

$$x = x_i \pm \delta_{lim} = x_i \pm 3\sigma \tag{3-6}$$

$$\sigma = \sqrt{\frac{\sum_{i=1}^{n}\delta_i^2}{n}} \tag{3-7}$$

式中，x_i 为各次测量结果；δ_{lim} 为随机误差极限值；δ_i 为各次测量误差；n 为测量次数。

（3）随机误差的处理

由于被测几何量的真值未知，所以不能直接求得标准偏差 σ 的数值。在实际测量时，当测量次数 n 充分大时，随机误差的算术平均值趋于零，便可用测量列中各个测量值（x_1、x_2、$\cdots$、x_n）的算术平均值代替真值，并估算出标准偏差，进而确定测量结果。

假定直接测量列中不存在系统误差和粗大误差，可按如下步骤对随机误差进行处理（σ：标准偏差，v_i：残余误差，n：测量次数）。

① 计算算术平均值 $\bar{x}$。

$$\bar{x} = \frac{x_1+x_2+\cdots+x_n}{n} = \frac{\sum_{i=1}^{n}x_i}{n} \tag{3-8}$$

② 计算残余误差（简称残差）v_i：用算术平均值代替真值计算得到的误差。

$$v_i = x_i - \bar{x} \tag{3-9}$$

③ 计算标准偏差 σ：用贝塞尔公式计算。

$$\sigma = \sqrt{\frac{\sum_{i=1}^{n}v_i^2}{n-1}} \tag{3-10}$$

则单次测量结果 x 为

$$x = x_i \pm 3\sigma \tag{3-11}$$

任一测量结果 x，其落在 $\pm 3\sigma$ 标准偏差范围内的概率为 99.73%。

④ 计算测量列算术平均值的标准偏差 $\sigma_{\bar{x}}$。

$$\sigma_{\bar{x}} = \frac{\sigma}{\sqrt{n}} \tag{3-12}$$

⑤ 计算测量列算术平均值的极限误差 $\delta_{\lim(\bar{x})}$。

$$\delta_{\lim(\bar{x})} = \pm 3 \ \sigma_{\bar{x}} \qquad (3\text{-}13)$$

⑥ 写出多次测量结果的表达式。

$$x = \bar{x} \pm 3\sigma_{\bar{x}} \qquad (3\text{-}14)$$

3）粗大误差

粗大误差是指超出规定条件下预计的测量误差，即明显歪曲了测量结果的误差。造成粗大误差的原因既有主观因素，如读数不正确、操作不正确；也有客观因素，如外界突然冲击、振动等。

在正常情况下，测量结果中不应该含有粗大误差，故在测量时应避免或剔除。判断粗大误差的基本原则是凡超出随机误差的实际分布范围的误差均视为粗大误差。判断粗大误差的准则有多种，当测量次数 $n>10$ 时，通常用拉依达准则来判断；当测量次数 $n \leqslant 10$ 时，常用格拉布斯准则来判断。

拉依达准则又称 3σ 准则，当测量列服从正态分布时，残余误差超出 $\pm 3\sigma$ 的情况不会发生，故将超过 $\pm 3\sigma$ 的残余误差作为粗大误差，即

$$|v_i| > 3\sigma \qquad (3\text{-}15)$$

则认为残余误差对应的测量值含有粗大误差，在处理误差时应予以剔除。

【特别提示】

剔除含有粗大误差的测量值时，应根据剩下的测量值重新计算 σ，再根据 3σ 准则去判断剩下的测量值中是否还存在粗大误差。每次只能剔除一个粗大误差，直到剔除完为止。

3.2.2 数据处理

等精度测量是指在测量条件（包括测量仪器、测量人员、测量方法及环境条件等）不变的情况下，对某一被测量进行的多次测量。在测量过程中全部或部分因素和条件发生改变，则称为不等精度测量。

在相同的测量条件下，对同一被测量进行多次连续测量，得到一测量列。测量列的测量值中可能同时含有系统误差、随机误差和粗大误差，或者只含有其中一类或两类误差，因此在进行数据处理时，应分别对各类误差进行处理，最后综合分析，从而得出正确的测量结果。

对等精度直接测量的测量列按以下步骤进行数据处理：

① 依次计算测量列的算术平均值、残余误差。

② 判断测量列中是否存在系统误差。倘若存在，则应设法加以消除或减小。

③ 依次计算测量列的算术平均值、残余误差和任一测量值的标准偏差。

④ 判断是否存在粗大误差。如存在应剔除，一次只能剔除一个，并重新组成测量列，重复第③步计算，直到不含粗大误差为止。

⑤ 计算测量列算术平均值的标准偏差和测量极限误差。

⑥ 确定测量结果。

【特别提示】

以上第⑤步中的测量极限误差可认为是第⑥步中测量结果的不确定度，一般取 $z=3$，$P=99.73\%$，测量结果的不确定度一般保留一位或两位有效数字。

任 务 小 结

本任务为等精度直接测量，给出测量结果需经以下步骤。

（1）计算算术平均值。

$$\bar{x}=\frac{\sum\limits_{i=1}^{n}x_i}{n}=\frac{\sum\limits_{i=1}^{12}x_i}{12}=28.787\text{mm}$$

计算残差：

$v_i=x_i-\bar{x}$，如表 3-9 所示。

表 3-9　测量数值计算结果

序　号	测量值 x_i/mm	残差 v_i /μm	残差的平方 v_i^2/μm^2
1	28.784	−3	9
2	28.789	+2	4
3	28.789	+2	4
4	28.784	−3	9
5	28.788	+1	1
6	28.789	+2	4
7	28.786	−1	1
8	28.788	+1	1
9	28.788	+1	1
10	28.785	−2	4
11	28.788	+1	1
12	28.786	−1	1
	$\bar{x}=28.787$	$\sum\limits_{i=1}^{12}v_i=0$	$\sum\limits_{i=1}^{12}v_i^2=40$

（2）判断变值系统误差。

根据残余误差观察法判断，测量列中的残差大体上正负相当，无明显的变化规律，所以认为无变值系统误差。

（3）计算残差的平方、平方和，见表 3-9。

计算标准偏差：

$$\sigma=\sqrt{\frac{\sum\limits_{i=1}^{n}v_i^2}{n-1}}=\sqrt{\frac{40}{11}}\approx1.9\mu\text{m}$$

（4）判断粗大误差。

由标准偏差求得粗大误差的界限 $|v_i|>3\sigma=5.7\mu\text{m}$，故不存在粗大误差。

（5）计算算术平均值的标准偏差。

$$\sigma_{\bar{x}}=\frac{\sigma}{\sqrt{n}}=\frac{1.9}{\sqrt{12}}\approx0.55\mu\text{m}$$

$$\delta_{\lim(\overline{x})} = \pm 3\sigma_{\overline{x}} \approx \pm 0.0016\text{mm}$$

（6）写出测量结果。

$$x = \overline{x} \pm 3\sigma_{\overline{x}} = 28.787 \pm 0.0016\text{mm}$$

这时的置信概率为99.73%。

思行并进

从港珠澳大桥看现代检测技术与创新精神

港珠澳大桥是我国境内一座连接香港、珠海和澳门的桥隧工程，位于广东省珠江口伶仃洋海域内，为珠江三角洲地区环线高速公路南环段。

港珠澳大桥于2009年12月15日动工建设，2017年7月7日实现主体工程全线贯通，2018年2月6日完成主体工程验收，同年10月24日上午9时开通运营。

港珠澳大桥因其超大的建筑规模、空前的施工难度和顶尖的建造技术而闻名世界。创造了多项世界之最：最长的跨海大桥，全长55千米，是世界上最长的跨海大桥；设计使用寿命120年，打破了世界上同类型桥梁的"百年惯例"。最长的钢结构桥梁，港珠澳大桥仅主梁钢用量就达到42万吨，相当于10座"鸟巢"或者60座埃菲尔铁塔的重量。最长的海底沉管隧道，海底隧道深埋部分长5664米，由33节钢筋混凝土结构的沉管对接而成，是世界上最长的海底沉管隧道。最大断面的公路隧道，港珠澳大桥珠海连接线的核心控制性工程——拱北隧道是世界上最大断面的公路隧道；采用双向六车道设计，全长2741米，由海域人工岛明挖段、口岸暗挖段以及陆域明挖段三种不同结构的隧道连接而成。最大节沉管，每个标准沉管长180米，宽37.95米，高11.4米，重约80000吨，是迄今为止世界最大体量的沉管；沉管浮在水中的时候，每个标准管节的排水量约75000吨，而辽宁号航母满载时的排水量也只有67500吨。最精准"深海之吻"，数万吨沉管在海平面以下13米至44米不等的水深处无人对接，对接误差控制在2厘米以内，被喻为"海底穿针"。

超级工程的背后，是一个又一个的超级创新！港珠澳大桥沉管在对接过程中应用了自主设计研发的世界上最大起重船"振华30"、神舟飞船与空间站交汇对接技术、海洋监测系统等一批世界领先技术。我们应该提升专业认同感及民族自豪感，学习了解现代检测技术，敢于创新，行动起来吧！

项目4　几 何 公 差

知识点	知识重点	几何公差项目、特点、符号及其标注
	知识难点	几何公差带的含义，公差原则的有关术语、含义、标注及应用
	必须掌握的理论知识	几何公差项目、特点、符号及其标注，几何公差带的含义，公差原则的有关术语、含义、标注及应用
教学方法	推荐教学方法	任务驱动教学法
	推荐学习方法	课堂：听课+互动+技能训练 课外：了解简单机构实例的结构和功能要求，说明几何公差设计的含义
课程思政	思行并进	从 C919 大飞机研制看工匠精神与爱国主义
技能训练	理论	练习题 7，练习题 8，练习题 9，练习题 10
	实践	任务书 5，几何误差的测量
考核	阶段考核	阶段考核 5——识读汽车转向节零件图

任务 1　了解几何公差标注

课前	准备及预习	了解几何公差相关标准
课中	互动提问	1. 什么是几何要素？ 2. 几何公差的研究对象是什么？ 3. 国家标准规定几何公差特征项目分为几大类，多少项，多少个符号
课后	作业	练习题 7

解释如图 4-1 所示几何公差的标注的含义，并完成表 4-1。

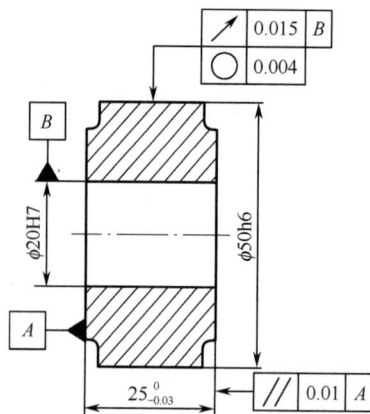

图 4-1　几何公差的标注

表 4-1　附表

图 序 号	公差项目	公 差 值	被 测 要 素	基 准 要 素
◯ 0.004				
⌖ 0.015 B				
// 0.01 A				

相关知识

4.1.1　几何公差概述

在机械制造中，不仅会产生尺寸误差，也会产生几何误差，即零件加工后其表面、轴线、中心对称平面等的实际形状、方向、位置相对于所要求的理想形状、方向和位置不可避免地存在误差，此误差是由于机床精度、加工方法等多种因素造成的，它们对产品的寿命和使用性能有很大的影响。具体归纳为三个方面：

（1）影响零件的配合性质。当轴和孔的配合有几何误差时，对间隙配合，会因间隙不均匀而影响配合性能，并造成局部磨损使寿命降低；对过盈配合，会使过盈在整个结合面上大小不一，从而降低其连接强度；对过渡配合，会降低其定位精度。

（2）影响零件的功能要求。齿轮箱上各轴承孔的位置误差影响齿轮齿面的接触均匀性和齿侧间隙。

（3）影响零件的自由装配性。几何误差越大，零件的几何参数的精度越低，其质量也越差。为了保证零件的互换性和使用要求，有必要对零件规定几何公差，用以限制几何误差。

对于精密机械及经常在高速、高压、高温和重载条件下工作的机器，几何误差的影响更为严重，所以几何误差的大小是衡量机械产品质量的一项重要指标。几何公差是指零件的实际形状、实际方向和实际位置对理想形状、理想方向和理想位置所允许的最大变动量。

4.1.2　几何公差的研究对象

几何公差的研究对象是几何要素，几何要素就是构成零件几何特征的点、线、面或者它们的集合，简称要素。如图 4-2 所示零件的要素包括：点——锥顶、球心；线——圆柱、圆锥的素线、轴线；面——端平面、球面、圆锥面及圆柱面等。一般在研究形状公差时，涉及的对象有线和面两类要素；在研究方向、位置和跳动公差时，涉及的对象有点、线和面三类要素。几何公差就是研究这些要素在形状及其相互间在方向或位置方面的精度问题的。

要素可以从不同的角度进行分类：

（1）按存在状态分类

实际要素：对应于工件实际表面部分的几何要素，通过测量反映出来的要素（由于测量误差总是客观存在的，因此，测得要素并非要素的真实状态）。

理想要素：由参数化方程定义的要素，按设计要求由图样给定的点、线、面的理想形态。它不存在任何误差，是绝对正确的几何要素，具有几何学意义。理想要素可以有四种属性：形状、尺寸参数、方位要素和骨架（当尺寸为零时）。例如一个圆环有两个尺寸参数，其中一个是尺寸（即圆环的小径）；圆环的骨架要素是一个圆，其方位要素是一个平面（包含圆）和一个点（圆心）。

① 拟合要素：通过拟合操作，从非理想表面模型中或从实际要素中建立的理想要素，是评定实际要素的依据。

② 公称要素：由设计者在产品技术文件中定义的理想要素。

（2）按结构特征分类

组成要素：属于工件的实际表面或表面模型的几何要素，以前称为轮廓要素。如图 4-2 中的圆柱面和圆锥面、端平面、球面、圆锥面及圆柱面的素线等。

滤波要素：对一个非理想要素滤波而产生的非理想要素。

导出要素：对组成要素或滤波要素进行一系列操作而产生的中心的、偏移的、一致的或镜像的几何要素，以前称为中心要素。其特点是不能被人们直接感觉到，而是通过相应的组成要素或滤波要素才能体现出来，如图 4-2 中的球心、轴线等。

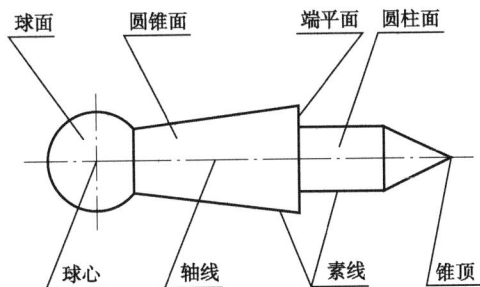

图 4-2　零件的几何要素

（3）按在几何公差中所处的地位分类

被测要素：图样中给出几何公差要求的要素，也就是需要研究和测量的要素，被测要素在图样上用几何公差规范标注。

基准要素：用来确定被测提取要素方向和（或）位置的要素，基准要素在图样上用基准要素标识标注。

（4）按结构的性能分类

单一要素：指仅对要素本身给出几何公差要求的要素。

关联要素：指与零件上其他要素有功能关系的要素。

形状公差是指被测要素的形状所允许的变动量，所以，形状公差的研究对象是单一要素；方向公差、位置公差和跳动公差是指被测要素的方向、位置对基准要素所允许的变动量，所以，方向公差、位置公差和跳动公差的研究对象是关联要素。

4.1.3 几何公差的标注

为限制机械零件的几何误差，提高机械产品的精度，延长寿命，保证互换性生产，我国已制定一套最新几何公差国家标准，代号为GB/T 1182—2018、GB/T 4249—2018、GB/T 16671—2018、GB/T 17851—2010 等。标准 GB/T 1182—2018《形状、方向、位置和跳动公差标注》中，规定了形状、方向、位置和跳动公差（共 4 大类、19 个特征项目、14 个专用符号），几何公差特征项目的名称和符号如表 4-2 所示。几何公差标注要求及附加符号如表 4-3 所示。

表 4-2　几何公差特征项目的名称和符号（GB/T 1182—2018）

公差类型	几何特征	符号	有无基准
形状公差	直线度	—	无
	平面度	▱	无
	圆度	○	无
	圆柱度	⌭	无
	线轮廓度	⌒	无
	面轮廓度	⌓	无
方向公差	平行度	∥	有
	垂直度	⊥	有
	倾斜度	∠	有
	线轮廓度	⌒	有
	面轮廓度	⌓	有
位置公差	位置度	⊕	有或无
	同心度（用于中心点）	◎	有
	同轴度（用于轴线）	◎	有
	对称度	⹀	有
	线轮廓度	⌒	有
	面轮廓度	⌓	有
跳动公差	圆跳动	↗	有
	全跳动	⌰	有

表4-3 几何公差标注要求及附加符号

说　明	符　号
组合规范元素	
组合公差带	CZ
独立公差带	SZ
不对称公差带	
（规定偏置量的）偏置公差带	UZ
公差带约束	
（未规定偏置量的）线性偏置公差带	OZ
（未规定偏置量的）角度偏置公差带	VA
拟合被测要素	
最小区域（切比雪夫）要素	Ⓒ
最小二乘（高斯）要素	Ⓖ
最小外接要素	Ⓝ
贴切要素	Ⓣ
最大内切要素	Ⓧ
导出要素	
中心要素	Ⓐ
延伸公差带	Ⓟ
评定参照要素的拟合	
无约束的最小区域（切比雪夫）拟合被测要素	C
实体外部约束的最小区域（切比雪夫）拟合被测要素	CE
实体内部约束的最小区域（切比雪夫）拟合被测要素	CI
无约束的最小二乘（高斯）拟合被测要素	G
实体外部约束的最小二乘（高斯）拟合被测要素	GE
实体内部约束的最小二乘（高斯）拟合被测要素	GI
最小外接拟合被测要素	N
最大内切拟合被测要素	X
参数	
偏差的总体范围	T
峰值	P
谷深	V
标准差	Q

续表

说　明	符　号
被测要素标识符	
区间	←→
联合要素	UF
小径	LD
大径	MD
中径/节径	PD
全周（轮廓）	(图)
全表面（轮廓）	(图)
公差框格	
无基准的几何规范标注	(图)
有基准的几何规范标注	(图) D
辅助要素标识符或框格	
任意横截面	ACS
相交平面框格	◁ // B ▷
定向平面框格	◁ // B ▷
方向要素框格	← // B
组合平面框格	○ // B
理论正确尺寸符号	
理论正确尺寸（TED）	50
实体状态	
最大实体要求	Ⓜ
最小实体要求	Ⓛ
可逆要求	Ⓡ
状态的规范元素	
自由状态（非刚性零件）	Ⓕ
基准相关符号	
基准要素标标识	E
基准目标标识	φ2/A1
接触要素	CF
仅方向	><
尺寸公差相关符号	
包容要求	Ⓔ

1．几何公差规范标注

几何公差规范标注的组成包括公差框格、可选的辅助平面和要素框格，以及可选的相邻标注（补充标注），如图 4-3 所示。几何公差规范应使用参照线与指引线相连，此标注同时适用于二维与三维标注。

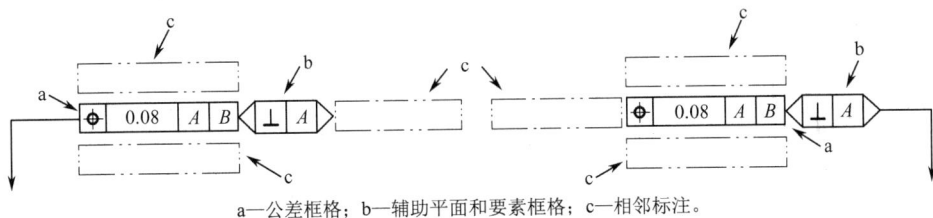

a—公差框格；b—辅助平面和要素框格；c—相邻标注。

图 4-3　几何公差规范标注的元素

公差要求应标注在划分成两个部分或三个部分的矩形框格内，在二维图样中应水平绘制。如图 4-4（a）所示，三个部分的框格从左向右顺序排列：符号部分，公差带、要素与特征部分，基准部分。基准部分可包含一至三格：一个字母标示单个基准，三个字母标示基准体系，在一格中以连字符隔开的两个字母为公共或组合基准。

基准要素标识：与被测要素相关的基准用一个大写字母表示，字母标注在基准方格内，与一个涂黑（或空白）的三角形相连以表示基准；表示基准的字母还应标注在公差框格内。涂黑的和空白的基准三角形含义相同，如图 4-4（b）所示。

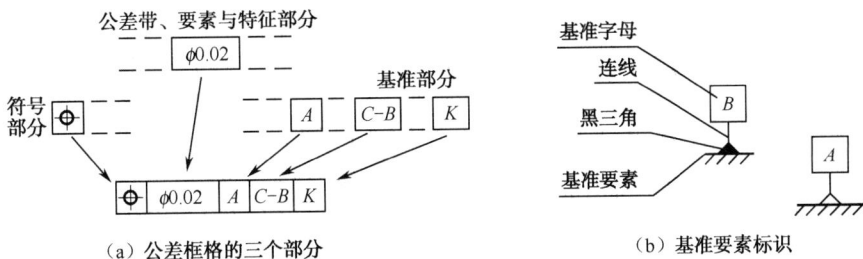

（a）公差框格的三个部分　　　　　（b）基准要素标识

图 4-4　公差框格及基准要素标识

关于公差带、要素与特征部分的规范元素如图 4-5 所示，图中给出了标注这些规范元素应有的组别及顺序。除宽度元素以外，所有的规范元素都是可选的。公差值是强制性规范元素，公差值的公差带宽度方向默认垂直于被测要素的方向，公差带默认具有恒定的宽度。

公差带					被测要素				几何特征		实体要求	状态
形状	宽度和范围	组合	偏置	约束	滤波器		拟合被测要素	导出被测要素	拟合	参数		
					类型	指数						
ϕ	0.02		UZ+0.2	OZ	G	0.8	Ⓒ	Ⓐ	C CE CI	P	Ⓜ	Ⓕ
Sϕ	0.02-0.01	CZ	UZ-0.3	VA	S	-250	Ⓖ	Ⓟ	G GEGI	V	Ⓛ	
	0.1/75	SZ	UZ+0.1：+0.2	><		0.8，-250	Ⓝ	Ⓟ25	X	T	Ⓡ	
	0.1/75×75		UZ+0.2：-0.3			500	Ⓣ	Ⓟ32-7	N	Q		
	0.2/ϕ4		UZ-0.2：-0.3			-15	Ⓧ					
	0.2/75×30°					500-15						
	0.3/10°×30°					等						

图 4-5　关于公差带、要素与特征部分的规范元素

2. 被测要素和基准要素的标注

（1）被测要素用公差框格注出，公差带默认适用于整个被测要素。标注示例如表4-4所示。

表4-4　被测要素几何公差标注示例（二维标注和三维标注）

说　明	图　案	解　释
箭头指向被测要素的轮廓线或其延长线（应与尺寸线明显错开）；箭头也可指向引出线的水平线，引出线引自被测面	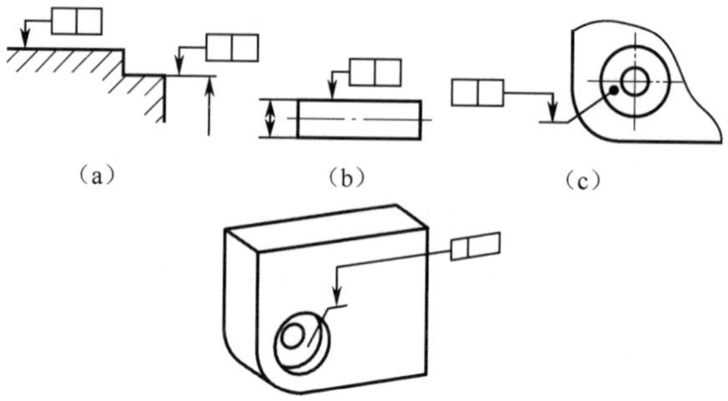	被测要素为组成要素
箭头应位于相应尺寸线的延长线上	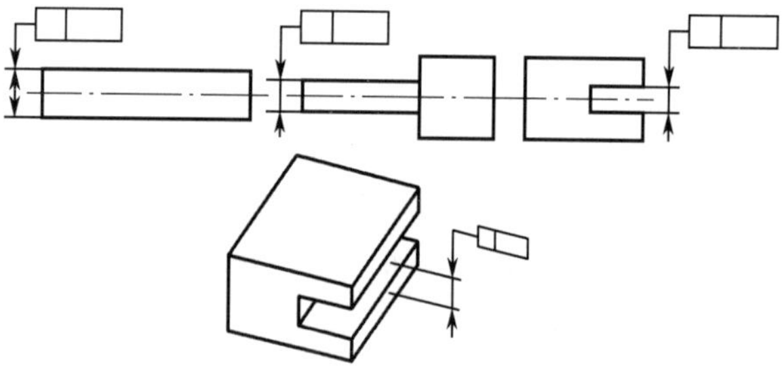	被测要素为导出要素
一个要素可以有多个几何特征（推荐公差值从上到下依次递减）	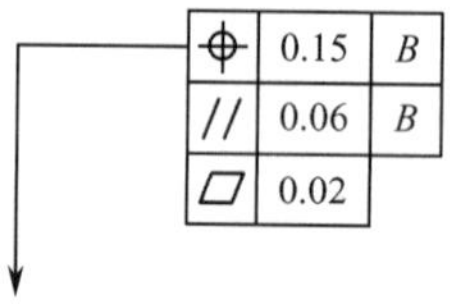	多层公差标注

（2）基准要素用基准要素标识注出，标注示例如表4-5所示。

表4-5　基准要素几何公差标注示例（二维标注）

说　明	图　案	解　释
基准三角形放置在基准要素的轮廓线或其延长线（应与尺寸线明显错开）上；基准三角形放置在引出线的水平线上，引出线引自基准面	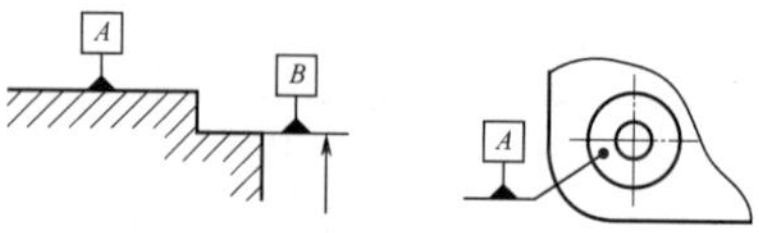	基准要素为组成要素
基准三角形连线应位于相应尺寸线的延长线上。如果没有足够的位置标注基准要素尺寸的两个尺寸箭头，其中一个箭头可用基准三角形代替	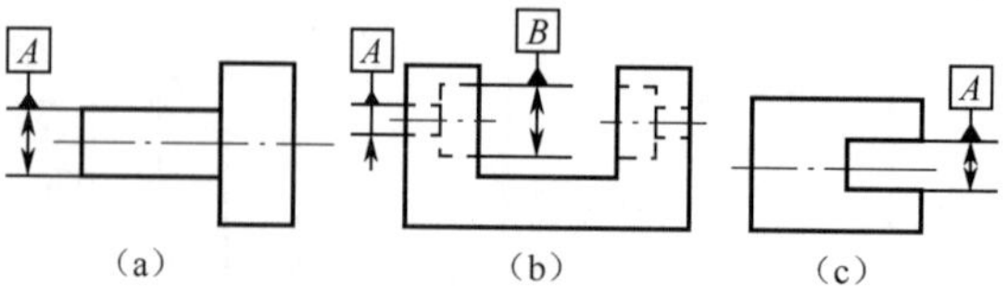	基准要素为导出要素

说　　明	图　　案	解　　释
公共基准用两个基准符号分别注出	（a）　　　　　（b）	公差框格的一格中以连字符隔开的两个字母为公共或组合基准

（3）公差带、要素与特征部分，辅助平面和要素框格几何公差标注示例如表4-6所示。

如公差带形状是圆形或圆柱形在公差值前加"ϕ"，如是球形则加"$S\phi$"。当某项公差应用于几个相同要素时，应在公差框格的上方注写相同要素的个数及要素的尺寸，并在两者之间加上符号"×"，规范应用于要素的方式默认遵守独立原则，可选择标注"SZ"以强调要素要求的独立性。

表4-6　公差带、要素与特征部分辅助平面和要素框格几何公差标注示例

说　　明	图　　案	解　　释
适用于横截面的整周轮廓或由该轮廓所表示的整周表面	（a）　　　　　（b）	全周符号的标注
螺纹轴线为被测要素或基准要素时，默认为螺纹中径圆柱的轴线，否则应另有说明	（a）　　　　　（b）	"MD"表示螺纹大径；"LD"表示螺纹小径
用来确定一个或一组要素的理论正确位置、方向或轮廓的尺寸		理论正确尺寸的标注
用规范的附加符号表示，具体延伸的尺寸要注出		延伸公差带的标注

续表

说　明	图　案	解　释
非刚性零件自由状态的公差要求用规范的附加符号注出	 （a）　　　　　　（b）	自由状态下的标注
用规范的附加符号注出中心要素	 （a）2D　　　　　（b）3D	中心要素的标注
用规范的附加符号注出线性变化的公差带		线性变化的公差带规范标注
用规范的附加符号注出线性局部公差带和圆形局部公差带		局部公差带标注
用规范的附加符号注出多个单独要素		多个单独要素的规范标注
用规范的附加符号注出多个要素的组合公差带		组合公差带规范标注
用粗长点画线、阴影区域、拐角点大写字母（两条直的边界线）及端头是箭头的指引线定义局部区域	 （a）　　　　　　（b）	局部区域标注

续表

说　明	图　案	解　释
用粗长点画线、阴影区域、拐角点大写字母（两条直的边界线）及端头是箭头的指引线定义局部区域	（a）2D　　　　（b）3D	局部区域标注
仅当面要素属于回转形（圆锥、圆环）、圆柱形、平面形时，才可构建相交平面族		相交平面框格
控制公差带构成平面的方向；公差带宽度的方向（与这些平面垂直）；圆柱形公差带的轴线方向		定向平面框格
当被测要素是组成要素且公差带宽度的方向与面要素不垂直时选用方向要素来确定公差带宽度的方向		方向要素框格（标注非圆柱体或球体的回转表面圆度的公差带的宽度方向）
当标注"全周"符号时，应使用组合平面		组合平面框格

任务小结

图 4-1 中标注的几何公差共三项，其中 $\boxed{\bigcirc\,0.004}$ 的含义是 ϕ50mm 圆柱面的圆度公差为 0.004mm；$\boxed{\nearrow\,0.015\,B}$ 的含义是 ϕ50mm 圆柱面对 ϕ20mm 孔轴线的径向圆跳动公差为 0.015mm；$\boxed{/\!/\,0.01\,A}$ 的含义是零件右端面对零件左端面的平行度公差为 0.01mm，如表 4-7 所示。

表 4-7　表 4-1 答案

图 序 号	公差项目	公 差 值	被 测 要 素	基 准 要 素
$\boxed{\bigcirc\,0.004}$	圆度	0.004mm	ϕ50mm 圆柱面	无
$\boxed{\nearrow\,0.015\,B}$	径向圆跳动	0.015mm	ϕ50mm 圆柱面	ϕ20mm 孔轴线
$\boxed{/\!/\,0.01\,A}$	平行度	0.01mm	零件右端面	零件左端面

任务2　识读几何公差标注

课前	准备及预习	了解几何公差标注相关规定
课中	互动提问	1. 几何公差带有几个要素？
		2. 定向公差、定位公差分别包括哪几项？
		3. 形状公差、方向公差、位置公差各有什么特点
课后	作业	练习题8

任务介绍

图4-6（a）中几何公差的标注有错误，将正确的几何公差标注在图4-6（b）中空白处（不改变几何公差特征符号）。

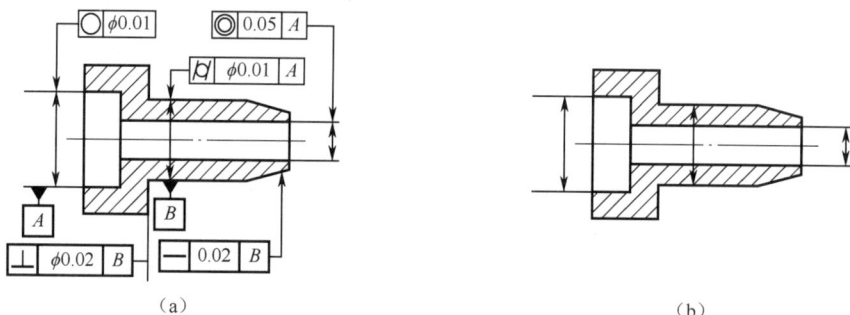

（a）　　　　　　　　　　　　　　　（b）

图4-6　几何公差标注示例

相关知识

在几何公差的标注中介绍了被测要素应该由公差框格注出，明确了带箭头指引线的箭头所放的位置。实际上，在标注几何公差时还应该注意箭头的指向问题，箭头通常应该指向由相应设计要求（公差特征）和被测要素共同决定的几何公差带的方向（几何公差带的宽度或直径方向）。

4.2.1　几何公差带

几何公差带是用于限制实际被测要素形状、方向和位置变动的区域，是由一个或几个理想的几何线或面所限定的，用线性公差值表示其大小。只要被测实际要素落在规定的公差带内，即表示被测要素的形状、方向或位置符合设计要求。几何公差带由形状、大小、方向和位置四个要素组成。

（1）几何公差带的形状

几何公差带的形状由被测要素的几何特征和给定的设计要求（公差特征）决定。几何公差进行规范标注时，形状规范元素是可选规范元素。当被测要素为点要素时，其公差带形状是一个圆（平面上）或球（空间中）；当被测要素为公称导出直线时，其公差带形状为平行平面之间的区域；当被测要素是组成线要素时，其公差带形状为基于被测要素的公称几何形状而生成的相交平面内的两等距线之间的区域。当被测要素为任意方向的直线度要求时，公差带形状为圆柱面内的区域。当被测要素是面要素时，其公差带形状为基于被测要素的公称几何形状而生成的两等距表面之间的区域。如图 4-7 所示为具有恒定宽度的几何公差带形状。另外还有变宽公差带，公差带的宽度在两个值之间发生线性变化，此两数值应采用"—"分开标明。

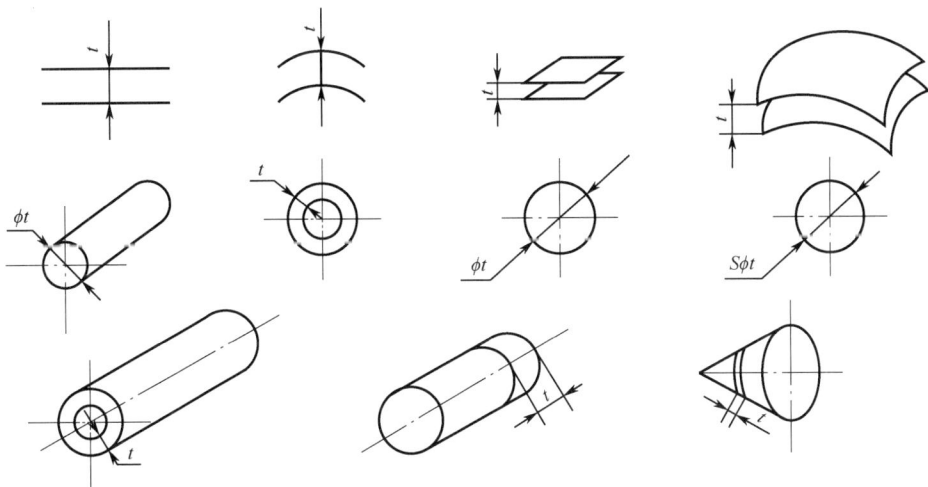

图 4-7　具有恒定宽度的几何公差带形状

（2）几何公差带的大小

几何公差带的大小用来体现几何精度要求的高低，是用图样上给出的几何公差值来确定的，公差值定义了几何公差带的宽度或直径，如"t"或"ϕt"（圆或圆柱）、"$S\phi t$"（球）。

（3）几何公差带的方向

几何公差带的方向是指组成公差带的几何要素的延伸方向（几何公差带的宽度或直径方向），除非另有说明，公差带的局部宽度应与规定的几何形状垂直，即与公差带的延伸方向相垂直的方向，通常为指引线箭头所指的方向。对于形状公差带，其标注方向应符合最小条件原则，但不控制实际要素的具体方向。对于方向公差带，由于控制的是方向，其标注方向必须与基准要素成绝对理想的关系，即平行、垂直或其他角度关系。对于位置公差带，除了点的位置度，其余都有方向问题，其标注方向由相对基准的方向来确定。对于导出要素公差带的方向，一般应使用定向平面框格控制。

（4）几何公差带的位置

除非另有说明（偏置公差带），公差带的中心默认位于理论正确要素上，将理论正确要素作为参照要素，公差带相对于参照要素对称。几何公差带的位置分为浮动和固定两种。所谓浮动是指几何公差带在尺寸公差带内，随实际尺寸的不同而变动，其变动范围不超出尺寸公差带；所谓固定是指几何公差带的位置是图样给定的，与零件尺寸无关。对于形状公差带，控制的只是单一被测要素的形状误差，没有基准，所以形状公差带的位置均浮动。方向公差带的位置浮动，位置公差带的位置固定。

【特别提示】

形状公差带的大小和形状确定，方向应符合最小条件，位置浮动；方向公差带的大小、形状和方向确定，位置浮动；位置公差带的大小、形状、方向和位置四个要素，均是固定的。

4.2.2 形状公差

形状公差是指单一被测实际要素的形状对其拟合要素所允许的变动量。形状公差用形状公差带表示。形状公差带是限制单一实际要素所允许变动的区域，零件实际要素在该区域内为合格。形状公差带的大小用公差带的宽度或直径来表示，由形状公差值决定。典型的形状公差带及其解释、标注示例如表4-8所示。

表4-8 典型的形状公差带及其解释、标注示例

公差项目	公差带说明	标注及解释
直线度（被测要素为组成要素或导出要素）	公差带为在轴剖面内，间距等于公差值 t 的两平行平面所限定的区域	圆柱表面的提取（实际）素线应限定在间距等于0.1mm的两平行平面之间 （a）2D （b）3D
	公差带在平行于基准 A 的给定平面内与给定方向上、间距等于公差值 t 的两平行直线所限定的区域	在由相交平面框格规定的平面内，上表面的提取（实际）线应限定在间距等于0.1mm的两平行直线之间 （a）2D （b）3D
	公差带是直径为公差值 φt 的圆柱面所限定的区域	圆柱面的提取（实际）中心线应限定在直径为φ0.08mm的圆柱面内 （a）2D （b）3D
平面度（被测要素多为组成要素）	公差带为距离等于公差值 t 的两平行平面所限定的区域	提取（实际）表面应限定在距离为公差值0.08mm的两平行平面之间 （a）2D （b）3D

公差项目	公差带说明	标注及解释
圆度 （被测要素为组成要素）	 公差带为在给定横截面内，半径差为公差值 t 的两同心圆所限定的区域	 （a）2D （b）3D 在圆柱面与圆锥面的任意横截面内，提取（实际）圆周应限定在半径差等于 0.03mm 的两共面同心圆之间
	 公差带为在给定截面内，沿表面距离为公差值 t 的两个在圆锥面上的圆所限定的区域	 （a）2D （b）3D 提取圆周线位于该表面的任意截面上，由被测要素和与其同轴的圆锥垂直相交所定义，应限定在位于相交圆锥上的距离等于 0.1mm 的两个圆之间
圆柱度 （被测要素为组成要素）	 公差带为半径差等于公差值 t 的两同轴圆柱面所限定的区域	 （a）2D （b）3D 提取（实际）圆柱表面应限定在半径差等于 0.1mm 的两同轴圆柱面之间

公差项目	公差带说明	标注及解释
线轮廓度 （被测要素多为组成要素）	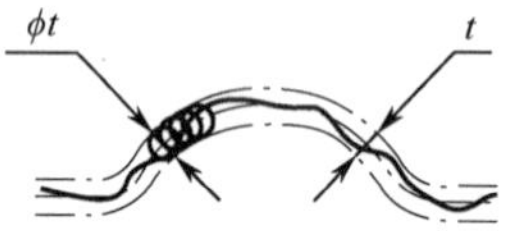 公差带为直径等于公差值 t，圆心位于具有理论正确几何形状曲线上的一系列圆的两包络线所限定的区域	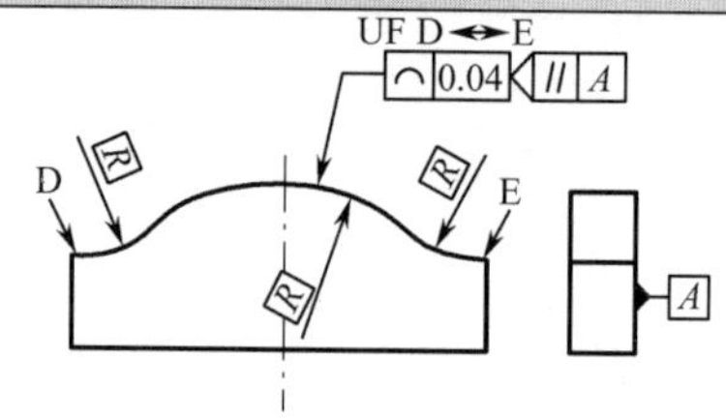 （a）2D 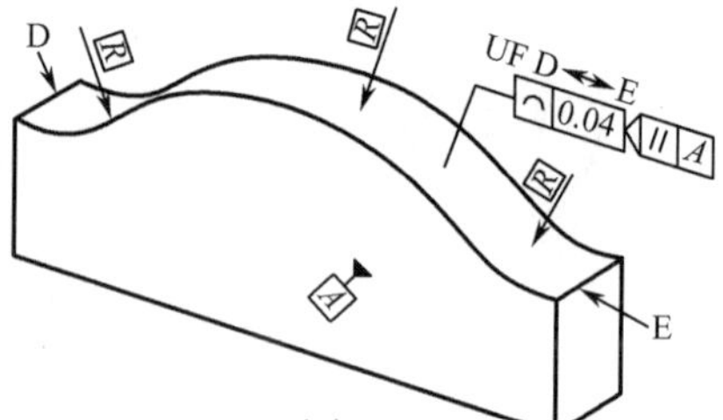 （b）3D 在任一平行于基准平面 A 的截面内，提取（实际）轮廓线应限定在直径等于公差值 0.04mm，圆心位于实际理论正确几何形状曲线上的一系列圆的两等距包络线之间（此图为无基准要求的情况）
面轮廓度 （被测要素多为组成要素）	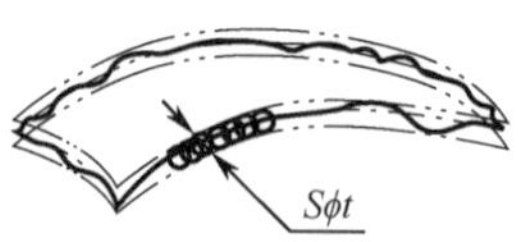 公差带为直径等于公差值 t，球心位于具有理论正确几何形状表面上的一系列圆球的两个包络面所限定的区域	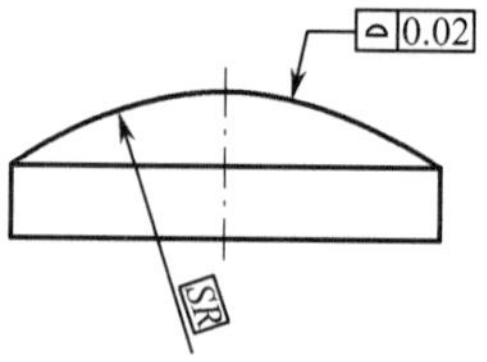 （a）2D 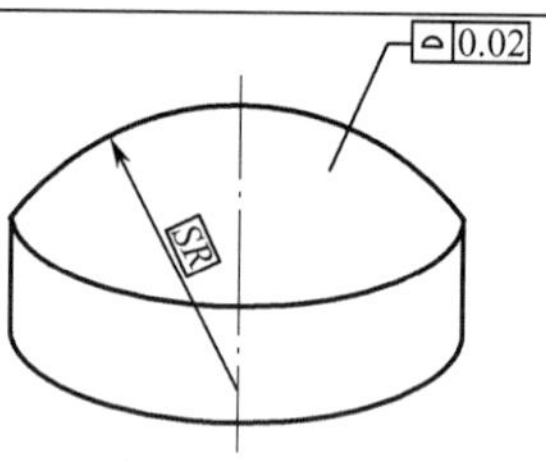 （b）3D 提取（实际）轮廓面应限定在直径等于公差值 0.02mm，球心位于被测要素理论正确几何形状表面上的一系列圆球的两等距包络面之间（此图为无基准要求的情况）

【特别提示】

直线度与平面度应用说明：

（1）圆柱素线直线度与圆柱轴线直线度之间既有联系又有区别。圆柱面发生鼓形或鞍形变形，素线就会不直，但轴线不一定不直；圆柱面发生弯曲，素线和轴线都不直。因此，素线直线度公差可以包括和控制轴线直线度误差，而轴线直线度公差不能完全控制素线直线度误差。轴线直线度公差只控制弯曲，用于长径比较大的圆柱件。

（2）平面度控制平面的形状误差，直线度可控制直线、平面、圆柱面及圆锥面的形状误差。图样上提出的平面度要求，同时也控制了直线度误差。

（3）直线度公差带只控制直线本身，与其他要素无关；平面度公差带只控制平面本身，与其他要素无关。因此，公差带的方位都可以浮动。

（4）对于窄长平面（如龙门刨导轨面）的形状误差，可用直线度控制。宽大平面（如龙门刨工作台面）的形状误差，可用平面度控制。

圆度与圆柱度应用说明：

（1）圆度和圆柱度一样，是用半径差来表示的，因为圆柱面旋转过程中半径的误差起作用，是符合生产实际的，所以是比较先进、科学的指标。两者不同之处：圆度公差控制截面误差，而圆柱度公差则控制横截面和轴截面的综合误差。

（2）圆柱度公差值是指两圆柱面的半径差，未限定圆柱面的半径和圆心位置，因此，公差带不受直径大小和位置的约束，可以浮动。

（3）圆柱度公差用于对整体形状精度要求比较高的零件，如汽车起重机上的液压柱塞、精密机床的主轴颈等。

4.2.3 方向公差

方向公差是指关联实际要素对基准要素在方向上所允许的变动全量，用于控制方向误差，以保证被测要素相对于基准要素的方向精度。方向公差包括平行度、垂直度、倾斜度、线轮廓度和面轮廓度五个项目。

当要求被测要素对基准要素为 0°（要求被测要素对基准要素等距）时，方向公差为平行度；当要求被测要素对基准要素为 90°时，方向公差为垂直度；当要求被测要素对基准要素为其他任意角度时，方向公差为倾斜度。方向公差带（平行度、垂直度和倾斜度）及其解释、标注示例如表 4-9 所示。

表 4-9　方向公差带（平行度、垂直度和倾斜度）及其解释、标注示例

续表

公差项目		公差带说明	标注及解释
平行度（被测要素为组成要素或导出要素）	线对面	公差带为间距等于公差值 t 的两平行直线所限定的区域。该两平行直线平行于基准平面 A 且处于平行于基准平面 B 的平面内	（a）2D　　　　（b）3D 由相交平面框格规定的，平行于基准平面 B 的提取（实际）线应限定在间距等于 0.02mm、平行于基准平面 A 的两平行平面之间
	面对线	公差带为间距等于公差值 t、平行于基准轴线的两平行平面所限定的区域	（a）2D　　　　（b）3D 提取（实际）面应限定在距离等于 0.1mm、平行于基准轴线 C 的两平行平面之间
	线对线	公差带为间距等于公差值 t、平行于两基准且沿规定方向的两平行平面所限定的区域	（a）2D　　　　（b）3D 提取（实际）中心线应限定在间距等于 0.1mm、平行于基准轴线 A 的两平行平面之间。限定公差带的平面均平行于基准平面 B
		公差带为间距等于公差值 t、平行于基准轴线 A 且垂直于基准平面 B 的两平行平面所限定的区域	（a）2D　　　　（b）3D 提取（实际）中心线应限定在间距等于 0.1mm、平行于基准轴线 A 的两平行平面之间。限定公差带的平面均垂直于基准平面 B

公差项目		公差带说明	标注及解释
平行度（被测要素为组成要素或导出要素）	线对线	公差带为两对间距分别等于 0.1mm 和 0.2mm，且平行于基准轴线 A 的平行平面之间。规定了 0.2mm 的公差带的限定公差带的平面垂直于基准平面 B，规定了 0.1mm 的公差带的限定公差带的平面平行于基准平面 B	（a）2D （b）3D 提取（实际）中心线应限定在两对间距分别等于 0.1mm 和 0.2mm，且平行于基准轴线 A 的平行平面之间。定向平面框格规定了公差带宽度相对于基准平面 B 的方向
		公差带为平行于基准轴线、直径等于公差值 ϕt 的圆柱面所限定的区域	（a）2D （b）3D 提取（实际）中心线应限定在平行于基准轴线 A、直径等于公差值 $\phi0.03$mm 的圆柱面内
垂直度（被测要素为组成要素或导出要素）	线对线	公差带为间距等于公差值 t、垂直于基准轴线的两平行平面所限定的区域	（a）2D （b）3D 提取（实际）中心线应限定在间距等于 0.06mm、垂直于基准轴线 A 的两平行平面之间
	面对线	公差带为间距等于公差值 t 且垂直于基准轴线的两平行平面所限定的区域	（a）2D （b）3D 提取（实际）面应限定在间距等于 0.08mm 的两平行平面之间，该两平行平面垂直于基准轴线 A

续表

公差项目		公差带说明	标注及解释
垂直度（被测要素为组成要素或导出要素）	面对面	公差带为间距等于公差值 t，垂直于基准平面 A 的两平行平面所限定的区域	（a）2D　（b）3D 提取（实际）面应限定在间距等于 0.08mm、垂直于基准平面 A 的两平行平面之间
	线对基准体系	公差带为间距等于公差值 t 的两平行平面所限定的区域，该两平行平面垂直于基准平面 A，且平行于辅助基准平面 B	（a）2D　（b）3D 圆柱面的提取（实际）中心线应限定在间距等于 0.1mm 的两平行平面之间。该两平行平面垂直于基准平面 A，且平行于基准平面 B
		公差带为间距分别等于公差值 0.1mm 和 0.2mm，且相互垂直的两组平行平面所限定的区域，该两组平行平面都垂直于基准平面 A，且其中一组平行平面平行于辅助基准平面 B，另一组平行平面垂直于辅助基准平面 B	（a）2D　（b）3D 圆柱面的提取（实际）中心线应限定在间距分别等于 0.1mm 和 0.2mm，且垂直于基准平面 A 的两组平行平面之间
	线对面	公差带为直径等于公差值 ϕt，轴线垂直于基准平面的圆柱面所限定的区域	（a）2D　（b）3D 圆柱面的提取（实际）中心线应限定在直径等于 $\phi 0.01$mm，垂直于基准平面 A 的圆柱面内

公差项目		公差带说明	标注及解释
倾斜度（被测要素为组成要素或导出要素）	面对线	公差带为间距等于公差值 t 的两平行平面所限定的区域，该两平行平面按规定的角度倾斜于基准直线	（a）2D　（b）3D 提取（实际）表面应限定在间距等于 0.1mm 的两平行平面之间，该两平行平面按理论正确角度 75° 倾斜于基准轴线 A
	线对线	公差带为直径等于 ϕt 的圆柱面所限定的区域，该圆柱面按规定的角度倾斜基准，被测线与基准轴线在不同的平面内	（a）2D　（b）3D 提取（实际）中心线应限定在直径等于 $\phi0.08$mm 的圆柱面内，该圆柱按理论正确角度 60° 倾斜于公共基准轴线 A-B
		公差带为间距等于 t 的两平行平面所限定的区域，该两平行平面按规定的角度倾斜基准，被测线与基准轴线在不同的平面内	（a）2D　（b）3D 提取（实际）中心线应限定在间距等于 0.08mm 的两平行平面之间，该两平行平面按理论正确角度 60° 倾斜于公共基准轴线 A-B

公差项目		公差带说明	标注及解释
倾斜度（被测要素为组成要素或导出要素）	线对基准体系	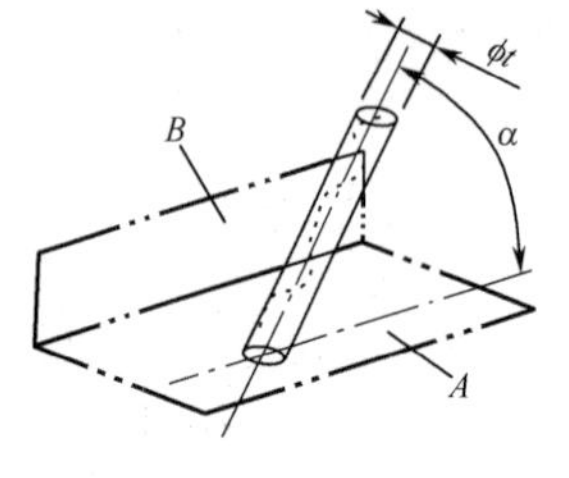 公差带为直径等于 ϕt 的圆柱面所限定的区域，该圆柱面公差带的轴线按规定的角度倾斜基准平面 A 且平行于基准平面 B	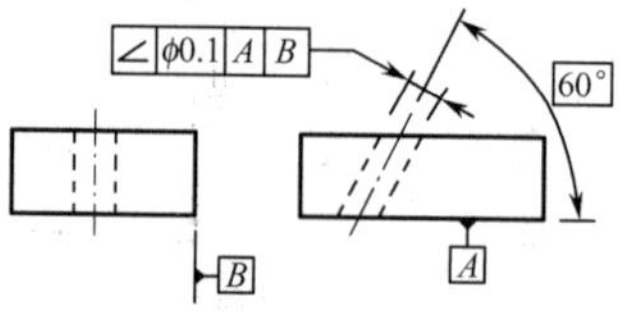 (a) 2D 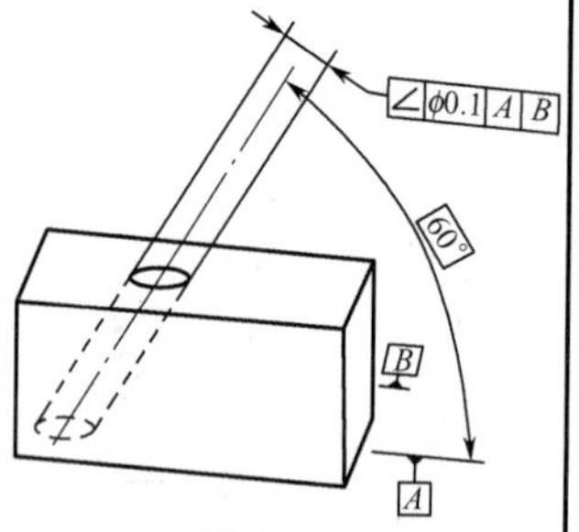　　(b) 3D 提取（实际）中心线应限定在直径等于 $\phi 0.1$mm 的圆柱面内，该圆柱面中心线按理论正确角度 60° 倾斜于基准平面 A 且平行于基准平面 B
	面对面	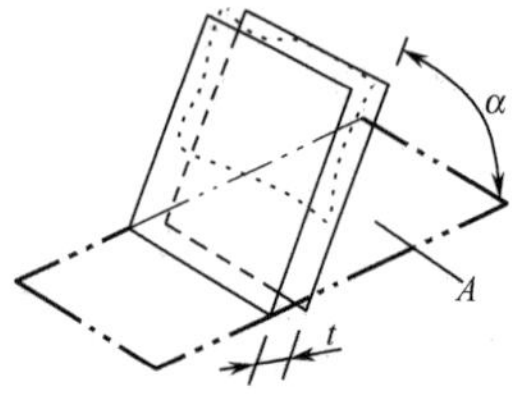 公差带为间距等于公差值 t 的两平行平面所限定的区域，该两平行平面按规定的角度倾斜于基准平面	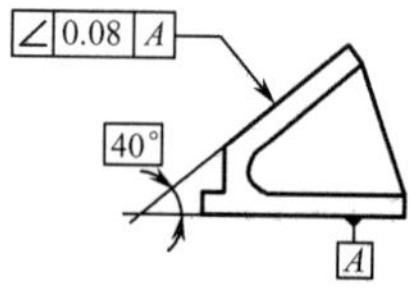 (a) 2D 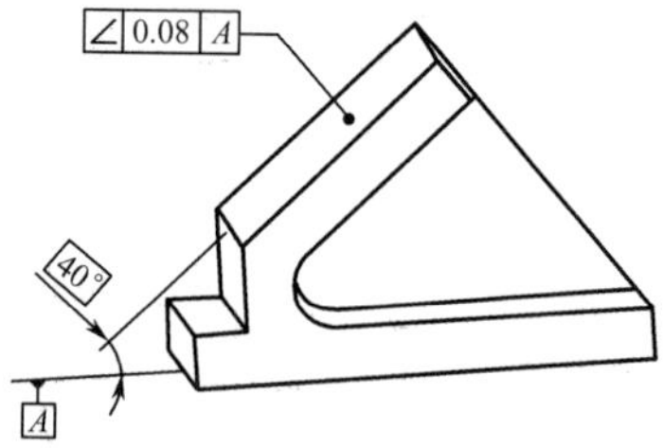　　(b) 3D 提取（实际）表面应限定在间距等于 0.08mm 的两平行平面之间，该两平行平面按理论正确角度 40° 倾斜于基准平面 A

【特别提示】

方向公差应用说明：

（1）定向公差带控制被测要素的方向角，同时也控制了形状误差。由于合格零件的实际要素相对于基准的位置允许在其尺寸公差内变动，所以定向公差带的位置允许在一定范围内（尺寸公差带内）浮动。

（2）在保证功能要求的前提下，当对某一被测要素给出定向公差后，通常不再对被测要素给出形状公差。只有在对被测要素的形状精度有特殊的较高要求时，才另行给出形状公差。

（3）标注倾斜度时，被测要素与基准要素间的夹角是不带偏差的理论正确角度，标注时要带方框。平行度和垂直度可看成倾斜度的两个极端情况：当被测要素与基准要素之间的倾斜角 α=0° 时，就是平行度；α=90° 时，就是垂直度。两个项目名称的本身已包含了特殊角 0° 和 90° 的含义，因此标注不必再带方框了。

4.2.4　位置公差

位置公差是指关联被测实际要素对基准要素在位置上允许的变动全量。位置公差用来控制位置误差。位置公差有同轴度、同心度、对称度、位置度、线轮廓度和面轮廓度六个项目。当被测要素和基准要素都是导出要素，要求重合或共面时，可用同轴度或对称度。

位置公差带及其解释、标注示例如表 4-10 所示。

表4-10　位置公差带及其解释、标注示例

公差项目	公差带说明	标注及解释
位置度 （被测要素为组成要素或导出要素）	 公差带为直径等于公差值 $S\phi t$ 的圆球面所限定的区域，该圆球面的中心位置由相对于基准 A、B 和 C 的理论正确尺寸确定	 （a）2D　　　　（b）3D 提取（实际）球心应限定在直径等于 $S\phi 0.3$mm 的圆球面内，该圆球面的中心与基准平面 A、基准平面 B、基准平面 C 及被测球所确定的理论正确位置一致
	 公差带为间距等于公差值 0.1mm，对称于要素中心线的两平行平面所限定的区域。中心平面的位置由基准平面 A、B 和理论正确尺寸确定	 各条刻线的提取（实际）中心线应限定在间距等于公差值 0.1mm，对称于由基准平面 A、B 与被测线所确定的理论正确位置的两平行平面之间
	 公差带为直径等于公差值 ϕt 的圆柱面所限定的区域。该圆柱面的轴线由基准平面 C、A、B 和理论正确尺寸确定	 各孔的提取（实际）中心线应各自限定在直径等于 $\phi 0.1$mm 的圆柱面内。该圆柱面的轴线处于由基准平面 C、A、B 与被测孔所确定的理论正确位置

公差项目	公差带说明	标注及解释
位置度（被测要素为组成要素或导出要素）	公差带为间距分别等于公差值0.05mm 与 0.2mm，对称于理论正确位置的平行平面所限定的区域，该理论正确位置由基准 C、A、B 和理论正确尺寸确定	（a）2D （b）3D 各孔的提取（实际）中心线在给定方向上应各自限定在间距分别等于0.05mm 及 0.2mm，且相互垂直的两平行平面内。每对平行平面的方向由基准体系确定，且对称于基准平面 C、A、B 与被测孔所确定的理论正确位置。$\boxed{C\ A\ B}$ 可用 $\boxed{C\ A >< B}$ 代替，此时可省略两个定向平面框格
	公差带为间距分别等于公差值 t 的两平行平面所限定的区域，该两平行平面绕基准 A 对称 布置	（a）2D　　　　（b）3D 8 个被测要素的每一个应单独考量（与其相互之间的角度无关），提取（实际）中心面应限定在间距等于 0.05mm 的两平行平面之间。该两平行平面对称于由基准轴线 A 与中心表面所确定的理论正确位置

公差项目	公差带说明	标注及解释
位置度（被测要素为组成要素或导出要素）	公差带为间距等于公差值 t 的两平行平面所限定的区域，该两平行平面对称于基准 A、B 和理论正确尺寸所确定的理论正确位置	（a）2D （b）3D 提取（实际）表面应限定在间距等于 0.05mm 的两平行平面之间。该两平行平面对称于由基准平面 A、基准轴线 B 与该被测表面所确定的理论正确位置
同心度（被测要素为导出要素）	基准点 公差带为直径等于公差值 ϕt 的圆周所限定的区域，该圆周的圆心与基准点重合	（a）2D （b）3D 在任意横截面内，内圆的被测（实际）中心应限定在直径等于 $\phi 0.1$mm，以基准点 A（在同一横截面内）为圆心的圆周内
同轴度（被测要素为导出要素）	基准轴线 公差带为直径等于公差值 ϕt 的圆柱面所限定的区域，该圆柱面的轴线与基准轴线同轴	被测圆柱的提取（实际）中心线应限定在直径等于 $\phi 0.08$mm，以公共基准轴线 $A\text{-}B$ 为轴线的圆柱面内

99

公差项目	公差带说明	标注及解释
对称度（被测要素多为导出要素）	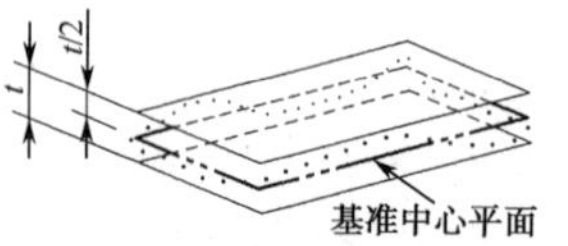 公差带为间距等于公差值 *t*，对称于基准中心平面的两平行平面所限定的区域	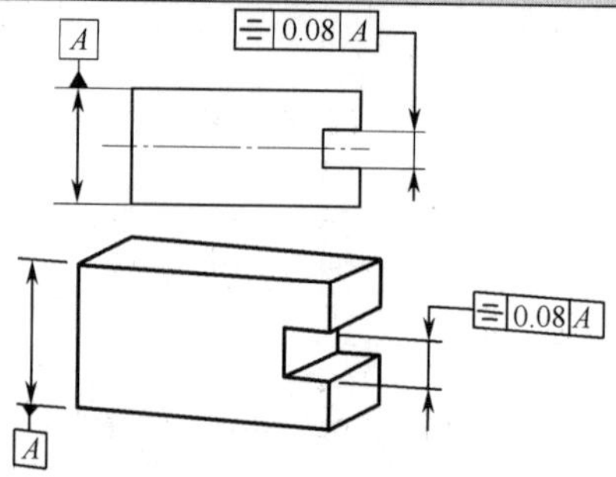 提取（实际）中心平面应限定在间距等于 0.08mm，对称于基准中心平面 *A* 的两平行平面之间
线轮廓度（被测要素多为组成要素）	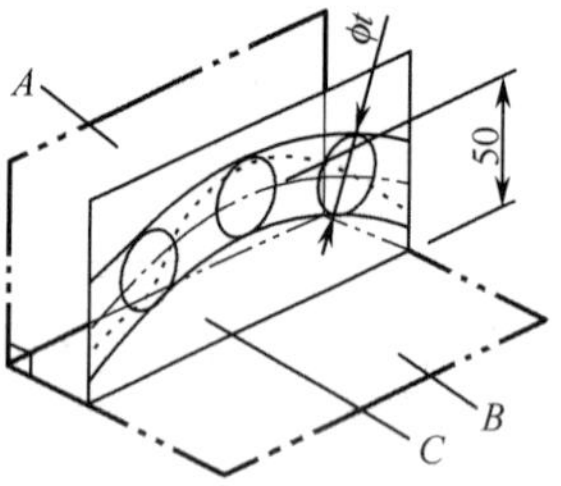 公差带为直径等于公差值 *φt*，圆心位于由基准平面 *A* 与基准平面 *B* 确定的被测要素理论正确几何形状上的一系列圆的两包络线所限定的区域	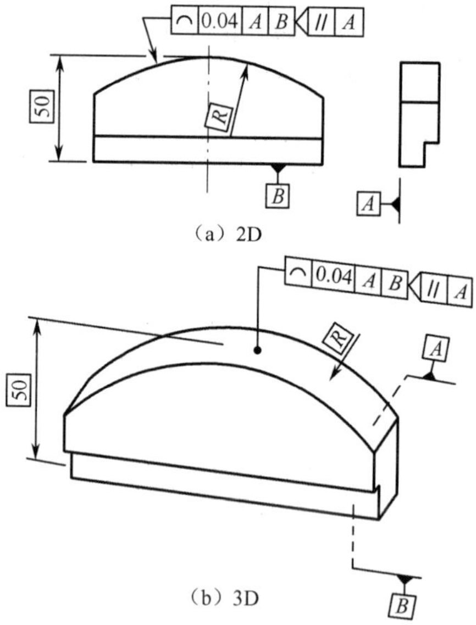 （a）2D （b）3D 在任一平行于基准平面 *A* 的截面内，提取（实际）轮廓线应限定在直径等于公差值 0.04mm，圆心位于由基准平面 *A* 与基准平面 *B* 确定的理论正确几何形状上的一系列圆的两等距包络线之间
面轮廓度（被测要素多为组成要素）	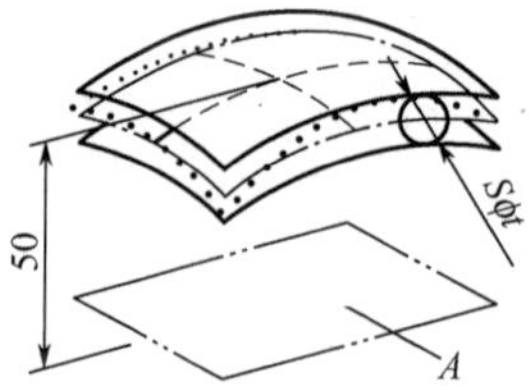 公差带为直径等于公差值 *Sφt*，球心位于由基准平面 *A* 确定的被测要素理论正确几何形状上的一系列圆球的两个包络面所限定的区域	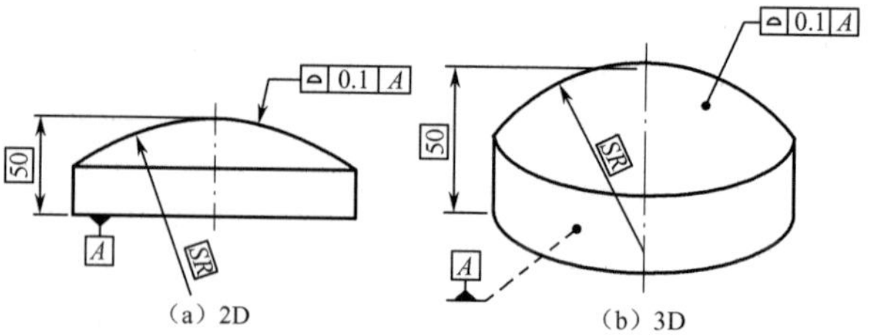 （a）2D （b）3D 提取（实际）轮廓面应限定在直径等于公差值 0.1mm，球心位于由基准平面 *A* 确定的被测要素理论正确几何形状表面上的一系列圆球的两等距包络面之间

【特别提示】

位置公差的应用说明：

（1）位置公差带不但具有确定的方向，而且具有确定的位置，其相对于基准的尺寸为理论正确尺寸。位置公差带具有综合控制被测要素位置、方向和形状的功能，但不能控制形成导出要素的组成要素上的形状误差。

（2）在保证功能要求的前提下，对被测要素如给定位置公差，通常不再对该要素给出方向和形状公差，只有在对该被测要素有特殊的较高的方向和形状精度要求时，才另外给出其方向和形状公差。如图 4-8 所示，$\phi 50J6$ 的轴线相对于基准 A 和 B 已给出了位置度公差值 $\phi 0.05mm$，但是，该轴线对基准 A 的垂直度有进一步要求，因此又给出了垂直度公差值 $\phi 0.025mm$。这是位置与方向公差同时给出的一个例子，因为方向公差是进一步要求，所以垂直度公差值小于位置度公差值，否则就没有意义。

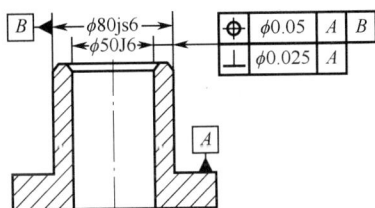

图 4-8　位置公差和方向公差同时标注示例

（3）同轴度可控制轴线的直线度，不能完全控制圆柱度；对称度可以控制中心面的平面度，不能完全控制构成中心面的两对称面的平面度和平行度。

线轮廓度和面轮廓度应用说明：

（1）线轮廓度和面轮廓度均用于控制零件轮廓形状的精度，但两者控制的对象不同。线轮廓度用于控制轮廓线，此线为给定平面内的由二维坐标系确定的平面曲线，如样板轮廓面上的素线（轮廓线）的形状要求。面轮廓度用于控制轮廓面，此面为由三维坐标系确定的空间曲面。不管其形状沿厚度是否变化，均可应用面轮廓度公差来控制。

（2）由于工艺上的原因，有时也可用线轮廓度来控制曲面形状，即用线轮廓度来解决面轮廓度问题。其方法是用平行于投影面的平面剖截轮廓面，以形成轮廓线，用线轮廓度来控制此平面轮廓的形状误差，从而近似地控制轮廓面的形状，就相当于用直线度来控制平面的平面度误差。

（3）当线、面轮廓度仅用于限制被测要素的形状时，不标注基准，其公差带的位置是浮动的。当线、面轮廓度不仅用于限制被测要素的形状，同时还限制被测要素的位置时，其公差带的位置是固定的，为方向或位置公差。

① 无基准要求的轮廓度，其公差带的形状只由理论正确尺寸决定。

② 有基准要求的轮廓度，其公差带的形状需由理论正确尺寸和基准决定。

（4）相对于基准的面轮廓度公差，若是方向规范，"><" 应放置在公差框格的第二格或放在每个公差框格的基准标注之后，或如果公差带位置的确定不需要依赖基准，则可不标注基准。应使用明确的与（或）默认的 TED 给定锁定在公称被测要素与基准之间的角度尺寸。

（5）相对于基准的面轮廓度公差，若是位置规范，在公差框格中至少需要一个基准，该基准可用以确定公差带的位置。应使用明确的与（或）默认的 TED（理论正确尺寸）给定锁定在公称被测要素与基准之间的角度与线性尺寸。

4.2.5　跳动公差

跳动公差是关联被测实际要素绕基准轴线旋转一周或连续旋转若干周时所允许的最大跳动量。按被测要素旋转情况，跳动公差分为圆跳动和全跳动两项。它们都是以测量方法为依据的公差项目。

1．圆跳动公差

圆跳动公差是指被测要素绕基准轴线做无轴向移动旋转一周时，位置固定的指示器在给定方向上允许的最大与最小读数之差。跳动误差的测量方向通常是被测表面的法向。按照测量方向与基准轴线的相对位置不同，可分为径向圆跳动、端面圆跳动、斜向圆跳动和给定方向圆跳动。径向和端面圆跳动项目的应用十分广泛。

2．全跳动公差

全跳动公差是指被测要素绕基准轴线做无轴向移动的连续旋转，同时指示器做平行（径向全跳动）或垂直（端面全跳动）于基准轴线的直线移动，在整个表面上所允许的最大跳动量。全跳动分为径向全跳动和端面全跳动。

跳动公差带及其解释、标注示例如表 4-11 所示。

表 4-11　跳动公差带及其解释、标注示例

公 差 项 目		公差带说明	标注及解释
圆跳动（被测要素为组成要素）	径向圆跳动	公差带为在任一垂直于基准轴线的横截面内、半径差等于公差值 t，圆心在基准轴线上的两同心圆所限定的区域	（a）2D　　（b）3D 在任一垂直于基准轴线的横截面内，提取（实际）线应限定在半径差等于 0.1mm、圆心在基准轴线 A 上的两共面同心圆之间
	端面圆跳动	公差带为与基准轴线同轴的任一半径的圆柱截面上、间距等于公差值 t 的两圆所限定的圆柱面区域	在与基准轴线 D 同轴的任一圆柱形截面上，提取（实际）圆应限定在轴向距离等于 0.1mm 的两个等圆之间

公差项目		公差带说明	标注及解释
圆跳动（被测要素为组成要素）	斜向圆跳动	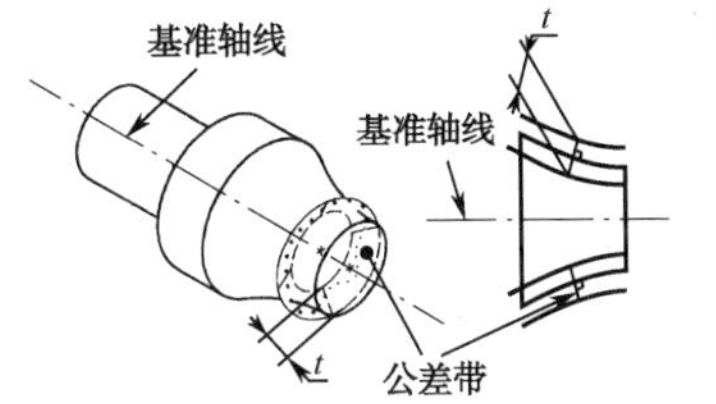 公差带为与基准轴线同轴的任一圆锥截面上、间距等于公差值 t 的两不等圆所限定的圆锥面区域，公差带的宽度应沿被测要素的法向	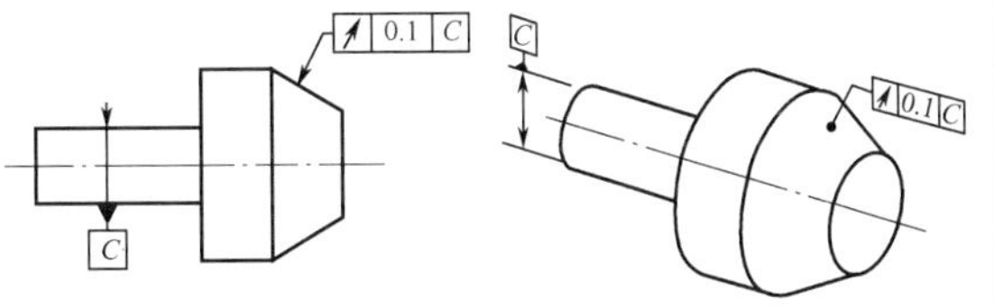 在与基准轴线 C 同轴的任一圆锥截面上，提取（实际）线应限定在素线方向间距等于 0.1mm 的两个不等圆之间，并且截面的锥角与被测要素垂直
	给定方向圆跳动	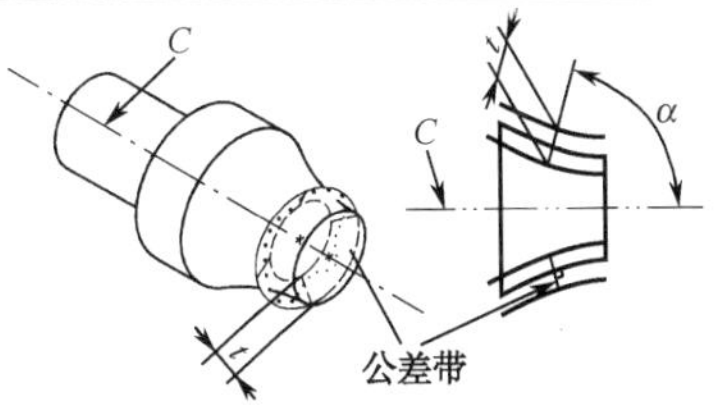 公差带为在轴线与基准轴线同轴的、具有给定锥角的任一圆锥截面上、间距等于公差值 t 的两不等圆所限定的圆锥面区域	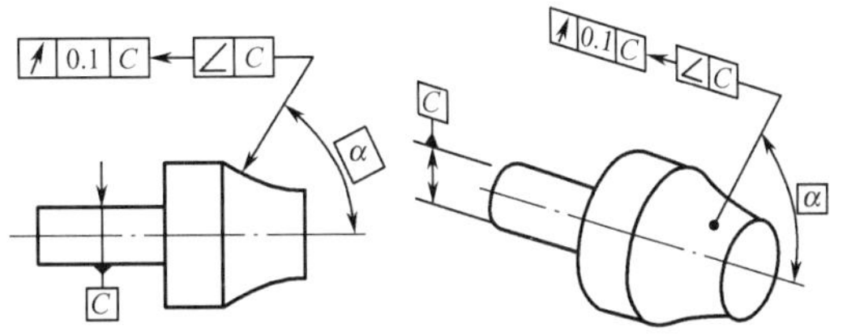 在相对于方向要素（给定角度）的任一圆锥截面上，提取（实际）线应限定在圆锥截面内间距等于 0.1mm 的两个不等圆之间
全跳动（被测要素为组成要素）	径向全跳动	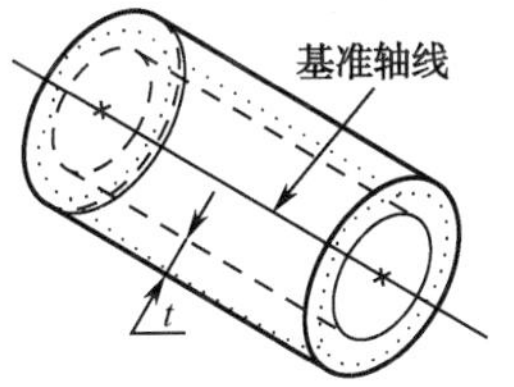 公差带为半径差为公差值 t、与基准轴线同轴的两圆柱面所限定的区域	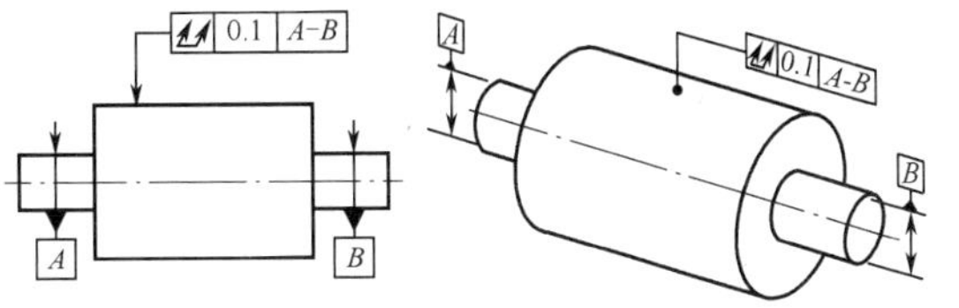 提取（实际）表面应限定在半径差等于 0.1mm、与公共基准轴线 A-B 同轴的两圆柱面之间
	端面全跳动	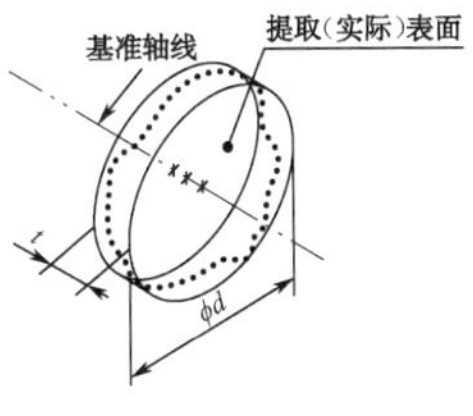 公差带为间距等于公差值 t、垂直于基准轴线的两平行平面所限定的区域	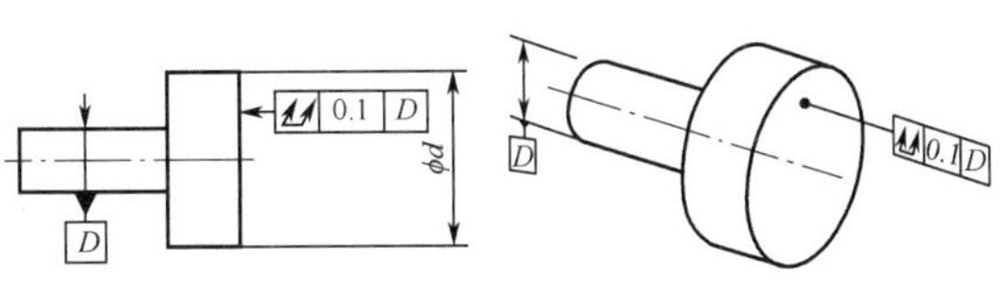 提取（实际）表面应限定在间距等于 0.1mm、垂直于基准轴线 D 的两平行平面之间

【特别提示】

跳动公差的应用说明：

（1）跳动公差是一项综合性的误差项目，因而跳动公差带可以综合控制被测要素的位置、方向和形状误差。当综合控制被测要素不能满足要求时，可进一步给出有关的公差。对被测要素给出跳动公差后，若再对该被测要素给出其他项目的形状、方向、位置公差，则其公差值必须小于跳动公差值，如图4-9所示。

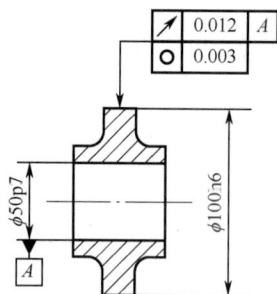

图 4-9 同时给出径向圆跳动和圆度公差的示例

（2）利用径向圆跳动公差可以控制圆度误差，只要跳动量小于圆度公差值，就能保证圆度误差小于圆度公差。端面圆跳动在一定情况下也能反映端面对基准轴线的垂直误差。

（3）径向全跳动公差带与圆柱度公差带形状一样，只是前者公差带的轴线与基准轴线同轴，而后者的轴线是浮动的。因而利用径向全跳动公差可以控制圆柱度误差，只要跳动量小于圆柱度公差值，就能保证圆柱度误差小于圆柱度公差。径向全跳动还可以控制同轴度误差。

（4）端面全跳动的公差带与平面对轴线的垂直度公差带形状相同，因而可以利用端面全跳动控制平面对轴线的垂直度误差。

（5）圆跳动仅反映单个测量面内被测要素轮廓形状的误差情况，而全跳动则反映整个被测表面的误差情况。全跳动是一项综合性的指标，它可以同时控制圆度、同轴度、圆柱度，以及素线的直线度、平行度、垂直度等几何误差。对一个零件的同一被测要素，全跳动包括了圆跳动。显然，当给定公差值相同时，标注全跳动的要比标注圆跳动的要求更严格。

任务小结

图 4-6（a）中几何公差标注有五项，每一项都有错误，具体如下：

（1）圆度公差值代表公差带的宽度（两同心圆的半径差），公差值前不应该加"ϕ"，被测要素为组成要素，箭头应该与尺寸线错开。

（2）圆柱度为形状公差没有基准，公差值代表公差带的宽度（两同轴线的圆柱面的半径差），公差值前不应该加"ϕ"，被测要素为组成要素，箭头应该与尺寸线错开。

（3）同轴度公差值代表公差带的直径（圆柱面），公差值前应该加"ϕ"，基准要素为导出要素（轴线），基准要素代号 A 应该标注在尺寸线的延长线上。

（4）直线度为形状公差没有基准，被测要素为锥面素线，箭头应该指向公差带的宽度方向（与素线走向垂直）。

（5）垂直度被测要素为阶梯端面，公差值代表公差带的宽度（两平行平面的距离），公差值前不应该加"ϕ"，被测要素与公差框格用带箭头的指引线相连，所以应该加箭头。

正确标注如图 4-10 所示（不改变几何公差特征符号）。

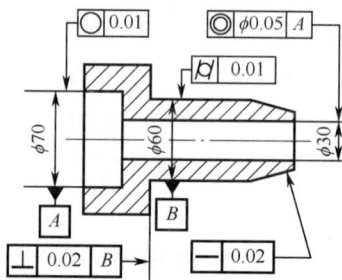

图 4-10 正确标注

任务3 识读公差要求标注

课前	准备及预习	了解公差原则与公差要求
课中	互动提问	1. 什么是公差原则与公差要求？ 2. 公差原则与公差要求包括哪些内容？ 3. 如何区分不同的公差原则与公差要求
课后	作业	练习题9

任务介绍

图4-11中标注了公差要求符号，解释标注含义并完成表格中所列各值。

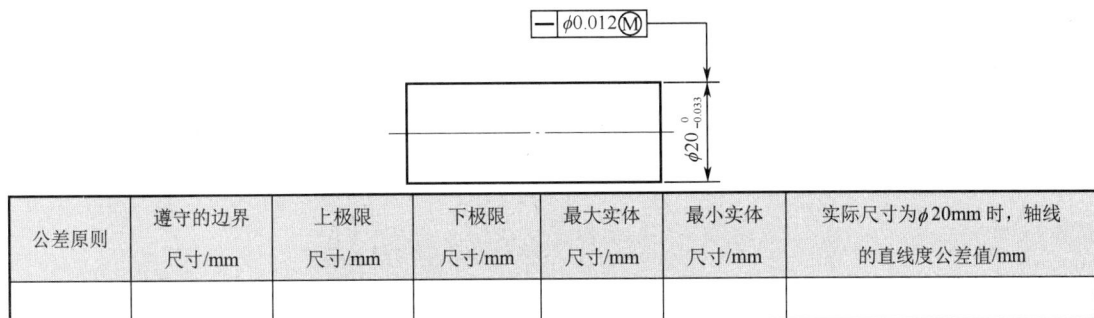

公差原则	遵守的边界 尺寸/mm	上极限 尺寸/mm	下极限 尺寸/mm	最大实体 尺寸/mm	最小实体 尺寸/mm	实际尺寸为ϕ20mm时，轴线 的直线度公差值/mm

图4-11 公差要求标注

相关知识

在机械零件设计中，对同一零件往往既要规定尺寸公差，又要规定几何公差，从零件的功能考虑，给出的尺寸公差与几何公差之间既可能有关系，也可能无关系。而公差原则与公差要求就是处理尺寸公差和几何公差之间关系的规定，即图样上标注的尺寸公差和几何公差是如何控制被测要素的尺寸误差和几何误差的。

GB/T 4249—2018《产品几何技术规范（GPS）基础概念、原则和规则》规定了尺寸公差和几何公差之间的关系，无关系为独立原则，有关系为相关要求。相关要求按应用的要素和使用要求又分为包容要求、最大实体要求、最小实体要求和可逆要求。

GB/T 16671—2018《产品几何技术规范（GPS）几何公差 最大实体要求（MMR） 最小实体要求（LMR）和可逆要求（RPR）》中规定了有关的术语和定义。

4.3.1 公差原则与公差要求有关术语及定义

1. 体外作用尺寸（D_{fe}、d_{fe}）

体外作用尺寸是指在被测要素的给定长度上，与实际内表面体外相接的最大理想面或与实际外表面体外相接的最小理想面的直径或宽度。如图4-12所示，其内表面和外表面的体外

作用尺寸分别用 D_{fe}、d_{fe} 表示。

从图 4-12 中可以清楚地看出，弯曲孔的体外作用尺寸小于该孔的实际尺寸，弯曲轴的体外作用尺寸大于该轴的实际尺寸。也就是说，由于孔、轴存在几何误差，当孔和轴配合时，孔显得小了，轴显得大了，因此不利于二者的装配。图 4-12 中，孔、轴只存在轴线的直线度误差 $f_{几何}$，可以直观地推导出孔、轴的体外作用尺寸为

孔的体外作用尺寸：$D_{fe}=D_a-f_{几何}$

轴的体外作用尺寸：$d_{fe}=d_a+f_{几何}$

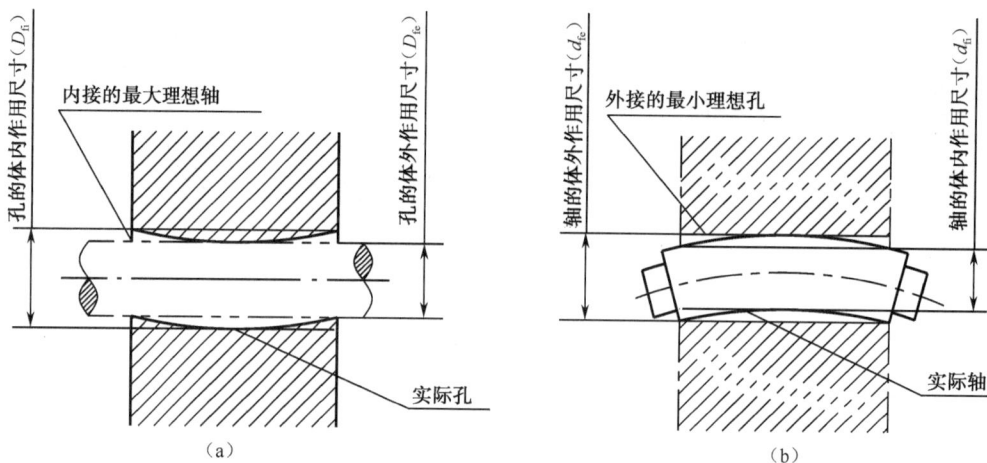

图 4-12　孔、轴的作用尺寸

2. 体内作用尺寸（D_{fi}、d_{fi}）

体内作用尺寸是指在被测要素的给定长度上，与实际内表面体内相接的最小理想面或与实际外表面体内相接的最大理想面的直径或宽度。如图 4-12 所示，其内表面和外表面的体内作用尺寸分别用 D_{fi} 和 d_{fi} 表示。

从图 4-12 中可以清楚地看出，弯曲孔的体内作用尺寸大于该孔的实际尺寸，弯曲轴的体内作用尺寸小于该轴的实际尺寸。图 4-12 中，孔、轴只存在轴线的直线度误差 $f_{几何}$，可以直观地推导出孔、轴的体内作用尺寸为

孔的体内作用尺寸：$D_{fi}=D_a+f_{几何}$

轴的体内作用尺寸：$d_{fi}=d_a-f_{几何}$

综上所述，孔、轴的体外、体内作用尺寸是由局部尺寸和几何误差综合形成的，对于每个零件不尽相同。

在加工中必须对要素的体外作用尺寸进行控制，以便满足配合要求，即保证配合时的最小间隙或最大过盈。由此可见，体外作用尺寸是实际要素在配合中真正起作用的尺寸。

3. 实体状态、实体尺寸、边界

（1）最大实体状态（MMC）

最大实体状态是指当提取组成要素的实际尺寸处处位于极限尺寸且使其具有实体最大时的状态。

当孔为下极限尺寸、轴为上极限尺寸时，零件所具有的材料量最多。因而可以说，最大

实体状态是实际要素在极限尺寸范围内具有材料量最多的状态。

（2）最大实体尺寸（MMS）

最大实体尺寸是指确定要素最大实体状态的尺寸。对于外表面为上极限尺寸，对于内表面为下极限尺寸，分别用 d_M 和 D_M 表示，即

$$d_M=d_{max}, \quad D_M=D_{min}$$

由设计给定的具有理想形状的极限包容面称为边界。边界的尺寸为极限包容面的直径或距离。

（3）最大实体边界（MMB）

最大实体状态对应的极限包容面称为最大实体边界。显然，该边界的尺寸为最大实体尺寸。

（4）最小实体状态（LMC）

最小实体状态是假定提取组成要素的实际尺寸处处位于极限尺寸且使其具有实体最小时的状态。

同样也可以说，最小实体状态是实际要素在极限尺寸范围内具有材料量最少的状态。

（5）最小实体尺寸（LMS）

最小实体尺寸是指确定要素最小实体状态的尺寸。对于外表面为下极限尺寸，对于内表面为上极限尺寸，分别用 d_L 和 D_L 表示，即

$$d_L=d_{min}, \quad D_L=D_{max}$$

（6）最小实体边界（LMB）

最小实体状态对应的极限包容面称为最小实体边界。显然，该边界的尺寸为最小实体尺寸。

4．实效状态、实效尺寸、实效边界

（1）最大实体实效尺寸（MMVS）

最大实体实效尺寸是指尺寸要素的最大实体尺寸与其导出要素的几何公差（形状、方向和位置）共同作用产生的尺寸，分别用 D_{MV} 和 d_{MV} 表示。

对于内表面（即孔）为最大实体尺寸减去几何公差值 t（加注符号 Ⓜ），用公式表示为

$$D_{MV}=D_M-t$$

对于外表面（即轴）为最大实体尺寸加上形位公差值 t（加注符号 Ⓜ），用公式表示为

$$d_{MV}=d_M+t$$

（2）最大实体实效状态（MMVC）

最大实体实效状态是指拟合要素的尺寸为其最大实体实效尺寸（MMVS）时的状态。

（3）最大实体实效边界（MMVB）

最大实体实效边界是指最大实体实效状态对应的极限包容面。

（4）最小实体实效尺寸（LMVS）

最小实体实效尺寸是指尺寸要素的最小实体尺寸和其导出要素的几何公差（形状、方向和位置）共同作用产生的尺寸，分别用 D_{LV} 和 d_{LV} 表示。

对于内表面（即孔）为最小实体尺寸加上几何公差值 t（加注符号 Ⓛ），用公式表示为

$$D_{LV}=D_L+t$$

对于外表面（即轴）为最小实体尺寸减去几何公差值 t（加注符号 Ⓛ），用公式表示为

$$d_{LV}=d_L-t$$

（5）最小实体实效状态（LMVC）

最小实体实效状态是指拟合要素的尺寸为其最小实体实效尺寸（LMVS）时的状态。

（6）最小实体实效边界

最小实体实效边界是指最小实体实效状态对应的极限包容面。

4.3.2 独立原则（IP）

（1）概念

独立原则是指被测要素在图样上给出的尺寸公差与几何公差之间各自独立，应分别满足

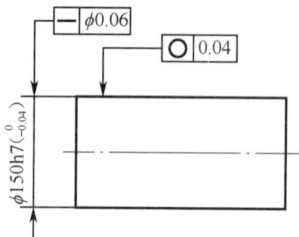

图4-13 独立原则的标注示例

各自要求。独立原则是几何公差和尺寸公差相互关系应遵循的基本公差原则。

（2）标注

独立原则在标注时不需要附加任何表示相互关系的符号。如图4-13所示为独立原则的标注示例，表示轴的实际尺寸应在上极限尺寸与下极限尺寸之间，即$\phi 149.96$mm～$\phi 150$mm。不管实际尺寸为何值，圆柱轴线的直线度误差不允许大于$\phi 0.06$mm，圆柱的圆度误差不允许大于0.04mm。

（3）适用场合

独立原则一般用于非配合零件或对形状和位置要求严格而对尺寸精度要求相对较低的场合。如印刷机的滚筒，对尺寸精度要求不高，但对圆柱度要求高，以保证印刷清晰，因而按独立原则给出了圆柱度公差，而其尺寸公差则按未注公差处理。又比如，液压传动中常用的液压缸的内孔，为防止泄漏，对液压缸内孔的形状精度（圆柱度、轴线直线度）提出了较严格的要求，而对其尺寸精度则要求不高，故尺寸公差与几何公差按独立原则给出。

4.3.3 相关要求

相关要求是指图样上给定的尺寸公差与几何公差相互有关的公差要求，包括包容要求、最大实体要求、最小实体要求和可逆要求。

1. 包容要求（ER）

1）概念

包容要求是尺寸要素的非理想要素不得违反其最大实体边界（MMB）的一种尺寸要素要求。包容要求表示提取组成要素不得超越最大实体边界（MMB），其实际尺寸不得超出最小实体尺寸（LMS）。即

对于外表面：$d_{fe} \leqslant d_M = d_{max}$，$d_a \geqslant d_L = d_{min}$

对于内表面：$D_{fe} \geqslant D_M = D_{min}$，$D_a \leqslant D_L = D_{max}$

2）标注

包容要求的尺寸要素应在其尺寸极限偏差或公差代号之后加注符号Ⓔ，表示该单一要素采用包容要求。如图4-14（a）所示，标注表示提取圆柱面应在其最大实体边界（MMB）之内，该边界的尺寸为最大实体尺寸（MMS）$\phi 150$mm，其实际尺寸不得小于$\phi 149.96$mm，如图4-14（b）、（c）所示。

包容要求是指当实际尺寸为最大实体尺寸时，其几何公差为零；当实际尺寸偏离最大实

体尺寸时，允许的几何误差可以相应增加，增加量为实际尺寸与最大实体尺寸之差（绝对值），其最大增加量等于尺寸公差，此时实际尺寸处处应为最小实体尺寸。这表明，尺寸公差可以转化为几何公差。

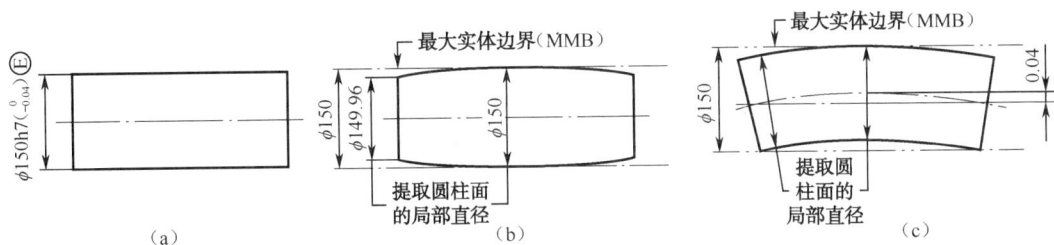

图 4-14 包容要求

3）适用场合

包容要求是将尺寸误差和几何误差同时控制在尺寸公差范围内的一种公差要求，主要用于必须保证配合性质的要素，用最大实体边界保证必要的最小间隙或最大过盈，用最小实体尺寸防止间隙过大或过盈过小。

包容要求适用于圆柱表面或两平行对应面，常用于机器零件上对配合性质要求较严格的配合表面，如回转轴的轴颈和滑动轴承、滑动套筒和孔、滑块和滑块槽等。

2. 最大实体要求（MMR）

1）概念

最大实体要求是尺寸要素的非理想要素不得违反其最大实体实效状态（MMVC）的一种尺寸要素要求，也即尺寸要素的非理想要素不得超越其最大实体实效边界（MMVB）的一种尺寸要素要求。

其同样是控制提取组成要素的实际轮廓处于其最大实体实效边界之内的一种公差要求。当其实际尺寸偏离最大实体尺寸时，允许其几何误差超出在最大实体状态下给出的几何公差值。

2）标注

最大实体要求符号Ⓜ适用于被测要素为提取导出要素的公差框格内，如轴线、中心平面等。

（1）最大实体要求用于被测要素

图样上几何公差框格内公差值后标注Ⓜ时，表示最大实体要求用于被测要素，如图 4-15（a）所示。

最大实体要求用于被测要素时，其导出要素的几何公差值是在该提取组成要素处于最大实体状态时给定的。当提取组成要素的实际轮廓偏离其最大实体状态，即实际尺寸偏离最大实体尺寸时，其导出要素的几何误差值可以增加。偏离多少，就可增加多少，其最大增加量等于提取组成要素的尺寸公差值，从而实现尺寸公差向几何公差转化。

最大实体要求用于被测要素时，提取组成要素应遵守最大实体实效边界，即要素的体外作用尺寸不得超越最大实体实效尺寸，且实际尺寸在最大与最小实体尺寸之间。即

对于外表面：$d_{fe} \leq d_{MV} = d_{max} + t$，$d_{max} \geq d_a \geq d_{min}$

对于内表面：$D_{fe} \geq D_{MV} = D_{min} - t$，$D_{max} \geq D_a \geq D_{min}$

如图 4-15（c）为图 4-15（a）的动态公差图，从中可看出：

轴的圆柱面（提取组成要素的外轮廓）体外作用尺寸不超越边界 $\phi 20.1mm$；轴的直径 d_a（提取组成要素的实际尺寸）介于最大和最小实体尺寸之间，$\phi 19.7mm \leq d_a \leq \phi 20mm$。

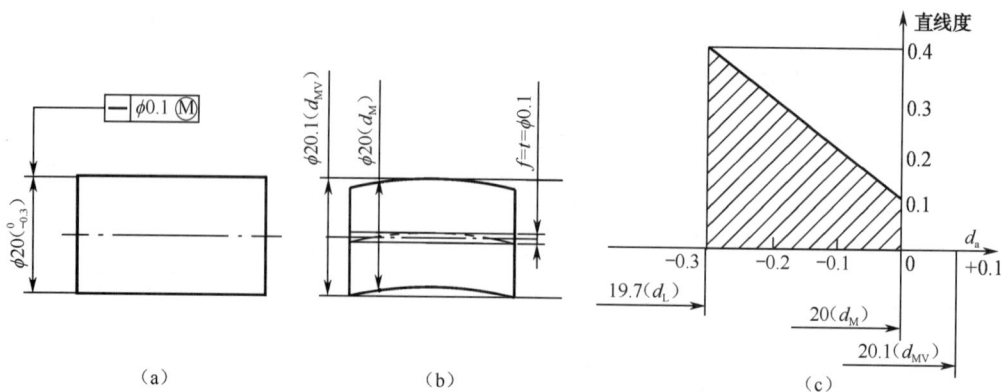

图 4-15　最大实体要求用于提取组成要素

① 当轴的直径为 $\phi 20\text{mm}$ 时，直线度公差为 $\phi 0.1\text{mm}$。

② 当轴的直径为 $\phi 19.8\text{mm}$ 时（偏离 $\phi 0.2\text{mm}$），直线度公差为 $\phi 0.2 + \phi 0.1 = \phi 0.3\text{mm}$。

③ 当轴的直径为 $\phi 19.7\text{mm}$ 时，直线度公差最大（尺寸公差+几何公差＝$\phi 0.3 + \phi 0.1 = \phi 0.4\text{mm}$）。

这表明，尺寸公差可以转化为几何公差。

（2）最大实体要求用于基准要素

图样上公差框格中基准字母后标注符号Ⓜ时，表示最大实体要求用于基准要素，基准要素应遵守相应的边界，且基准要素为导出要素。若基准要素的实际轮廓偏离相应的边界，即体外作用尺寸偏离相应的边界尺寸，则允许基准要素在一定范围内浮动，浮动范围等于基准要素的体外作用尺寸与相应边界尺寸之差。标注示例如图 4-16 所示，具体解释见 GB/T 16671—2018。

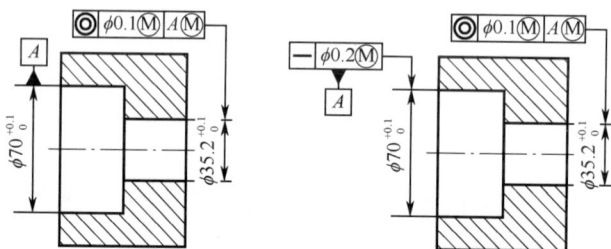

图 4-16　最大实体要求同时用于提取组成要素和基准要素标注示例

3）适用场合

最大实体要求适用于尺寸要素及其导出要素几何公差的综合要求。最大实体要求多用于对零件配合性质要求不严，但要求保证零件可装配性的场合，如螺栓和螺钉连接中孔轴线的位置度公差、阶梯孔和阶梯轴的同轴度公差。

采用最大实体要求，遵守最大实体实效边界，在一定条件下扩大了几何公差，提高了零件合格率，有良好的经济性。

3. 最小实体要求（LMR）

1）概念

最小实体要求是尺寸要素的非理想要素不得违反其最小实体实效状态（LMVC）的一种尺寸要素要求，也即尺寸要素的非理想要素不得超越其最小实体实效边界（LMVB）的一种尺寸要素要求。

其同样是控制提取组成要素的实际轮廓处于其最小实体实效边界之内的一种公差要求。当其实际尺寸偏离最小实体尺寸时，允许其几何误差超出在最小实体状态下给出的几何公差值。

2）标注

最小实体要求符号Ⓛ适用于被测要素为导出要素的公差框格内，如轴线、中心平面等。

（1）最小实体要求用于被测要素

图样上几何公差框格内公差值后面标注符号Ⓛ时，表示最小实体要求用于被测要素，如图 4-17（a）所示。

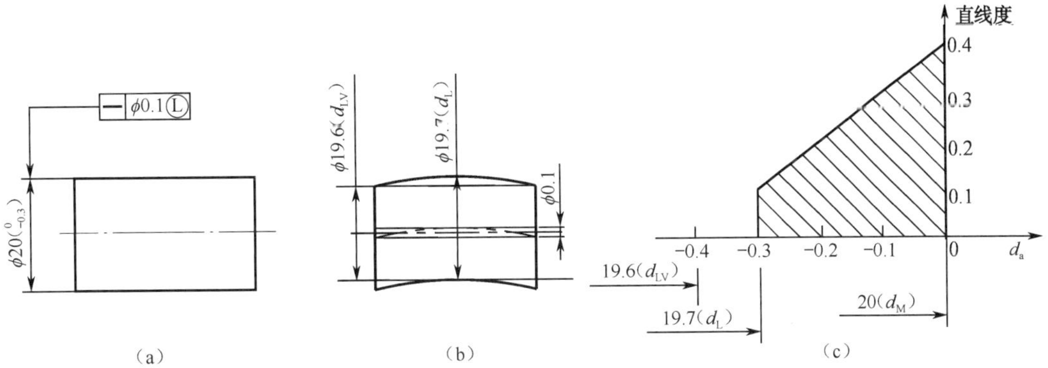

图 4-17 最小实体要求

最小实体要求用于被测要素时，其导出要素的几何公差是在该提取组成要素处于最小实体状态时给定的。当提取组成要素的实际轮廓偏离其最小实体状态，即实际尺寸偏离最小实体尺寸时，其几何误差值可以增加。偏离多少，就可增加多少，其最大增加量等于提取组成要素的尺寸公差值，从而实现尺寸公差向几何公差转化。

最小实体要求用于被测要素时，提取组成要素应遵守最小实体实效边界，即提取组成要素的实际轮廓在给定长度上处处不得超出其最小实体实效边界，也就是其体内作用尺寸不应超出最小实体实效尺寸，且其实际尺寸在最大与最小实体尺寸之间，即

对于外表面：$d_{fi} \geq d_{LV} = d_{min} - t$，$d_{max} \geq d_a \geq d_{min}$

对于内表面：$D_{fi} \leq D_{LV} = D_{max} + t$，$D_{max} \geq D_a \geq D_{min}$

如图 4-17（c）所示为图 4-17（a）的动态公差图，从中可看出：

轴的圆柱面（提取组成要素的外轮廓）体内作用尺寸不超越边界ϕ19.6mm；轴的直径 d_a（提取组成要素的实际尺寸）介于最大和最小实体尺寸之间，$\phi 19.7\text{mm} \leq d_a \leq \phi 20\text{mm}$。

① 当轴的直径为ϕ19.7mm 时，直线度公差为ϕ0.1mm。

② 当轴的直径为ϕ19.9mm 时（偏离ϕ0.2mm），直线度公差为$\phi 0.2+\phi 0.1=\phi 0.3$mm。

③ 当轴的直径为ϕ20mm 时，直线度公差最大（尺寸公差+几何公差=$\phi 0.3+\phi 0.1=\phi 0.4$mm）。

这表明，尺寸公差可以转化为几何公差。

（2）最小实体要求用于基准要素

图样上公差框格中基准字母后标注符号Ⓛ时，表示最小实体要求用于基准要素，基准要素应遵守相应的边界。若基准要素的实际轮廓偏离相应的边界，且基准为导出要素，即体内作用尺寸偏离相应的边界尺寸，则允许基准要素在一定范围内浮动，浮动范围等于基准要素的

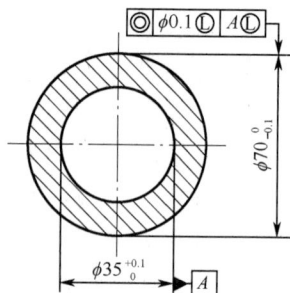

图 4-18 最小实体要求同时用于
提取组成要素和基准要素标注示例

体内作用尺寸与相应边界尺寸之差。标注示例如图 4-18 所示，具体解释见 GB/T 16671—2018。

3）适用场合

最小实体要求适用于尺寸要素及其导出要素几何公差的综合要求。最小实体要求多用于保证零件的强度要求。对孔类零件，保证其壁厚；对轴类零件，保证其最小有效截面积。

采用最小实体要求后，在满足零件使用功能要求的同时，在一定条件下，扩大了被测要素的几何误差，提高了零件的合格率，具有良好的经济性。

4. 可逆要求（RPR）

1）概念

可逆要求是最大实体要求或最小实体要求的附加要求，不可以单独使用。其表示尺寸公差可以在实际几何误差小于几何公差的差值范围之内增大，实现尺寸公差与几何公差相互转换的可逆要求。可逆要求只用于被测要素，而不用于基准要素。

2）标注

（1）可逆要求用于最大实体要求

图样上几何公差框格中，在几何公差值后的符号 Ⓜ 后标注符号 Ⓡ 时，则表示被测要素遵守最大实体要求的同时遵守可逆要求。

可逆要求用于最大实体要求，除了具有上述最大实体要求用于被测要素时的含义（当提取组成要素的实际尺寸偏离最大实体尺寸时，允许其几何误差值增大，即尺寸公差向几何公差转化），还表示当几何误差小于给定的几何公差时，也允许局部尺寸超出最大实体尺寸；当几何误差为零时，允许尺寸的超出量最大，为几何公差值，从而实现尺寸公差与几何公差相互转换的可逆要求。此时，提取组成要素仍然遵守最大实体实效边界。标注示例如图 4-19 所示，具体解释见 GB/T 16671—2018。

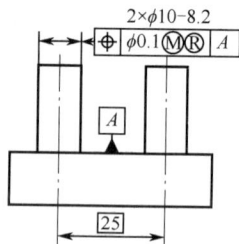

图 4-19 可逆要求用于
最大实体要求标注示例

（2）可逆要求用于最小实体要求

图样上几何公差框格中，在几何公差值后的符号 Ⓛ 后标注符号 Ⓡ 时，则表示被测要素遵守最小实体要求的同时遵守可逆要求。

可逆要求用于最小实体要求，除了具有上述最小实体要求用于被测要素时的含义，还表示当几何误差小于给定的几何公差时，也允许局部尺寸超出最小实体尺寸；当几何误差为零时，允许尺寸的超出量最大，为几何公差值，从而实现尺寸公差与几何公差相互转换的可逆要求。此时，提取组成要素仍然遵守最小实体实效边界。标注示例如图 4-20 所示，具体解释见 GB/T 16671—2018。

5. 零几何公差

当关联要素采用最大（最小）实体要求且几何公差为零时，则称为零几何公差，用 $\phi 0$ Ⓜ（$\phi 0$ Ⓛ）表示，如图 4-21 所示。零几何公差可以视为最大（最小）实体要求的特例。此时，提取组成要素的最大（最小）实体实效边界尺寸等于最大（最小）实体边界尺寸，最大（最小）

实体实效尺寸等于最大（最小）实体尺寸。可见，最大实体要求的零几何公差等同于包容要求。

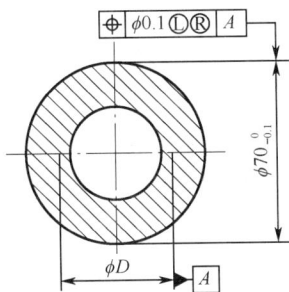

图 4-20 可逆要求用于最小实体要求标注示例

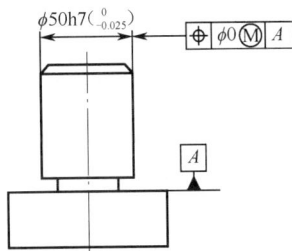

图 4-21 零几何公差

任务小结

图 4-11 所示图样标注的含义：ϕ20mm 圆柱轴线的直线度公差为 ϕ0.012mm；公差框格中公差值"ϕ0.012"后标注符号 Ⓜ，表示最大实体要求用于被测要素，提取组成要素为尺寸要素 ϕ20mm 圆柱面。标注示例答案如图 4-22 所示。

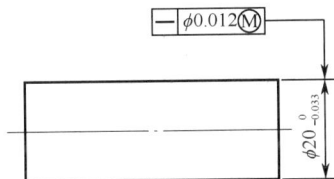

公差原则	遵守的边界尺寸/mm	上极限尺寸/mm	下极限尺寸/mm	最大实体尺寸/mm	最小实体尺寸/mm	实际尺寸为ϕ20mm 时，轴线的直线度公差值/mm
最大实体要求	ϕ20.012	ϕ20	ϕ19.967	ϕ20	ϕ19.967	ϕ0.012

图 4-22 标注示例答案

任务 4 设计几何公差

课前	准备及预习	了解几何公差的选择
课中	互动提问	1. 几何公差项目如何选择？
		2. 基准要素如何选择？
		3. 公差原则与公差要求如何选择
课后	作业	练习题 10

任务介绍

如图 4-23 所示为轴类零件图，试按下列技术要求进行标注。

（1）大端圆柱面的尺寸要求为 ϕ45 $_{-0.025}^{0}$，并采用包容要求。

（2）小端圆柱面轴线对大端圆柱面轴线有同轴度要求。

（3）小端圆柱面的尺寸要求为$\phi25\pm0.007$mm，要求素线直线度，并采用包容要求。

（4）小端圆柱面几何公差精度等级为8级。

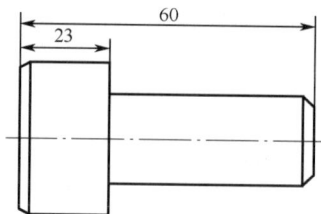

图4-23　轴类零件图

相关知识

正确选用几何公差项目，合理确定几何公差值，对提高产品质量和降低生产成本具有十分重要的意义。

4.4.1　几何公差项目的选择

任何一个机械零件，都是由简单的几何要素组成的，进行机械加工时，零件上的要素总是存在着几何误差。几何公差项目就是针对零件上某个要素的形状和要素之间相互方向、位置的精度要求而确定的。因此，选择几何公差项目的基本依据是要素，再按照零件的几何特征、功能要求、方便检测来选定。

1）零件的几何特征

零件的几何特征不同，加工后可能会产生不同的几何误差。例如，圆柱形零件会有圆柱度误差；圆锥形零件会有圆度和素线直线度误差；阶梯轴、孔类零件会有同轴度误差；零件上的孔、槽会有位置度或对称度误差等。

总之，控制平面的形状误差应选用平面度；控制圆柱面的形状误差应选择圆度、素线的直线度或圆柱度；关联要素对轴线、平面可规定方向和位置公差，对点只能规定位置度，对回转类零件可以规定同轴度和跳动公差。跳动公差能综合限制要素的形状、方向和位置误差。

2）零件的功能要求

根据零件各部位要实现的功能来确定恰当的公差项目。

（1）圆柱形零件。当仅需要装配或仅保证轴、孔之间的相对运动以避免磨损时，可选择轴线的直线度；当既要求孔、轴间有相对运动，又要求密封性能好，以保证在整个配合表面上维持均匀小间隙时，应选择圆柱度来综合控制要素的圆度、素线的直线度、轴线直线度等（如柱塞与柱塞套、阀芯与阀体等）；阶梯轴两轴承位置明确要求限制轴线间的偏差，应采用同轴度；但如果阶梯轴对几何精度有要求，而无须区分轴线的位置误差与圆柱面的形状误差，则可选择跳动项目。

（2）箱体类零件（如齿轮箱）。为保证传动轴正确安装、其上零件正常啮合传动，提高承载能力，应对同轴孔轴线选择同轴度，对平行孔轴线选择平行度。

（3）为保证机床工作台或刀架运动轨迹的精度，需要对导轨提出直线度或平面度要求；为保证结合平面的良好密封性，需要对结合面提出平面度要求。

（4）零件间的连接孔、安装孔等。孔与孔之间、孔与基准之间距离误差的控制，一般不用尺寸公差而用位置度，以避免尺寸误差的积累等。

3）方便检测

在满足功能要求的前提下，为了方便检测，应该选用测量简便的项目代替难以测量的项目，有时可将所需的公差项目用控制效果相同或相近的公差项目来代替。如与滚动轴承内孔相配合的轴颈位置公差的确定，为了保证可装配性和运动精度，应控制两轴颈的同轴度误差，但考虑两轴颈的同轴度在生产中不便于检测，可用径向圆跳动公差来控制同轴度误差。不过应注意，径向跳动是同轴度与圆柱面形状误差的综合结果，故当同轴度用径向跳动代替时，给出的跳动公差应略大于同轴度公差，否则要求过严。端面圆跳动代替端面垂直度有时并不可靠，而端面全跳动与端面垂直度因它们的公差带相同，故可以等价替换。

总之，设计者只有在充分明确所设计零件的精度要求，熟悉零件的加工工艺和有一定的检测经验的情况下，才能对零件提出合理、恰当的几何公差特征项目。

4.4.2 几何公差值的选择

1. 几何公差值及有关规定

图样上对几何公差值的表示方法有两种：一种是用几何公差代号标注，在几何公差框格内注出公差值，称为注出几何公差值；另一种是不用代号标注，图样上不注出公差值，而是用几何公差的未注公差来控制，这种图样上虽未用代号注出，但仍有一定要求的几何公差，称为未注几何公差。

1）图样上注出公差值的规定

对于几何公差有较高要求的零件，均应在图样上按规定的标注方法注出公差值。几何公差值的大小由几何公差等级并依据主要参数的大小确定，因此确定几何公差值实际上就是确定几何公差等级。

在国家标准《形状和位置公差 未注公差值》（GB/T 1184—1996）中，除线轮廓度和面轮廓度未规定公差值以外，其余 13 个项目都规定了公差值。其将几何公差（除位置度）分为12 个等级，1 级最高，依次递减，12 级最低。圆度和圆柱度还增加了精度更高的 0 级。位置度规定了数系表。部分标准内容如表 4-12～表 4-16 所示。

表 4-12 直线度、平面度公差值（摘自 GB/T 1184—1996）

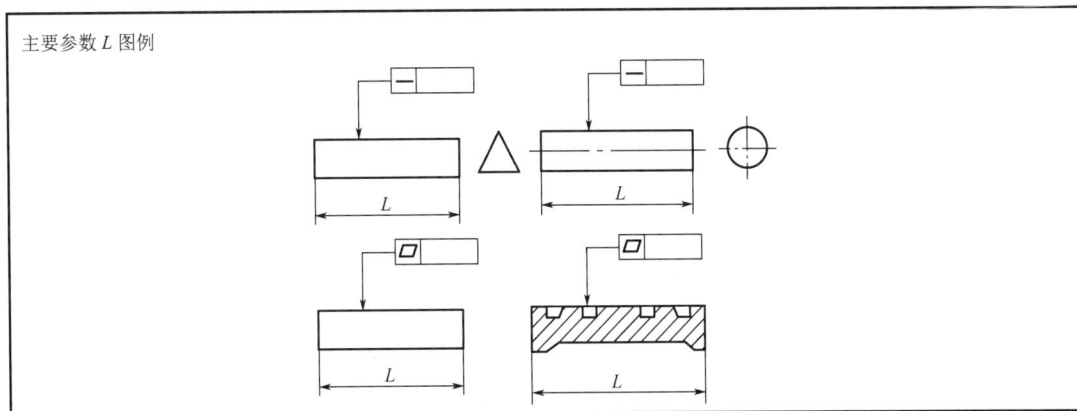

主要参数 L 图例

续表

主要参数 L/mm	公差等级											
	1	2	3	4	5	6	7	8	9	10	11	12
	公差值/μm											
≤10	0.2	0.4	0.8	1.2	2	3	5	8	12	20	30	60
>10～16	0.25	0.5	1	1.5	2.5	4	6	10	15	25	40	80
>16～25	0.3	0.6	1.2	2	3	5	8	12	20	30	50	100
>25～40	0.4	0.8	1.5	2.5	4	6	10	15	25	40	60	120
>40～63	0.5	1	2	3	5	8	12	20	30	50	80	150
>63～100	0.6	1.2	2.5	4	6	10	15	25	40	60	100	200

表 4-13　圆度、圆柱度公差值（摘自 GB/T 1184—1996）

主要参数 D、d 图例

主要参数 D、d/mm	公差等级												
	0	1	2	3	4	5	6	7	8	9	10	11	12
	公差值/μm												
≤3	0.1	0.2	0.3	0.5	0.8	1.2	2	3	4	6	10	14	25
>3～6	0.1	0.2	0.4	0.6	1	1.5	2.5	4	5	8	12	18	30
>6～10	0.12	0.25	0.4	0.6	1	1.5	2.5	4	6	9	15	22	36
>10～18	0.15	0.25	0.5	0.8	1.2	2	3	5	8	11	18	27	43
>18～30	0.2	0.3	0.6	1	1.5	2.5	4	6	9	13	21	33	52
>30～50	0.25	0.4	0.6	1	1.5	2.5	4	7	11	16	25	39	62
>50～80	0.3	0.5	0.8	1.2	2	3	5	8	13	19	30	46	74

表 4-14　平行度、垂直度、倾斜度公差值（摘自 GB/T 1184—1996）

主要参数 L、d（D）图例

主要参数	公差等级											
	1	2	3	4	5	6	7	8	9	10	11	12
L、$d(D)$/mm	公差值/μm											
≤10	0.4	0.8	1.5	3	5	8	12	20	30	50	80	120
>10~16	0.5	1	2	4	6	10	15	25	40	60	100	150
>16~25	0.6	1.2	2.5	5	8	12	20	30	50	80	120	200
>25~40	0.8	1.5	3	6	10	15	25	40	60	100	150	250
>40~63	1	2	4	8	12	20	30	50	80	120	200	300
>63~100	1.2	2.5	5	10	15	25	40	60	100	150	250	400

表 4-15　同轴度、对称度、圆跳动全跳动公差值（摘自 GB/T 1184—1996）

主要参数 $d(D)$、B 图例

主要参数	公差等级											
	1	2	3	4	5	6	7	8	9	10	11	12
$d(D)$、B/mm	公差值/μm											
≤1	0.4	0.6	1	1.5	2.5	4	6	10	15	25	40	60
>1~3	0.4	0.6	1	1.5	2.5	4	6	10	20	40	60	120
>3~6	0.5	0.8	1.2	2	3	5	8	12	25	50	80	150
>6~10	0.6	1	1.5	2.5	4	6	10	15	30	60	100	200
>10~18	0.8	1.2	2	3	5	8	12	20	40	80	120	250
>18~30	1	1.5	2.5	4	6	10	15	25	50	100	150	300
>30~50	1.2	2	3	5	8	12	20	30	60	120	200	400
>50~120	1.5	2.5	4	6	10	15	25	40	80	150	250	500

注：使用同轴度公差值时，应在表中查得的数值前加"ϕ"。

表 4-16　位置度数系表（摘自 GB/T 1184—1996）

1	1.2	1.5	2	2.5	3	4	5	6	8
$1×10^n$	$1.2×10^n$	$1.5×10^n$	$2×10^n$	$2.5×10^n$	$3×10^n$	$4×10^n$	$5×10^n$	$6×10^n$	$8×10^n$

注：n 为正整数。

2）几何公差的未注公差值的规定及标注

图样上没有具体标明几何公差值，并不是没有几何精度要求，和尺寸公差相似，也有一个未注公差的问题，其几何精度要求由未注几何公差来控制。国家标准规定：未注公差值符合工厂的常用精度等级，不需在图样上注出。采用了未注几何公差后可节省设计绘图时间，使图样清晰易读，并突出了零件上几何精度要求较高的部位，便于更合理地安排加工和检验，以更好地保证产品的工艺性和经济性。

（1）直线度、平面度的未注公差值：共分 H、K、L 三个公差等级。其中基本长度是指被测提取长度，对于平面是指被测提取平面的长边或圆平面的直径，如表 4-17 所示。

表 4-17　直线度和平面度的未注公差值（摘自 GB/T 1184—1996）　　单位：mm

公 差 等 级	基本长度范围					
	≤10	>10～30	>30～100	>100～300	>300～1000	>1000～3000
H	0.02	0.05	0.1	0.2	0.3	0.4
K	0.05	0.1	0.2	0.4	0.6	0.8
L	0.1	0.2	0.4	0.8	1.2	1.6

（2）圆度的未注公差值：采用相应的直径公差值，但不能大于径向圆跳动公差值。

（3）圆柱度：圆柱度误差由圆度、轴线直线度、素线直线度和素线平行度组成。其中每一项均由其注出公差值或未注公差值控制。如圆柱度遵守Ⓔ时则受其最大实体边界控制。

（4）线轮廓度、面轮廓度：未做规定，受线轮廓、面轮廓的线性尺寸或角度公差控制。

（5）平行度：等于相应的尺寸公差值。

（6）垂直度：参见表 4-18 垂直度未注公差值，分为 H、K、L 三个等级。

表 4-18　垂直度未注公差值（摘自 GB/T 1184—1996）　　单位：mm

公差等级	基本长度范围			
	≤100	>100～300	>300～1000	>1000～3000
H	0.2	0.3	0.4	0.5
K	0.4	0.6	0.8	1
L	0.6	1	1.5	2

（7）对称度：参见表 4-19 对称度未注公差值，分为 H、K、L 三个等级。

表 4-19　对称度未注公差值（摘自 GB/T 1184—1996）　　单位：mm

公差等级	基本长度范围			
	≤100	>100～300	>300～1000	>1000～3000
H	0.5			
K	0.6		0.8	1
L	0.6	1	1.5	2

（8）位置度：未做规定，因为属于综合性误差，由分项公差值控制。

（9）圆跳动：参见表 4-20 圆跳动未注公差值，分为 H、K、L 三个等级。

表 4-20　圆跳动度未注公差值（摘自 GB/T 1184—1996）　　单位：mm

公 差 等 级	公 差 值
H	0.1
K	0.2
L	0.5

（10）全跳动：未做规定，属于综合项目，可通过圆跳动公差值、素线直线度公差值或其他注出或未注出的尺寸公差值控制。

在图样上采用未注公差值时，应在图样的标题栏附近或在技术要求中标出未注公差的等级及标准编号，如 GB/T 1184-K、GB/T 1184-H 等，也可在企业标准中做统一规定。

2．几何公差值（或公差等级）的选择

几何公差值的选择原则：在满足零件功能要求的前提下，考虑工艺经济性和检测条件，尽量选择最佳公差值。几何公差值的大小由几何公差等级（结合主参数）决定，因此，确定几何公差值实际上就是确定几何公差等级。

几何公差值是根据零件的功能要求、结构、刚性和加工的经济性等条件，采用类比法确定的。按几何公差数值表 4-12～表 4-15 确定要素的公差值时，还应考虑以下几点。

（1）在同一要素上给出的形状公差值应小于位置公差值。如在同一平面上，平面度公差值应小于该平面对基准平面的平行度公差值，即 $t_{形状} < t_{方向} < t_{位置}$。

（2）圆柱形零件的形状公差除轴线直线度以外，一般情况下应小于其尺寸公差。如在最大实体状态下，形状公差在尺寸公差之内，形状公差包含在位置公差带内。

（3）选用形状公差等级时应考虑结构特点和加工的难易程度，在满足零件功能要求的前提下，对于下列情况应适当降低一级或两级精度。

① 细长的轴或孔。

② 距离较大的轴或孔。

③ 宽度大于 1/2 长度的零件表面。

④ 线对线和线对面相对于面对面的平行度或垂直度。

（4）选用形状公差等级时，还应注意协调形状公差与表面粗糙度之间的关系。通常情况下，表面粗糙度的数值约为形状公差值的 20%～25%。

（5）在通常情况下，零件被测要素的形状误差比位置误差小得多，因此给定平行度或垂直度公差的两个平面，其平面度的公差等级应不低于平行度或垂直度的公差等级；同一圆柱面的圆度公差等级应不低于其径向圆跳动公差等级。

表 4-21～表 4-24 列出了各种几何公差等级的应用举例，供选择时参考。

表 4-21　直线度、平面度公差等级的应用举例

公 差 等 级	应 用 场 合
5	用于平面磨床的纵导轨、垂直导轨、立柱导轨和工作台，液压龙门刨床床身导轨面，转塔车床床身导轨面，柴油机进气门导杆等
6	用于卧式车床床身及龙门刨床导轨面，滚齿机立柱导轨、床身导轨及工作台，自动车床床身导轨，平面磨床床身导轨、垂直导轨，卧式镗床和铣床工作台及机床主轴箱导轨等工作面，柴油机进气门导杆直线度，柴油机机体上部结合面等
7	用于机床主轴箱体、滚齿机床床身导轨的直线度，镗床工作台、摇臂钻底座工作台面，液压泵盖的平面度，压力机导轨及滑块工作面
8	用于车床溜板箱体、机床传动箱体、自动车床底座的直线度，汽缸盖结合面、汽缸座、内燃机连杆分离面的平面度，减速机壳体的结合面

公 差 等 级	应 用 场 合
9	用于机床溜板箱、立钻工作台、螺纹磨床的挂轮架、柴油机汽缸体连杆的分离面、缸盖的结合面、阀片的平面度、空气压缩机汽缸体、柴油机缸孔环面的平面度、辅助机构及手动机械的支承面
10	用于自动机床床身平面度，车床挂轮架的平面度，柴油机汽缸体，摩托车的箱体，汽车变速箱的壳体与汽车发动机缸盖结合面，阀片的平面度，液压装置、管件和法兰的连接面等

表4-22　圆度、圆柱度公差等级的应用举例

公 差 等 级	应 用 场 合
5	一般机床主轴及主轴箱孔，柴油机、汽油机的活塞、活塞销孔，铣削动力头轴承箱座孔，高压空气压缩机十字头销、活塞，较低精度滚动轴承配合轴承
6	一般机床主轴及箱体孔，中等压力下液压装置工作面（包括泵、压缩机的活塞和汽缸），汽车发动机凸轮轴，纺机锭子，通用减速器轴颈，高速船用发动机曲轴，拖拉机曲轴主轴颈
7	大功率低速柴油机曲轴、活塞、活塞销、连杆、汽缸，高速柴油机箱体孔，千斤顶或压力液压缸活塞，液压传动系统的分配机构，机车传动轴，水泵及一般减速器轴颈
8	低速发动机、减速器、大功率曲轴轴颈，气压机连杆盖、体，拖拉机汽缸体、活塞，炼胶机冷铸轴辊，印刷机传墨辊，内燃机曲轴，柴油机体孔、凸轮轴，拖拉机、小型船用柴油机汽缸盖
9	空气压缩机缸体，液压传动筒，通用机械杠杆与拉杆用套筒削子，拖拉机活塞环、套筒孔
10	印染机导布辊，绞车、吊车、起重机滑动轴承、轴颈等

表4-23　平行度、垂直度、倾斜度、端面圆跳动公差等级的应用举例

公 差 等 级	面对面平行度应用示例	面对线、线对线平行度应用示例	垂直度应用示例
4、5	普通车床、测量仪器、量具的基准面和工作面，高精度轴承座孔、端盖、挡圈的端面	机床主轴孔对基准面要求，重要轴承孔对基准面要求，床头箱体重要孔间要求，齿轮泵的端面等	普通精度机床主要基准面和工作面，回转工作台端面，一般导轨，主轴箱体孔、刀架、砂轮架及工作台回转轴线，一般轴肩对其轴线
6、7、8	一般机床零件的工作面和基准面，一般刀具、量具和夹具	机床一般轴承孔对基准面要求，床头箱一般孔间要求，主轴花键对定心直径要求	普通精度机床主要基准面和工作端面，一般导轨，主轴箱体孔、刀架、砂轮架及工作台回转轴线，一般轴肩对其轴线
9、10	低精度零件，重型机械滚动轴承端盖	柴油机和煤气发动机的曲轴孔、轴颈等	花键轴轴肩端面，传动带运输机法兰盘等端面、轴线，手动卷扬机及传动装置中轴承端面，减速器壳体平面等

注：① 在满足设计要求的前提下，考虑零件加工的经济性，对于线对线和线对面的平行度和垂直度公差等级，应选用低于面对面的平行度和垂直度公差等级。

② 使用本表选择面对面平行度和垂直度时，宽度应不大于1/2长度；否则应降低一级公差等级选用。

表4-24　同轴度、对称度、径向圆跳动公差等级的应用举例

公 差 等 级	应 用 场 合
5、6、7	应用范围较广的公差等级。用于几何精度要求较高、尺寸公差等级为8级及高于8级的零件。5级常用于机床轴颈，计量仪器的测量杆，汽轮机主轴，柱塞液压泵转子，高精度滚动轴承外圈，一般精度滚动轴承内圈，回转工作台端面。7级用于内燃机曲轴、凸轮磨辊的轴颈、键槽

公差等级	应用场合
8、9	常用于几何精度要求一般，尺寸公差等级为9级和11级的零件。8级用于拖拉机发动机分配轴轴颈，与9级精度以下齿轮相配的轴、水泵叶轮、离心泵体，棉花精梳机前、后滚子，键槽等。9级用于内燃机汽缸套配合面、自行车中轴

4.4.3 公差原则与公差要求的选择

在何种情况下应选择用何种公差原则与公差要求，必须结合具体的使用要求和工艺条件做具体分析，但就总的应用原则来说，要在保证使用功能要求的前提下，综合考虑各种公差原则的应用场合和采用该种公差原则的可行性和经济性。具体地说，应综合考虑下面几个因素：

1．功能性要求

采用何种公差原则，主要应从零件的使用功能要求考虑。当被测要素的尺寸精度与几何精度要求相差较大，并且无明显的使用功能上的联系时，几何精度和尺寸精度需要分别满足要求，即应采用独立原则。如滚筒类零件的尺寸精度要求很低，圆柱度要求较高；平板的平面精度要求较高，尺寸精度要求不高；冲模架的下模座尺寸精度要求不高，平行度要求较高；导轨的形状精度要求严格，尺寸精度要求次之。以上情况均应采用独立原则。凡未注尺寸公差和（或）未注几何公差的均采用独立原则。

对零件有配合要求的表面，特别是涉及和影响零件的定位精度、运动精度等重要性能而对配合性质要求较严格的表面，一般采用包容要求。利用孔和轴的最大实体边界控制孔和轴的体外作用尺寸，从而保证配合时的最小间隙和最大过盈，满足配合性能要求。如回转轴的轴颈和滑动轴承的配合、喷油泵柱塞和孔的配合、滑块和滑块槽的配合等。

尺寸精度和几何精度要求不高，但要求能保证自由装配的零件，对其尺寸要素应采用最大实体要求。如轴承盖和法兰盘连接螺钉的通孔的位置公差、阶梯孔和阶梯轴的同轴度公差等均采用最大实体要求。这样既可保证零件的自由装配性，又能增大零件的几何误差或尺寸误差的允许值（可逆要求），提高了产品的合格率，具有较好的经济性。

2．设备状况

机床的精度在很大程度上决定了加工中零件的几何误差的大小，因而采用相关要求时，应分析由于设备因素所造成的几何误差有多大，并考虑尺寸公差补偿的余地有多大，因为几何公差得到补偿是以牺牲尺寸公差为代价的，特别是在采用包容要求和最大实体要求的零几何公差时更为突出。

如果机床加工精度较高，零件的几何误差较小，这时可采用包容要求或最大实体要求的零形位公差，尺寸公差补偿几何公差后，仍留有较大的余地满足加工中的尺寸要求。此时加工出的零件既能满足设计功能要求，又具有较好的经济性能。

如果机床设备状况较差，加工零件的几何误差较大，那么采用包容要求或最大实体要求的零几何公差，就会使保证尺寸精度的难度增大，加工的经济性能变差，此时应采用独立原则或最大实体要求。但这也不是绝对的，如果操作人员技术水平较高，能确保较高的尺寸加工精度，则使用包容要求或最大实体要求的零形位公差仍然是可行的。

3．生产批量

一般情况下，大批量生产时采用相关要求较为经济。由于相关要求只要求被测要素不超出拟合边界，而不考虑几何误差的具体情况，这就省去了大量的对几何误差的检测工作。实际生产中，常采用光滑极限量规或位置量规检验被测要素，即用通规和止规分别进行检验，以判断零件是否合格，而并不测量要素的几何误差。

由于量规是单一尺寸的专用量具，制造成本较高，因此当零件的生产批量小到一定程度时，采用通用检具检测几何误差反而比制造量规经济，这时若从经济性原则出发，宜采用独立原则。

4．操作技能

操作技能的高低，在很大程度上决定了尺寸误差的大小。操作技能越高，加工零件的尺寸精度越高，所能补偿给几何公差的数值就越大；反之，补偿量就小，甚至不能补偿。因而在设计时应考虑操作人员的技术水平，分析在此条件下尺寸公差对几何公差能有多大的补偿量，进而确定采用何种公差原则。一般来说，补偿量较大时可采用包容要求或最大实体要求的零几何公差，补偿量较小时宜采用独立原则或最大实体要求。

以上只是定性地论述了选择公差原则时应考虑的因素，实际生产中，这些因素往往交织在一起，必须综合分析。常常出现这种情况，说明某一公差原则相对于某一工艺条件不宜使用，但从综合条件来看，则是合理的。另外功能要求也是相对的，在一定程度上受加工经济性的制约，在有些场合，常适当降低某些功能要求，以求较大的经济效益。因此，在选择公差原则时，必须处理好功能要求与加工经济性这一对矛盾，使产品既有较好的使用功能，又有较好的加工经济性。

如表 4-25 所示为公差原则的应用场合，供参考。

表 4-25　公差原则的应用场合

公差原则	应用场合
独立原则	尺寸精度与几何精度需要分别满足要求，如齿轮箱体孔、连杆活塞体孔、连杆活塞销孔、滚动轴承内圈及外圈滚道
	尺寸精度与几何精度要求相差较大，如滚筒类零件、平板、通油孔、导轨、汽缸
	尺寸精度与几何精度之间没有联系，如滚子链条的套筒或滚子内、外圆柱面的轴线与尺寸精度，发动机连杆上尺寸精度与孔轴线间的位置精度
	未注尺寸公差或未注几何公差，如退刀槽、倒角、圆角
包容要求	用于单一要素，保证配合性质，如 $\phi 40H7$ 孔与 $\phi 40h7$ 轴配合，保证最小间隙为零
最大实体要求	用于导出要素，保证零件的可装配性，如轴承盖上用于穿过螺钉的通孔、法兰盘上用于穿过螺栓的通孔、同轴度的基准轴线
最小实体要求	保证零件强度和最小壁厚

4.4.4　基准的选择

1．基准及分类

基准是指具有正确形状的拟合要素，是确定被测要素方向和位置的依据。在实际应用时，则由基准实际（组成）要素来确定。通常分为以下三种：

（1）单一基准。由一个要素建立的基准称为单一基准。

（2）组合基准（公共基准）。由两个或两个以上要素建立的一个独立的基准称为组合基准。例如，如图 4-24 所示，径向全跳动要求由两段轴线 A、B 建立起公共基准轴线 A-B。在公差框格中标注时，将各个基准字母用短横线相连在同一格内，以表示作为一个基准使用。

（3）基准体系（三基面体系）。规定以三个互相垂直的平面构成的一个基准体系，即三基面体系。如图 4-25 所示，这三个互相垂直的平面都是基准平面（A 为第一基准平面；B 为第二基准平面，垂直于 A；C 为第三基准平面，同时垂直于 A 和 B）。每两个基准平面的交线构成基准轴线，三轴线交点构成基准点。

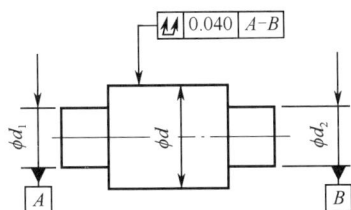

图 4-24　组合基准示例

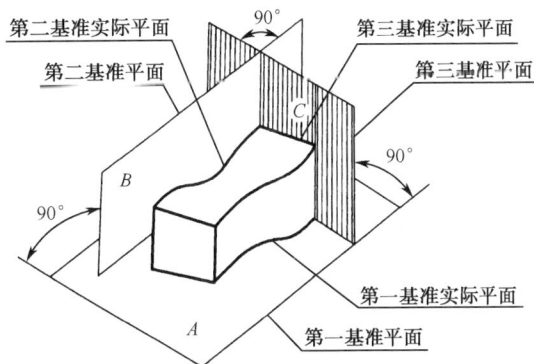

图 4-25　基准体系

2．基准要素的选择

基准是确定关联要素间方向、位置的依据。在选择方向、位置公差项目时，需要正确选用基准。选择基准时，一般应从以下几方面考虑。

（1）根据零件各要素的功能要求，一般以主要配合表面，如轴颈、轴承孔、安装定位面、重要的支承面等作为基准。例如，轴类零件常以两个轴承为支承运转，其运动轴线是安装轴承的两轴颈共有轴线，因此从功能要求来看，应选这两处轴颈的公共轴线（组合基准）为基准。

（2）根据装配关系应选零件上相互配合、相互接触的定位要素作为各自的基准。例如，盘套类零件一般是以其内孔轴线径向定位装配或以其端面轴向定位的，因此根据需要可选其轴线或端面作为基准。

（3）根据加工定位的需要和零件结构，应选择较宽大的平面、较长的轴线作为基准，以使定位稳定。对结构复杂的零件，一般应选三个基准面，根据对零件使用要求影响的程度确定基准的顺序。

（4）根据检测的方便程度，应选择在检测中装夹定位的要素为基准，并尽可能将装配基准、工艺基准与检测基准统一起来。

小端圆柱面直径为 25mm，公差等级为 8 级，查表 4-15 得同轴度公差值为 25μm。

小端面长度为37mm，公差等级为8级，查表 4-12 得直线度公差值为 15μm。

图 4-23 中轴类零件的几何公差标注如图 4-26 所示。

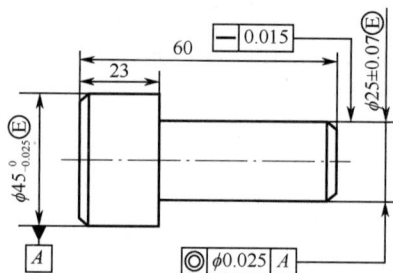

图 4-26 图 4-23 中轴类零件几何公差的标注

任务5 检测几何误差

课前	准备及预习	了解几何误差的检测
课中	互动提问	1. 几何误差五大检测原则是什么？
		2. 形状误差的评定准则是什么？
		3. 最小条件的含义是什么
课后	作业	练习题 10

任务介绍

零件的同轴度要求如图 4-27 所示，测得被测要素轴线与基准轴线的最大距离为 +0.04mm，最小距离为 -0.01mm，求该零件的同轴度误差值，并判断其是否合格。

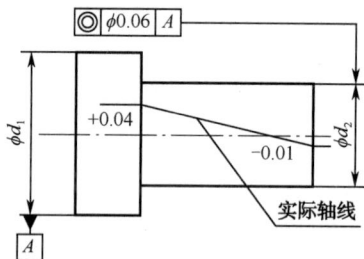

图 4-27 零件的同轴度要求

相关知识

要想实现对零件几何精度的控制，只在图样上给出零件相应几何要素的几何公差要求是不够的，还必须通过检测要素的几何误差，来确定完工零件是否符合设计要求。几何误差是指被测要素对拟合要素的变动量。在几何误差的检测中，是根据测得要素来评定几何误差的。根据几何误差是否在几何公差的范围内，得出零件合格与否的结论。

4.5.1 几何误差的检测原则

几何公差的项目较多，因而要检测的几何误差的项目相应也较多，加之组成要素的形状和零件的部位不同，出现了众多检测方法。为了便于准确选用，国家标准根据各种检测方法概括出五条检测原则，如表 4-26 所示。

表 4-26 几何误差的检测原则

名　称	图　示	说　明
与拟合要素比较原则	 测量值由直接测量法获得 自准直仪　模拟拟合要素　反射镜 测量值由间接测量法获得	测量时将被测要素与其拟合要素相比较，用直接或间接测量法测得几何误差值，拟合要素用模拟方法获得。 该原则是一条基本原则，为大多数几何误差的检测所遵循
测量坐标值原则	 测量直角坐标值	测量被测要素的坐标值（如直角坐标值、极坐标值、圆柱面坐标值），经数据处理而获得几何误差值。 该原则适用于测量形状复杂的表面，但数据处理往往十分烦琐，随着计算机技术的发展，其应用将会越来越广泛
测量特征参数原则	 两点法测量圆度特征参数	测量被测要素上具有代表性的参数（特征参数）来表示几何误差值。 该原则在生产中常用
测量跳动原则	 测量径向跳动	在被测要素绕基准轴回转过程中，沿给定方向测量其对某参考点或线的变动量，以此变动量作为误差值。变动量是指示器的最大与最小读数之差。 测量方法和设备均较简单，适于在车间条件下使用，但只限于回转零件

续表

名　　称	图　　示	说　　明
控制失效边界原则	**量规** 用综合量规检测同轴度误差	检验被测要素是否超出最大实体边界，以判断零件合格与否。 　该原则适用于采用最大实体要求的场合，一般采用量规来检验

注：测量几何误差时的标准条件要求，标准温度为 20℃，标准测量力为零。

几何误差检测方法示例中的常用符号如表 4-27 所示。

表 4-27　几何误差检测方法示例中的常用符号

序　号	符　号	说　　明	序　号	符　号	说　　明
1	⁄⁄⁄⁄⁄⁄⁄	平板、平台或被测要素平面	8	⌐‑‑‑→	间断转动（不超过 1 周）
2	△	固定支承	9	↻	旋转
3	✕	可调支承	10	⟲	指示器或记录器
4	←→	连续直线移动			
5	←‑‑‑→	间断直线移动	11		带有指示器的测量架（测量架符号根据测量设备的用途，可画成其他形式）
6	✕	沿多个方向直线移动			
7	⌐→	连续转动（不超过 1 周）			

4.5.2　几何误差的评定准则

几何误差是指被测要素偏离拟合要素，并且在要素上各点的偏离量又可以不相等。用公差带虽可以将整个要素的偏离控制在一定区域内，但不能确定被测要素是否被公差带控制了，因此有时就要测量要素的实际状态，并从中找出对拟合要素的变动量，再与公差值做比较。

1. 形状误差的评定

评定形状误差需在被测要素上找出拟合要素的位置。这要求遵循一条原则，即使拟合要素的位置符合最小条件。

最小条件：指被测要素相对于其拟合要素的最大变动量为最小。

如图 4-28 所示为评定给定平面内的直线度误差的情况。图中 A_1B_1、A_2B_2、A_3B_3 分别是处于不同位置时的拟合要素，h_1、h_2、h_3 分别是被测要素对三个不同位置的拟合要素的最大变动量。从图中可以看出 $h_1 < h_2 < h_3$，即 h_1 最小，因此 A_1B_1 就是符合最小条件的拟合要素，在评定被测要素的直线度误差时，就应该以拟合要素 A_1B_1 为评定基准。

最小条件是评定形状误差的基本原则，但在满足零件功能要求的前提下，允许采用近似的方法（最小区域法）来评定形状误差。

图 4-28　评定给定平面内的直线度误差的情况

　　形状误差用符合最小条件的包容区域（简称最小区域）的宽度 f 或直径 ϕf 表示。最小区域是指包容被测要素时具有最小宽度 f 或最小直径 ϕf 的包容区域。

　　各误差项目的最小区域的形状与公差带形状相同，但是公差带具有给定的宽度 t 或直径 ϕt，而最小区域是紧紧地包容被测要素区域，它的宽度 f 或直径 ϕf 由被测要素的实际状态而定。图 4-28 中 f 为最小区域宽度，为形状误差值。

2．方向、位置和跳动误差的评定

　　方向、位置和跳动误差的评定涉及被测要素和基准。基准是确定要素之间几何方位关系的依据，通常采用精确工具模拟的基准要素来建立基准。

　　（1）基准的建立及体现

　　在方向、位置和跳动误差的评定中，基准必须是拟合要素，它决定了被测要素的方向或（和）位置，因此测量时必须找到实际基准要素的拟合要素，以此作为基准，才能确定被测要素的拟合要素，才能评定出方向、位置和跳动误差的数值。国家标准指出，基准要素的拟合要素的位置应符合最小条件，在确定基准拟合要素的位置时应使实际基准要素对其拟合要素的最大变动量为最小。即基准建立的基本原则应符合最小条件。

　　为了方便，允许在测量时用近似方法来体现基准，常用的方法如下：

　　① 模拟法。采用形状精度足够高的精密表面来体现基准的方法。例如，用精密平板的工作面模拟基准平面；用 V 形架、顶尖、导向心轴和导向套筒等模拟基准轴线，如图 4-29 所示。

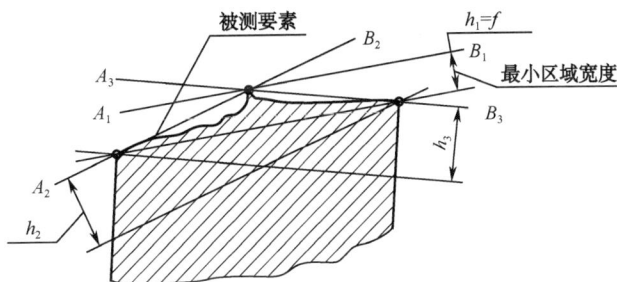

（a）V形架

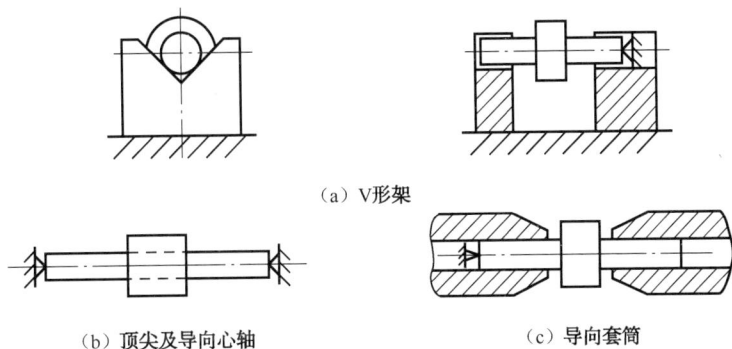

（b）顶尖及导向心轴

（c）导向套筒

图 4-29　模拟体现基准轴线的方法

采用模拟法体现基准时，应符合最小条件。基准实际要素与模拟基准接触时，可能形成"稳定接触"，也可能形成"非稳定接触"。一般情况下，当基准实际要素与模拟基准之间非稳定接触时，一般不符合最小条件，应通过调整，使基准实际要素与模拟基准之间尽可能达到符合最小条件的相对位置关系。而当基准实际要素与模拟基准之间稳定接触时，自然形成符合最小条件的相对位置关系，如图4-30所示。

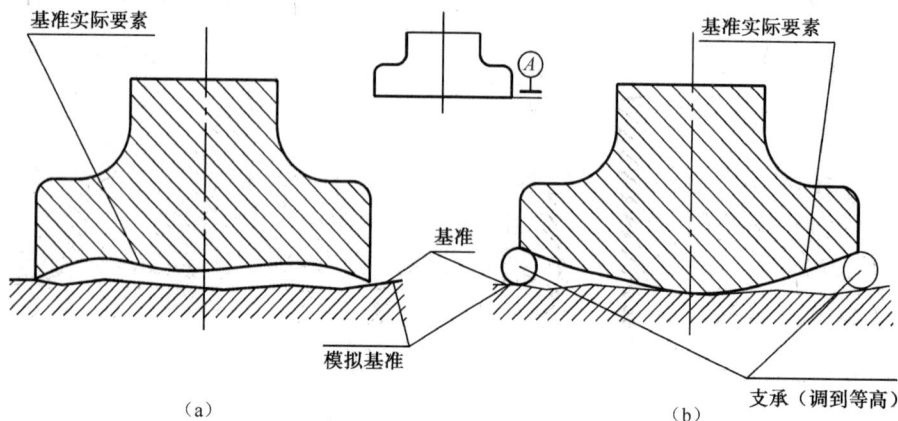

图4-30 基准实际要素与模拟基准的两种接触状态

② 分析法：通过对基准实际要素进行测量，再根据测量数据用图解法或计算法按最小条件确定的拟合要素作为基准。

③ 直接法：以基准实际要素为基准，当基准实际要素具有足够高的形状精度时，可忽略形状误差对测量结果的影响。

（2）方向误差的评定

方向误差是指被测要素的测得要素对一具有确定方向的拟合要素的变动量，拟合要素的方向由基准确定。该变动量即方向误差值，用定向最小区域的宽度或直径表示。各误差项目定向最小区域的形状和方向与各自公差带的形状和方向相同，如图4-31所示。

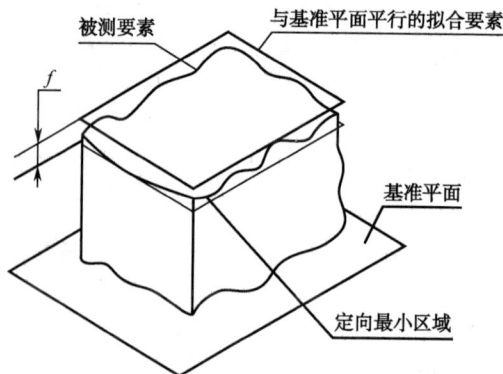

图4-31 检测和评定平行度误差的情况

如图4-31所示为检测和评定平行度误差的情况，长方体的上表面为被测要素，下表面为实际基准要素。由实际基准平面按最小条件确定拟合基准要素，即图中所示的基准平面。确定被测平面的拟合平面，此拟合平面位于实体之外和被测平面接触且与基准平面平行，再作一平面与被测平面的拟合平面平行，并与拟合平面一起包容被测平面，且使两平面间的距离最小。此两平行平面就形成与基准平面平行的最小区域，即图中距离为 f 的两平行平面之间的区域。平行度误差值就等于最小区域的宽度 f。

（3）位置误差的评定

位置误差是指被测要素对一具有确定位置的拟合要素的变动量，拟合要素的位置由基准和理论正确尺寸确定。对于同轴度和对称度，理论正确尺寸为零。

位置误差值用定位最小区域的宽度或直径表示。定位最小区域是指按拟合要素定位来包容被测要素时，具有最小宽度或直径的包容区域。各误差项目定位最小区域的形状和位置与各自公差带的形状和位置相同，如图4-32所示。

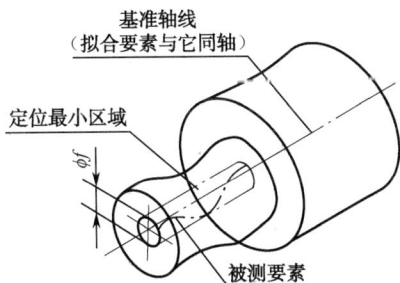

图4-32　同轴度误差检测的基准和最小区域

（4）跳动误差的评定

圆跳动误差是指组成要素绕基准轴线无轴向移动旋转一周时，由位置固定的指示器在给定方向上测得的最大与最小读数之差。所谓给定方向，对圆柱面是指径向，对圆锥面是指法线方向或径向，对端面是指轴向。

全跳动误差是指组成要素绕基准轴线无轴向移动旋转时，同时指示器沿基准轴线平行或垂直地连续移动（或被测要素每旋转一周，指示器沿基准轴线平行或垂直地间断移动），由指示器在给定方向上测得的最大与最小读数之差。所谓给定方向，对圆柱面是指径向，对端面是指轴向。

4.5.3　典型几何误差项目的检测及评定

1．几何误差检测的步骤

（1）根据误差项目和检测条件确定检测方案，根据方案选择检测器具，并确定测量基准。

（2）进行测量，得到被测要素的有关数据。

（3）进行数据处理，按最小条件确定最小区域，得到几何误差数值。

2．直线度误差的检测及评定

1）直线度误差的检测

（1）指示器测量法

如图4-33所示，将被测零件安装在平行于平板的两顶尖之间。用带有两个指示器的表架，沿铅垂轴截面的两条素线测量，同时分别记录两个指示器在各自测点的读数 M_1 和 M_2，取各

测点读数差的一半（$\left|\dfrac{M_1 - M_2}{2}\right|$）中的最大值作为该截面轴线的直线度误差。将零件转位，按上述方法测量若干个截面，取其中最大的误差值作为被测零件轴线直线度误差。

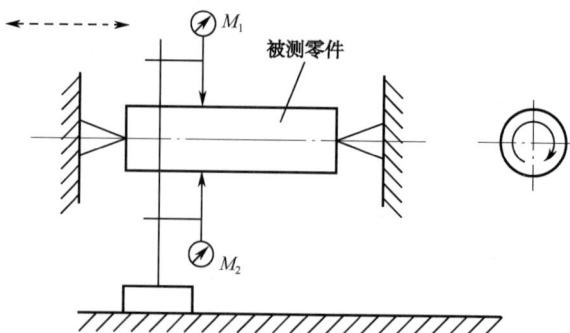

图 4-33　用两个指示器测量直线度

（2）刀口尺法

如图 4-34（a）所示，刀口尺法是指用刀口尺和被测要素（直线或平面）接触，使刀口尺和被测要素之间的最大间隙为最小，此最大间隙即为被测要素的直线度误差。间隙量可用塞尺测量或与标准间隙相比较。

（3）钢丝法

如图 4-34（b）所示，钢丝法是指用特制的钢丝作为测量基准，用测量显微镜读数。调整钢丝的位置，使测量显微镜所测两端读数相等。沿被测要素移动测量显微镜，最大读数即为被测要素的直线度误差值。

（4）水平仪法

如图 4-34（c）所示，水平仪法是指将水平仪放在被测表面上，沿被测要素按节距逐段连续测量。对读数进行计算可求得直线度误差值，也可采用作图法求得直线度误差值。一般是在读数之前先将被测要素调成近似水平，以保证水平仪读数方便。测量时可在水平仪下放入桥板，桥板长度可按被测要素的长度及测量的精度要求决定。

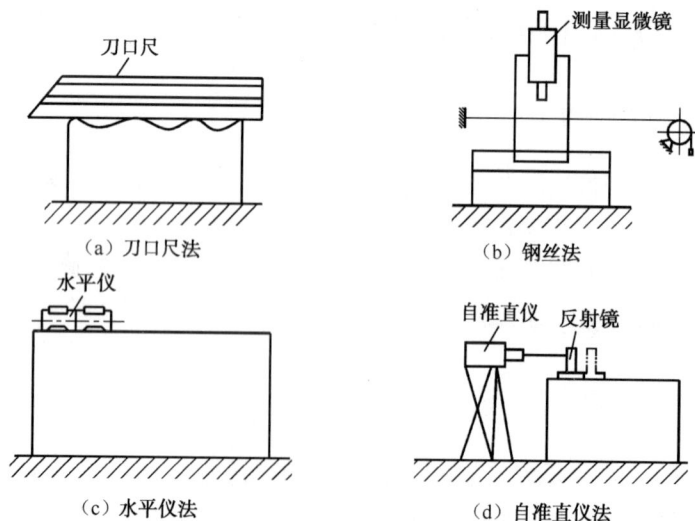

（a）刀口尺法　　　　　　　　　　　（b）钢丝法

（c）水平仪法　　　　　　　　　　　（d）自准直仪法

图 4-34　直线度误差的检测

（5）自准直仪法

如图 4-34（d）所示，用自准直仪和反射镜测量是将自准直仪放在固定位置上，测量过程中保持位置不变，反射镜通过桥板放在被测要素上，沿被测要素按节距逐段连续移动反射镜，并在自准直仪的读数显微镜中读得对应的读数，对读数进行计算可求得直线度误差。该测量是以准直光线为测量基准的。

2）直线度误差的评定

直线度误差值可用最小区域法和两端点连线法来评定。下面主要介绍用最小区域法来评定直线度误差值。

如图 4-35 所示为直线度误差最小区域相间准则，由两条平行直线包容测得直线时，测得直线上至少有高、低相间三点分别与这两条平行直线接触，称为相间准则，这两条平行直线之间的区域即为最小区域，该区域的宽度即为符合定义的直线度误差值。

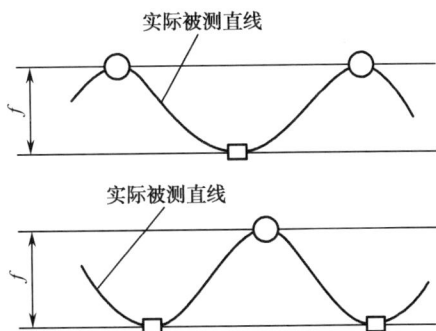

图 4-35　直线度误差最小区域相间准则

3．平面度误差的检测及评定

1）平面度误差的检测

常见的平面度误差测量方法如图 4-36 所示。

如图 4-36（a）所示是用指示器测量误差。将被测零件支承在平板上，将被测平面上两对角线的角点分别调成等高或将最远的三点调成距测量平板等高，按一定布点测量被测表面。指示器上最大与最小读数之差即为该平面的平面度误差近似值。

如图 4-36（b）所示是用平晶测量平面度误差。将平晶紧贴在被测平面上，根据产生的干涉条纹，经过计算得到平面度误差值。此方法适用于高精度的小平面。

如图 4-36（c）所示是用水平仪测量平面度误差。水平仪通过桥板放在被测平面上，用水平仪按一定的布点和方向逐点测量，经过计算得到平面度误差值。

如图 4-36（d）所示是用自准直仪和反射镜测量平面度误差。将自准直仪固定在被测平面外的一定位置，反射镜放在被测平面上。调整自准直仪，使其和被测表面平行，按一定布点和方向逐点测量，经过计算得到平面度误差值。

2）平面度误差的评定

平面度误差值可用最小区域法来评定。如图 4-37 所示为平面度误差最小区域判别准则，由两个平行平面包容被测平面时，被测平面上至少有四个极点或者三个极点分别与这两个平行平面接触，且具有图中形式之一。

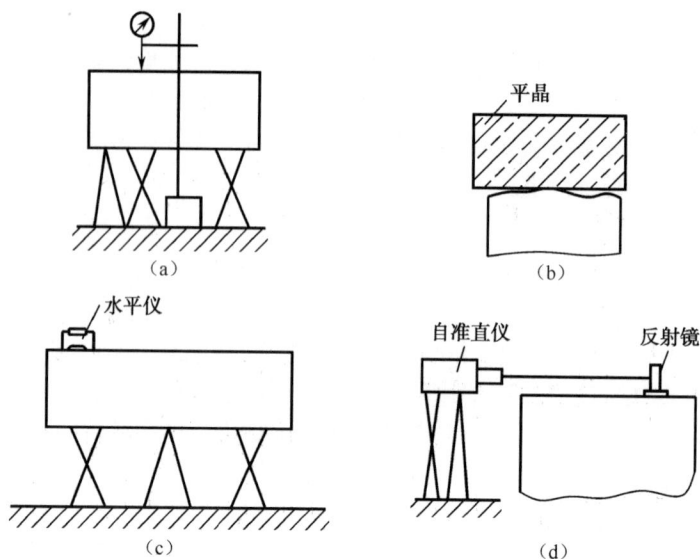

图 4-36　常见的平面度误差测量方法

（1）至少有三个高（低）极点与一个平面接触，有一个低（高）极点与另一个平面接触，并且这一个极点的投影落在上述三个极点连成的三角形内，称为三角形准则，如图 4-37（a）所示。

（2）至少有两个高极点和两个低极点分别与这两个平行平面接触，并且高极点连线与低极点连线在空间呈交叉状态，称为交叉准则，如图 4-37（b）所示。

（3）一个高（低）极点在另一个包容平面上的投影位于两个低（高）极点的连线上，称为直线准则，如图 4-37（c）所示。

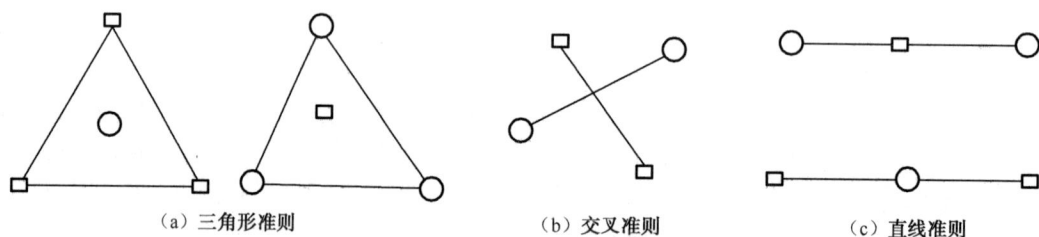

（a）三角形准则　　　　　（b）交叉准则　　　　（c）直线准则

图 4-37　平面度误差最小区域判别准则

如果满足上述条件之一，那么，这两个平行平面之间的区域即为最小区域，该区域的宽度即为符合定义的平面度误差值。

除最小区域法外，平面度误差值的评定方法还有三点法和对角线法。三点法就是指以被测平面上任意选定的三点所形成的平面作为评定基准，并以平行于此基准平面的两包容平面之间的最小距离作为平面度误差值；对角线法是指以通过被测平面的一条对角线的两端点的连线并且平行于另一条对角线的两端点连线的平面作为评定基准，并以平行于此基准平面的两包容平面之间的最小距离为平面度误差值。

4．圆度误差的检测及评定

1）圆度误差的检测

（1）两点法测量圆度误差

两点法是一种近似测量法，由于该方法简单经济，因此一般工件圆度误差检测多采用此方法。此方法适用于检测内、外表面偶数棱边形状误差。两点法测量圆度误差如图 4-38 所示。

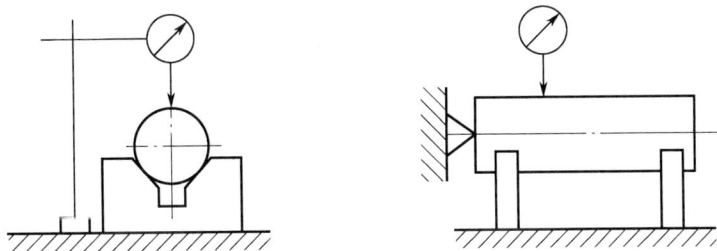

图 4-38 两点法测量圆度误差

① 将被测零件放在支承上，并固定其轴向位置，使被测零件轴线垂直于测量截面。

② 旋转被测零件，将指示表最大、最小读数差值的 1/2 作为单个截面的圆度误差，沿轴线方向间断移动指示表，用上述方法测量若干个截面，取其中误差的最大值作为该零件的圆度误差。

两点法测量圆度误差除了可以转动零件，还可以转动量具。例如，用外径千分尺测量同一截面最大、最小直径，其差值的一半作为该截面的圆度误差。

（2）三点法测量圆度误差

三点法测量圆度误差适用于检测内、外表面奇数棱边形状误差。

① 将被测工件放置在 V 形架上，装上指示表，转动工件一周，测量零件多个截面。

② 取指示表读数的最大、最小读数差值的一半作为零件的圆度误差。

（3）用圆度测量仪测量圆度误差

圆度测量仪是指根据半径测量法，以精密旋转轴线为测量基准，采用传感器接触被测件的径向形状变化量，并按圆度定义做出评定和记录的测量仪器，用于测量回转体内、外圆及圆球的圆度、同轴度等。若传感器能做垂直移动，则可用于测量直线度和圆柱度，此时称其为圆柱度测量仪。用圆度测量仪测量圆度方法如下：

① 将被测零件装入并夹紧在圆度测量仪上。

② 调整被测零件的轴线，使它与圆度测量仪的回转轴线同轴，使测头接触零件。

③ 记录下被测零件在回转一周过程中测量截面上各点的半径差，计算该截面的圆度误差。

④ 测头间断移动，测量若干个截面，取各截面圆度误差中最大值作为该零件的圆度误差。

2）圆度误差的评定

圆度误差可用最小区域法、最小二乘法、最小外接圆法或最大内接圆法来评定。下面主要介绍最小区域法。

如图 4-39 所示为圆度误差最小区域判别准则，由两个同心圆包容被测圆时，被测圆上至少有四个极点内、外相间地与这两个同心圆接触，则这两个同心圆之间的区域即为最小区域，该区域的宽度即这两个同心圆的半径差就是符合定义的圆度误差值。

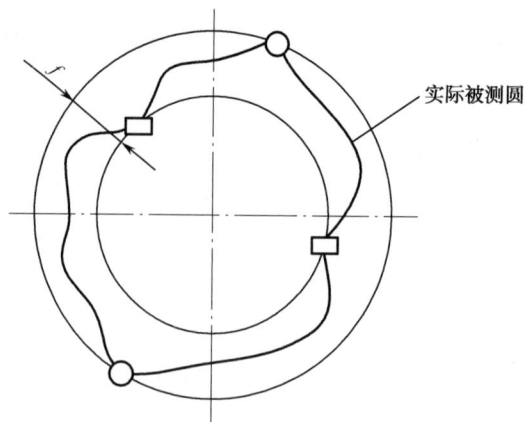

图 4-39 圆度误差最小区域判别准则

5．圆柱度误差的检测及评定

1）圆柱度误差的检测

圆柱度误差可采用三坐标测量机检测，也可采用近似测量方法。如图 4-40 所示为在 V 形块上用三点法测量圆柱度误差。

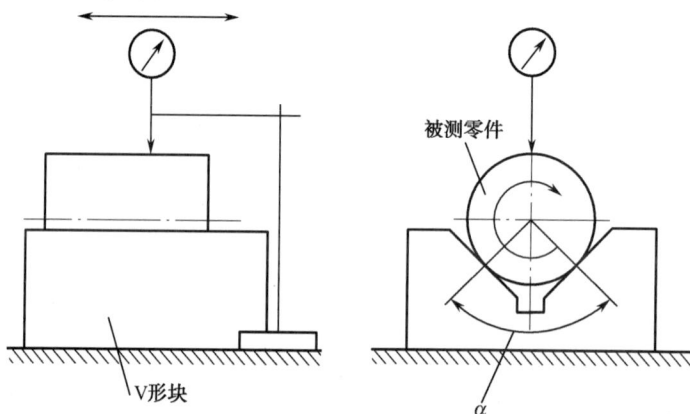

图 4-40 在 V 形块上用三点法测量圆柱度误差

2）圆柱度误差的评定

圆柱度误差可按最小区域法评定，即作半径差为最小的两同轴圆柱面包容被测圆柱面，构成最小区域，最小区域的径向宽度即为符合定义的圆柱度误差值。但是，按最小区域法评定圆柱度误差值比较麻烦，通常采用近似法评定。

采用近似法评定圆柱度误差时，将测得的要素投影到与测量轴线相垂直的平面上，然后按评定圆度误差的方法用透明膜板上的同心圆去包容测得的要素的投影，并使其构成最小区域，即内外同心圆与测得要素至少有四点接触，内外同心圆的半径差即为圆柱度误差值。显然，这样的内外同心圆是假定的共轴圆柱面，而所构成的最小区域的轴线又与测量基准轴线的方向一致，因而评定的圆柱度误差值略有增大。

6. 轮廓度误差的检测及评定

线轮廓度误差一般用样板、投影仪测量。如图 4-41（a）所示，用样板测量，根据光隙大小估读出最大间隙作为该零件的线轮廓度误差。此外，还可用坐标测量装置或仿形测量装置测量。面轮廓度一般用截面样板测量，还可以用三坐标测量装置或仿形测量装置测量，如图 4-41（b）所示。有基准要求时，应以基准面作为测量基准。

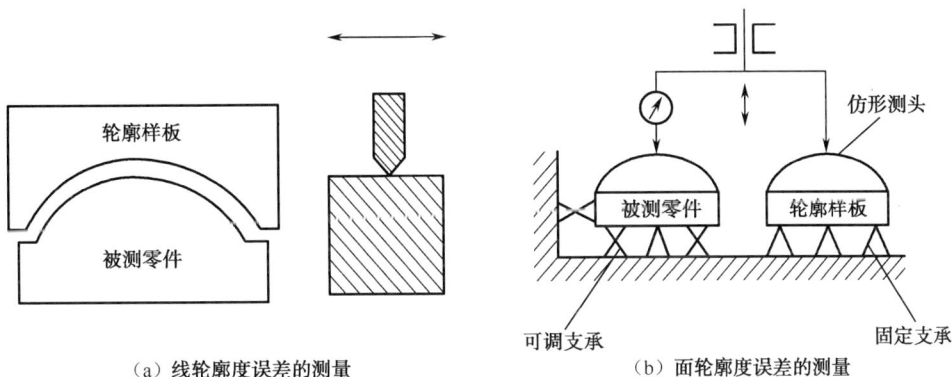

（a）线轮廓度误差的测量　　　　（b）面轮廓度误差的测量

图 4-41　轮廓度误差的测量

7. 方向误差的检测及评定

1）方向误差的检测

（1）平行度误差的检测

线对面的平行度误差的测量如图 4-42 所示，被测轴线由心轴模拟，被测轴线长度为 L_1，在测量距离为 L_2 的两个位置上测得的读数分别为 M_1、M_2，则平行度误差 f 为

$$f = \frac{L_1}{L_2} |M_1 - M_2|$$

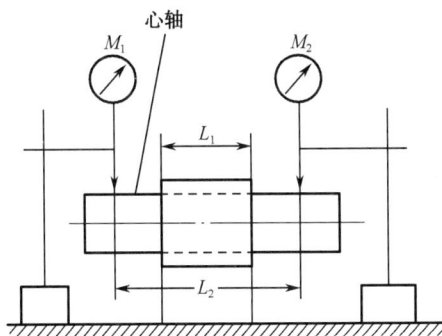

图 4-42　线对面的平行度误差的测量

面对线的平行度误差的测量如图 4-43 所示，基准轴线由心轴模拟，将被测零件放在等高支承上，并转动零件，使 $L_1 = L_2$，然后测量整个表面，指示表的最大与最小读数之差作为该零件的平行度误差值。

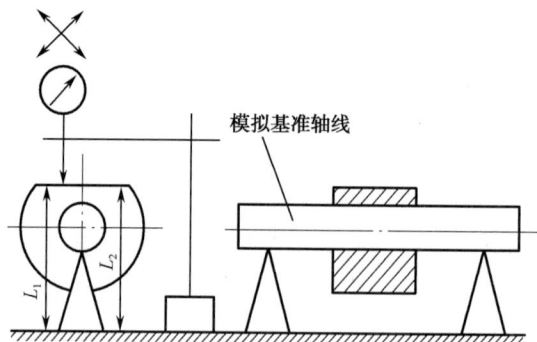

图 4-43　面对线的平行度误差的测量

（2）垂直度误差的检测

垂直度误差与平行度误差的检测方法类似，面对面的垂直度误差测量如图 4-44 所示，将被测零件的基准面放在直角座上，同时调整靠近基准的被测表面的读数差为最小值，取指示表在整个被测表面测得的最大与最小读数之差作为其垂直度误差值。

面对线的垂直度误差测量如图 4-45 所示，基准轴线由导向套模拟，将被测零件放在导向套内，然后测量整个被测表面，取最大与最小读数之差作为该零件的垂直度误差值。

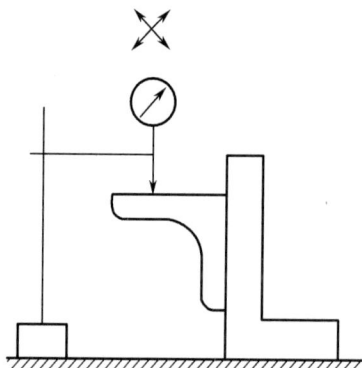

图 4-44　面对面的垂直度误差测量

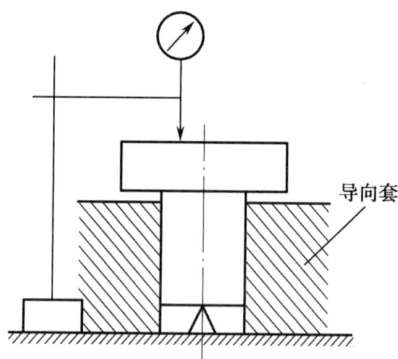

图 4-45　面对线的垂直度误差测量

在给定方向上，线对面的垂直度误差测量如图 4-46（a）所示，被测轴线长度为 L_1，在给定方向上测量距离为 L_2 的两个位置，测得 M_1、M_2 及相应的轴颈 d_1、d_2，则在该方向上的垂直度误差 f 为

$$f = \frac{L_1}{L_2}\left|(M_1 - M_2) + \frac{d_1 - d_2}{2}\right|$$

此外，还可在转台上测量轴线在任意方向上的垂直度误差，如图 4-46（b）所示。将被测零件放在转台上，并使被测轴线与转台的回转轴线对中，测量若干个横截面内组成要素上各点的半径差，并记录在同一坐标图上，用图解法求出垂直度误差值。

2）方向误差的评定

如图 4-47 所示为方向误差最小区域判别准则。评定方向误差时，拟合要素相对于基准 A 的方向应保持图样上给定的几何关系，即平行、垂直或倾斜于某一理论正确角度，按被测要素对拟合要素的最大变动量为最小构成最小区域。方向误差值用对基准保持所要求的方向的定向最小区域的宽度或直径来表示。定向最小区域的形状与对应方向公差带的形状相同，但前者的宽度或直径由被测要素本身决定。

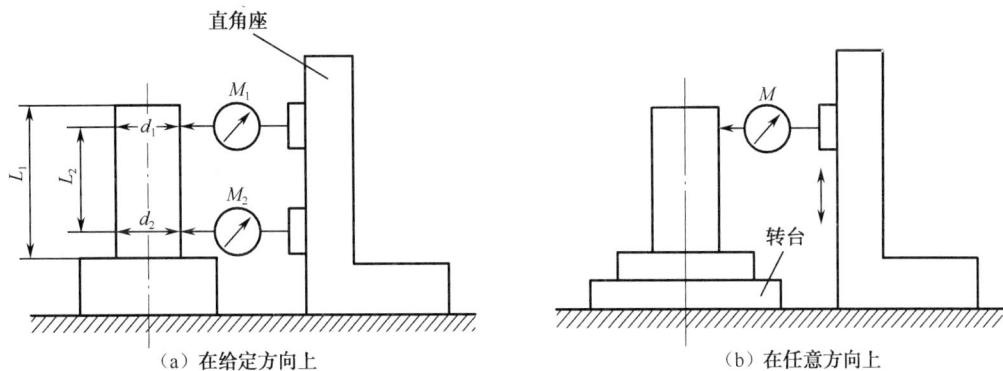

（a）在给定方向上　　　　　　　　　　　（b）在任意方向上

图 4-46　线对面的垂直度误差测量

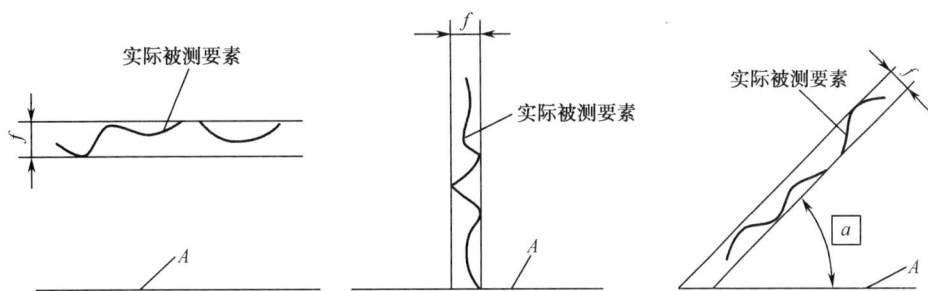

图 4-47　方向误差最小区域判别准测

8．位置误差的检测及评定

1）位置误差的检测

（1）同轴度误差的检测

同轴度误差的测量如图 4-48 所示，基准轴线由 V 形架模拟。将两指示表分别在垂直轴线截面上调零，先在轴线截面上测量，各对应点的读数差值中最大值为该截面上的同轴度误差；然后转动被测零件，测量若干个截面，取各截面测得读数差中的最大值作为该零件的同轴度误差。此法适用于测量形状误差较小的零件。

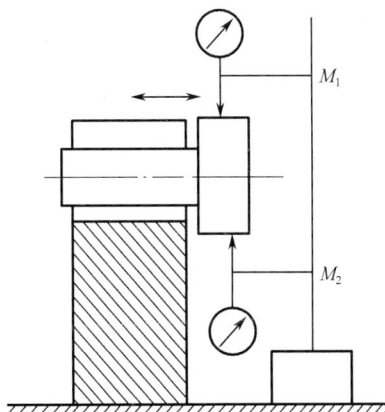

图 4-48　同轴度误差的测量

此外，还可以用圆度仪或三坐标测量机按定义测量或用同轴度量规综合检测。

（2）对称度误差的检测

对称度误差的测量如图4-49所示，先测被测表面①上各点的高度，再将被测零件翻转，测另一被测表面②上各对应点的高度，取被测面内对应两测量点的读数的最大差值作为其对称度误差值。

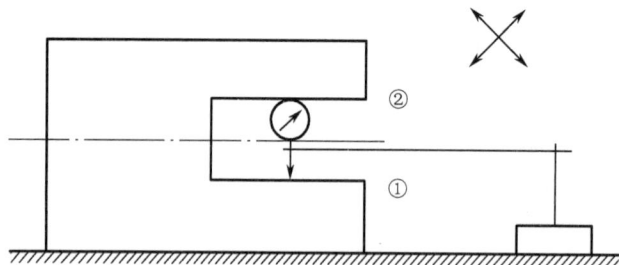

图4-49 对称度误差的测量

此外，对称度误差还可以用对称度量规综合检测。

（3）位置度误差的检测

测量位置度误差，一种方法是将测量出的要素局部位置尺寸与理论正确尺寸做比较；另一种方法是利用综合量规检验要素的合格性。如图4-50所示，要求在法兰盘上装螺钉用的4个孔，具有以中心孔为基准的位置度。检验时，将量规的基准测销和固定测销插入零件中，再将活动测销插入其他孔中，如果都能插入零件和量规的对应孔中，就可以判断被测零件是合格的。

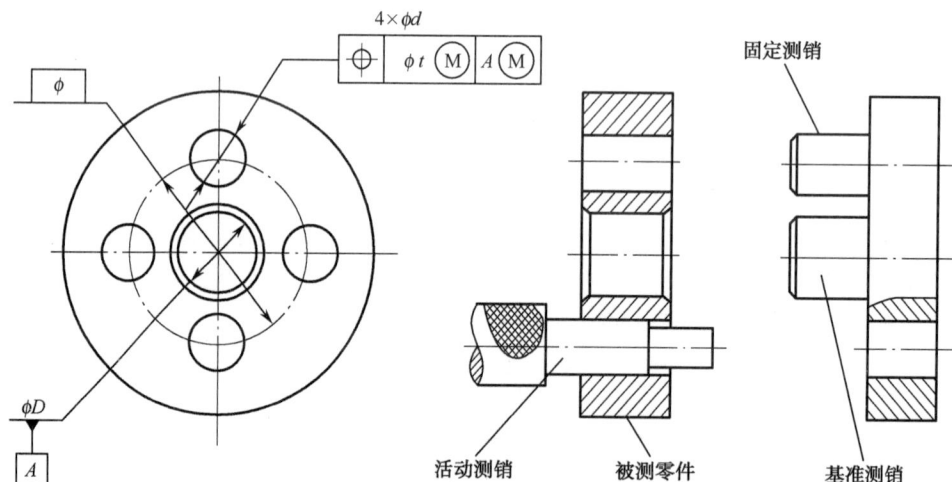

图4-50 用综合量规检验位置度误差

2）位置误差的评定

评定位置误差时，拟合要素相对于基准的位置由理论正确尺寸来确定。以拟合要素为中心来包容被测要素时，应使之具有最小宽度或最小直径，来确定定位最小区域。位置误差值的大小用定位最小区域的宽度或直径来表示。定位最小区域的形状与对应位置公差带的形状相同。

图4-51所示为位置误差最小区域判别准则，评定图4-51（a）中零件上第一个孔的轴线

的位置度误差时，被测轴线可以用心轴来模拟体现，被测轴线用一个点 S 表示，拟合轴线的位置由基准 A、B 和理论正确尺寸 L_x、L_y 确定，用点 O 表示。以点 O 为圆心，以 OS 为半径作圆，则该圆内的区域就是定位最小区域，位置度误差值 $\phi f = 2OS$，如图 4-51（b）所示。

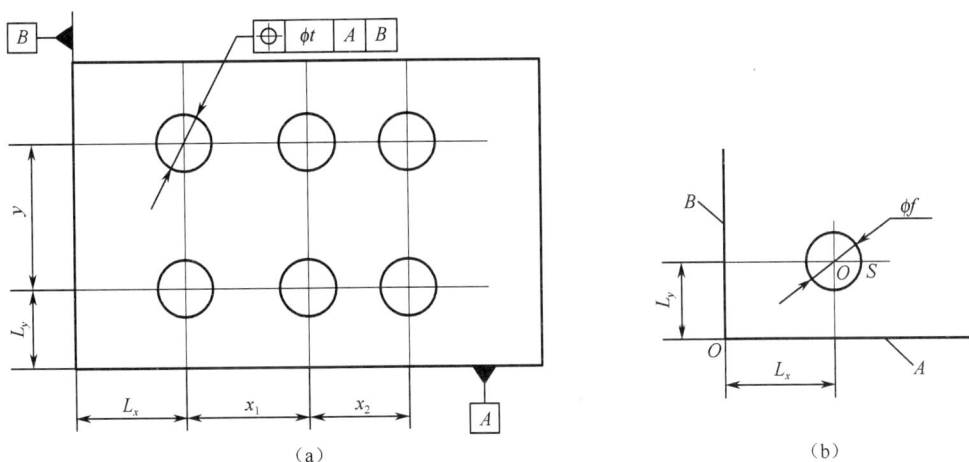

图 4-51　位置误差最小区域判别准则

9．跳动误差的检测及评定

跳动公差带可以综合控制被测要素的位置、方向和形状误差。如径向圆跳动可以控制圆度误差，径向全跳动可以控制圆柱度误差和同轴度误差，端面全跳动可以控制垂直度误差等。由于跳动误差测量较为简单，检测方法简单易行，适合在车间实际生产条件下使用，因此跳动误差检测的应用较为广泛。

（1）径向圆跳动误差的检测及评定

如图 4-52 所示，基准轴线用一对同轴的顶尖模拟体现，将被测工件装在两顶尖之间，保证大圆柱面绕基准轴线转动但不发生轴向移动。将指示器的测头沿与轴线垂直的方向移动并与被测圆柱面的最高点接触。在被测零件回转一周过程中，指示器读数的最大差值即为单个测量截面上的径向圆跳动误差。按上述方法，在轴向不同位置上测量若干个截面，取各截面上测得的跳动量中的最大值作为该零件的径向圆跳动误差。

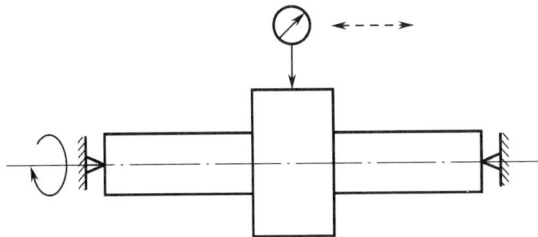

图 4-52　径向圆跳动误差的测量

（2）端面圆跳动误差的检测及评定

如图 4-53 所示，用一个 V 形架来模拟体现基准轴线，并用一定位支承使工件沿轴向固定。使指示器的测头与被测表面垂直接触。在被测零件回转一周过程中，指示器读数的最大差值即为单个测量圆柱面上的端面圆跳动误差。沿铅垂方向移动指示器，按上述方法测量若干个圆柱面，取各测量圆柱面的跳动量中的最大值作为该零件的端面圆跳动误差值。

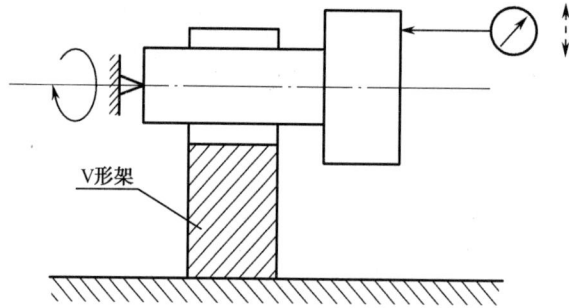

图 4-53　端面圆跳动误差检测

（3）斜向圆跳动误差的检测及评定

如图 4-54 所示，将被测零件固定在导向套筒内，且在轴向固定。指示器的测头沿垂直于被测表面的方向移动并与之接触。在被测零件回转一周过程中，指示器读数的最大差值即为单个测量圆锥面上的斜向圆跳动误差。取各测量圆锥面上测得的跳动量中的最大值作为该零件的斜向圆跳动误差值。

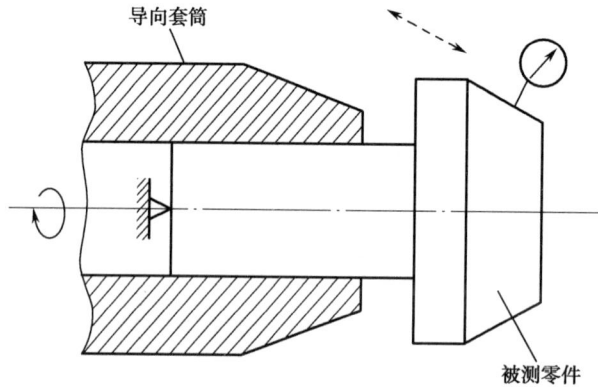

图 4-54　斜向圆跳动误差检测

（4）径向全跳动误差的检测及评定

如图 4-55 所示，将被测零件固定在两同轴导向套筒内，同时在轴向固定零件，调整两套筒，使其公共轴线与平板平行，并使被测零件连续回转，同时使指示器沿基准轴线的方向做直线运动，在整个测量过程中指示器读数的最大差值即为该零件的径向全跳动误差。基准轴线也可以用一对等高的 V 形架或一对同轴且轴线与平板平行的顶尖来模拟体现。

（5）端面全跳动误差的检测及评定

如图 4-56 所示，将被测零件支承在导向套筒内，并在轴向固定，导向套筒的轴线应与平板垂直。在被测零件连续回转过程中，指示器沿被测表面的径向做直线移动，在整个测量过程中指示器读数的最大差值即为该零件的端面全跳动误差。基准轴线也可以用 V 形架等模拟体现。

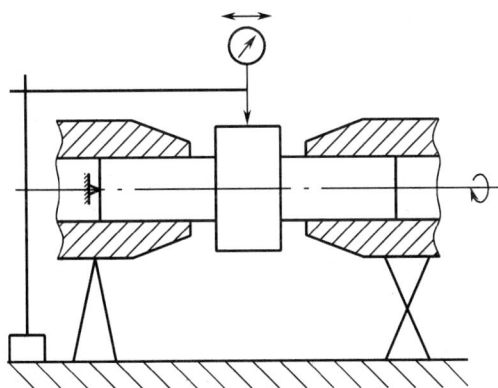

图 4-55 径向全跳动误差检测

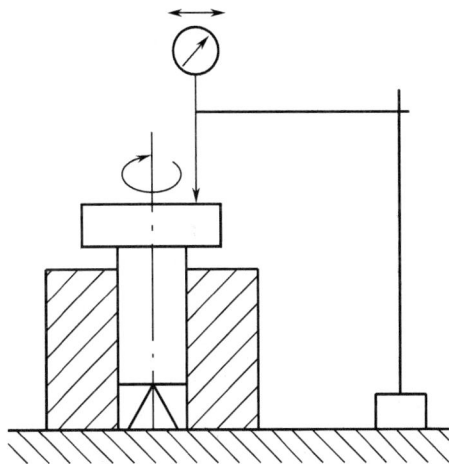

图 4-56 端面全跳动误差检测

任务小结

答：同轴度误差为 $\phi0.08\text{mm}>\phi0.06\text{mm}$，同轴度误差不合格。

思行并进

从 C919 大飞机研制看工匠精神与爱国主义

C919——中国国产大飞机，C 代表中国，9 寓意天长地久，19 代表最大载客量为 190 座。C919 是按照最新国际适航标准，我国自行研制的具有自主知识产权的干线飞机。2007 年 C919 国产大型客机项目正式立项。经过十余年的研制，于 2017 年 5 月 5 日在上海首飞成功。进入到 2021 年，C919 获得了首批订单，已在 2022 年上旬完成交付。

飞机制造是制造业皇冠上最璀璨的明珠，C919 是距运 10 之后，时隔二十多年我国再次聚焦大飞机的研制，在研制过程中大量采用新方法、新材料、新工艺、新设备，创造了一个个不可能，在十余年的研制当中，再次塑造了航空人不畏艰难的敬业精神，追求卓越、精益求精的工匠精神，彰显了中国航空人的爱国主义精神。

航空人热爱航空，勤奋实践，立足本岗，刻苦钻研，我们应该向他们学习，认真学习公差相关国家标准，提高自己的技术水平，以后可以大有作为，成为大国工匠中的一员。行动起来吧！

项目 5　表面粗糙度

知识点	知识重点	表面粗糙度的评定参数、标注、选用原则
	知识难点	表面粗糙度的选用原则
	必须掌握的理论知识	表面粗糙度的概念、评定参数、标注、选用原则和检测方法
教学方法	推荐教学方法	任务驱动教学法
	推荐学习方法	课堂：听课+互动+技能训练 课外：了解简单机构实例的结构和功能要求，说明表面粗糙度的含义
课程思政	思行并进	从 6S 管理看提质降耗安全意识和劳动意识
技能训练	理论	练习题 11
	实践	任务书 6，表面粗糙度的测量
考核	阶段考核	阶段考核 6——识读活塞零件图

任务　识读表面粗糙度标注

课前	准备及预习	了解什么是表面粗糙度及表面粗糙度的标注
课中	互动提问	1. 什么是表面粗糙度？ 2. 表面粗糙度对零件的哪些性能有影响？ 3. 表面粗糙度有哪些评定参数
课后	作业	练习题 11

任 务 介 绍

识读如图 5-1 所示图样上的表面粗糙度符号、代号。

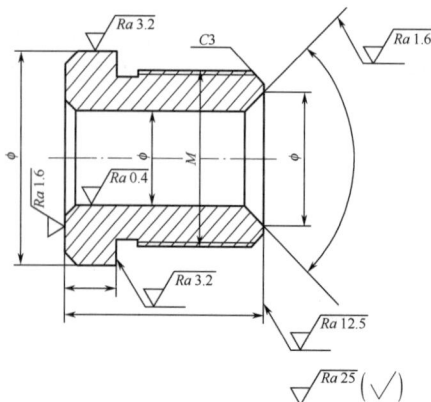

图 5-1　表面粗糙度在图样上的标注示例

5.1.1　表面粗糙度基础知识

1. 表面粗糙度的概念

用机械加工或者其他方法获得的零件表面，微观上总会存在较小间距的峰、谷痕迹，如图 5-2（a）所示。表面粗糙度就是表述这些峰、谷高低程度和间距状况的微观几何形状误差。

通常按波距 S 的大小（如图 5-2（b）所示）分类：波距≤1mm 的属于表面粗糙度；波距为 1～10mm 的属于表面波纹度；波距>10mm 的属于形状误差。

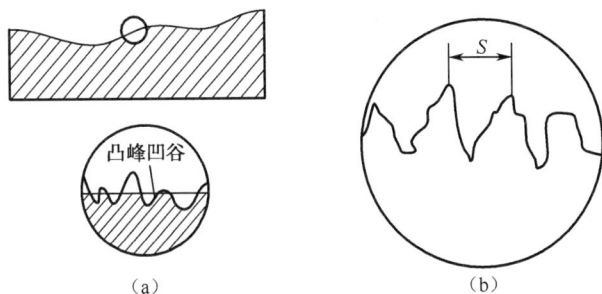

（a）　　　　　　　　　　　　（b）

图 5-2　实际表面的几何轮廓形状

2. 表面粗糙度对零件使用性能的影响

（1）对摩擦和磨损的影响

相互运动的两零件表面，只能在轮廓的峰顶处接触，当表面间产生相对运动时，峰顶的接触将对运动产生摩擦阻力，零件被磨损。

相互运动的表面越粗糙，实际有效接触面积就越小，压应力就越大，磨损就越快。

（2）对配合性能的影响

相互配合的表面微小峰被去掉后，它们的配合性质会发生变化。对于过盈配合，由于压入装配时，零件表面的微小峰被挤平而使有效过盈减小，降低了连接强度；对于有相对运动的间隙配合，工作过程中表面的微小峰被磨去，使间隙增大，影响了原有的配合要求。

（3）对疲劳强度的影响

受交变应力作用的零件表面，疲劳裂纹易在微小谷的位置出现，这是因为在微观轮廓的微小谷底处产生应力集中，使材料的疲劳强度降低，导致零件表面产生裂纹而损坏。表面越粗糙，越容易产生疲劳裂纹和破坏。

（4）对接触刚度的影响

由于零件表面凸凹不平，实际表面间的接触面积有的只有公称面积的百分之几。接触面积越小，单位面积受力就越大，粗糙峰顶处的局部变形也越大，接触刚度便会降低，影响零件的工作精度和抗振性。表面越粗糙，实际承载面积越小，接触刚度越低。

（5）对耐腐蚀性的影响

在零件表面的微小谷的位置容易残留一些腐蚀性物质，由于其与零件的材料不同而形成电位差，对零件产生电化学腐蚀。表面越粗糙，电化学腐蚀越严重，零件越容易腐蚀生锈。

此外，表面粗糙度还影响结合的密封性、产品的外观、表面涂层的质量、表面的反射能力等。因此，为保证零件的使用性能和互换性，在设计零件精度时，除了要保证零件尺寸、几何精度要求，对零件的不同表面也要提出合理的表面粗糙度要求。所以表面粗糙度是评定机械零件及产品质量的重要指标之一。

5.1.2 表面粗糙度的基本术语和评定参数

有关表面粗糙度的现行国家标准包括：GB/T 3505—2009《产品几何技术规范（GPS）表面结构 轮廓法 术语、定义及表面结构参数》、GB/T 1031—2009《产品几何技术规范（GPS）表面结构 轮廓法 表面粗糙度参数及其数值》、GB/T 131—2006《产品几何技术规范（GPS）技术产品文件中表面结构的表示法》等。

1. 表面粗糙度的基本术语

1）实际轮廓（表面轮廓）

实际轮廓是指一个指定平面与实际表面相交所得的轮廓。按相交方向的不同，可分为横向实际轮廓和纵向实际轮廓。在评定表面粗糙度时，除非特别指明，通常指横向实际轮廓，即垂直于加工纹理方向的平面与实际表面相交所得的轮廓线，如图 5-3 所示。在这条轮廓线上测得的表面粗糙度数值最大。对车、刨等加工来说，这条轮廓线反映了切削刀痕及走刀量引起的表面粗糙度。

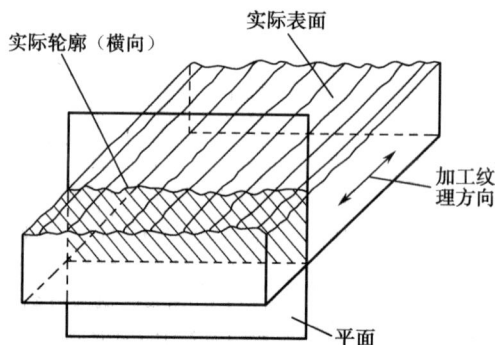

图 5-3 实际轮廓

2）取样长度 lr

取样长度是指在 X 轴方向判别被评定轮廓不规则特征的长度，如图 5-4 所示。取样长度按表面粗糙程度合理取值，通常应包含至少 5 个轮廓峰和轮廓谷。这样规定的目的是既要限制和减弱表面波纹度对测量结果的影响，又要客观真实地反映零件表面粗糙度的实际情况。

3）评定长度 ln

评定长度是指用于评定被评定轮廓的 X 轴方向上的长度。一般情况下，推荐 ln=5lr。如被测表面均匀性较好，测量时可选用小于 5lr 的评定长度值；反之，均匀性较差的表面可选用大于 5lr 的评定长度值。如果评定长度内的取样长度个数不等于 5，应在相应参数代号后面标注其个数。

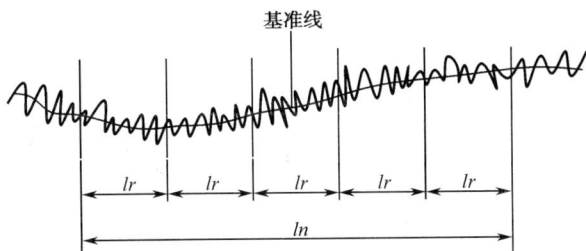

图 5-4 取样长度和评定长度

4）中线 m（基准线）

中线是具有几何轮廓形状并划分轮廓的基准线，以此作为评定表面粗糙度参数大小的基准。该线在整个取样长度内与实际轮廓走向一致。中线有如下两种：

（1）轮廓最小二乘中线

在取样长度内，使轮廓上各点至一条假想线距离的平方和（$\sum\limits_{i=1}^{n}Z_i^2$）为最小，这条假想线就是轮廓最小二乘中线，如图 5-5 所示。

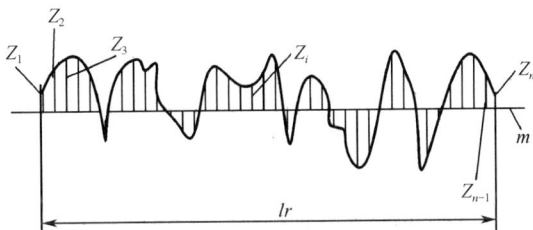

图 5-5 轮廓最小二乘中线

（2）轮廓算术平均中线

在取样长度内，由一条假想线将实际轮廓分为上下两部分，使上部分面积之和等于下部分面积之和，$\sum\limits_{i=1}^{n}F_i = \sum\limits_{i=1}^{m}F_i'$。

这条假想线就称为轮廓算术平均中线，如图 5-6 所示。

国家标准规定：一般以轮廓最小二乘中线作为基准线。但在实际轮廓图形上确定轮廓最小二乘中线的位置比较困难，因此，规定用轮廓算术平均中线代替轮廓最小二乘中线，这样便可以用图解法近似确定基准线，通常轮廓算术平均中线也可目测估定。

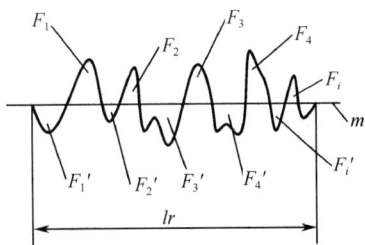

图 5-6 轮廓算术平均中线

与轮廓单元有关的参数如下：

① 轮廓单元。

即轮廓峰和相邻轮廓谷的组合，如图 5-7 所示。

② 轮廓峰高 Zp。

即轮廓峰的最高点距中线（X 轴）的距离，如图 5-7 所示。

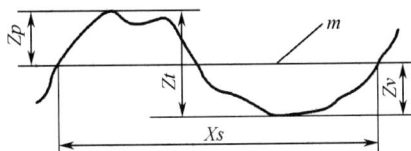

图 5-7 与轮廓单元有关参数

③ 轮廓谷深 Zv。

即轮廓谷的最低点距中线（X 轴）的距离，如图 5-7 所示。

④ 轮廓单元高度 Zt。

即一个轮廓单元的轮廓峰高和轮廓谷深之和，如图5-7所示。

⑤ 轮廓单元宽度 Xs。

即一个轮廓单元与中线（X 轴）相交线段的长度，如图5-7所示。

5）在水平截面高度 c 上轮廓的实体材料长度 $Ml(c)$

即在一个给定水平截面高度 c 上，用一条平行于中线（X 轴）的线与轮廓单元相截所获得的各段截线长度之和，如图5-8所示。

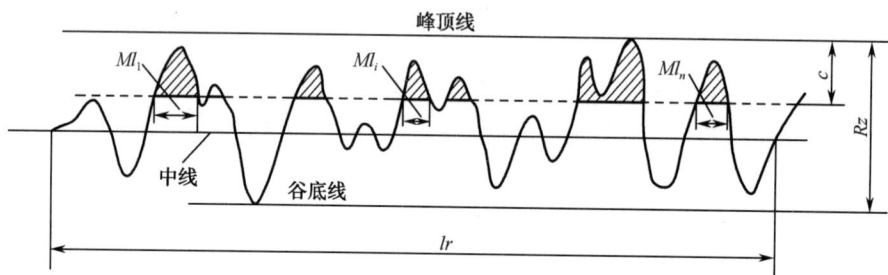

图 5-8　轮廓的实体材料长度

用公式表示为

$$Ml(c) = \sum_{i=1}^{n} Ml_i$$

式中，c 称为轮廓水平截距，即轮廓的峰顶线和平行于它并与轮廓相交的截线之间的距离。

6）高度和间距分辨力

即应计入被评定轮廓的轮廓峰和轮廓谷的最小高度和最小间距。轮廓峰和轮廓谷的最小高度通常用轮廓的最大高度或任一振幅参数的百分率来表示，最小间距则以取样长度的百分率表示。

2. 表面粗糙度的评定参数

1）与高度特性有关的参数（幅度参数）

（1）评定轮廓的算术平均偏差 Ra

即在一个取样长度 lr 内，轮廓上各点至基准线的距离的绝对值的算术平均值，如图5-9所示。用公式表示为

$$Ra = \frac{1}{lr} \int_0^{lr} |Z(x)| \mathrm{d}x$$

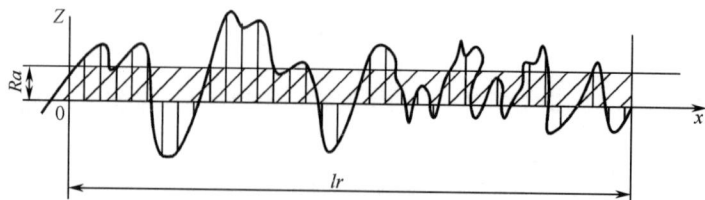

图 5-9　轮廓的算术平均偏差

其近似值为
$$Ra = \frac{1}{n}\sum_{i=1}^{n}|Z_i|$$

式中　　Z——轮廓偏距（轮廓上各点至基准线的距离）；

　　　　Z_i——第 i 点的轮廓偏距（$i=1, 2, \cdots, n$）。

【特别提示】

Ra 越大，表面越粗糙。

（2）轮廓的最大高度 Rz

即在一个取样长度 lr 内，最大轮廓峰高 Zp 和最大轮廓谷深 Zv 之和，如图 5-10 所示。用公式表示为

$$Rz = Zp + Zv$$

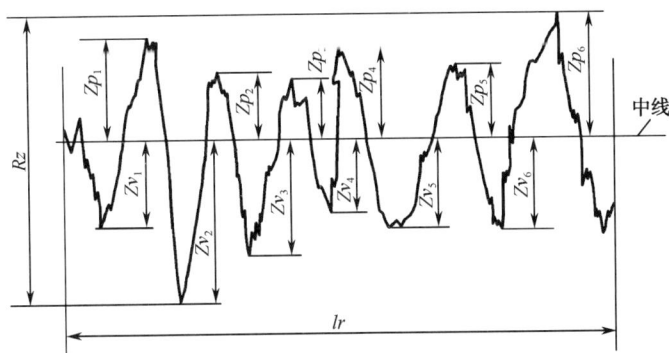

图 5-10　轮廓的最大高度

注意：在 GB/T 3505—1983 中，Rz 表示"微观不平度的十点高度"；在 GB/T 3505—2009 中，Rz 表示"轮廓的最大高度"，在评定和测量时要注意加以区分。

（3）轮廓单元的平均高度 Rc

即在一个取样长度 lr 内，轮廓单元高度 Zt 的平均值，如图 5-11 所示。用公式表示为

$$Rc = \frac{1}{m}\sum_{i=1}^{m}Zt_i。$$

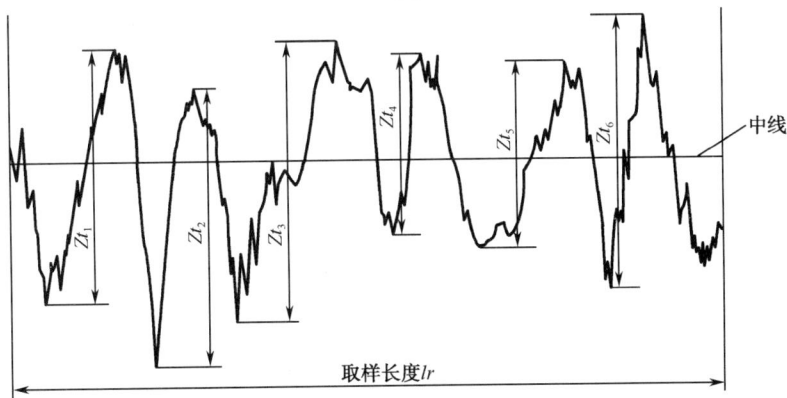

图 5-11　轮廓单元的平均高度

对参数 Rc 需要辨别高度和间距。除非另有要求，省略标注的高度分辨力按 Rz 的 10%选取；省略标注的间距分辨力应按取样长度的 1%选取。这两个条件都应满足。

2）与间距特性有关的参数（间距参数）

轮廓单元的平均宽度 Rsm：即在一个取样长度 lr 内，轮廓单元宽度 Xs 的平均值，如图 5-12 所示。用公式表示为

$$Rsm = \frac{1}{m}\sum_{i=1}^{m} Xs_i$$

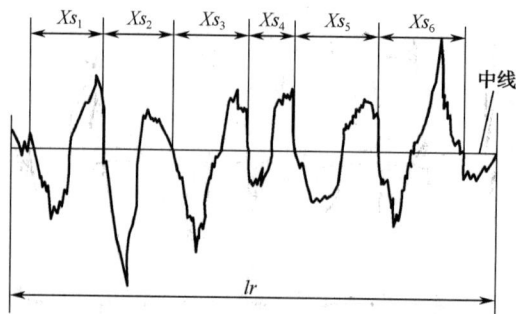

图 5-12　轮廓单元的平均宽度

3）与形状特性有关的参数（曲线参数）

轮廓支承长度率 $Rmr(c)$：即在一个评定长度 ln 内，在给定水平截面高度 c 上，轮廓的实体材料长度 $Ml(c)$ 与评定长度 ln 的比率，如图 5-8 所示。用公式表示为

$$Rmr(c) = \frac{Ml(c)}{ln}$$

其中，c 值多用轮廓的最大高度 Rz 的百分数表示。

轮廓支承长度率 $Rmr(c)$ 与零件的实际轮廓形状有关，是反映零件表面耐磨性能的指标。对于不同的实际轮廓形状，在相同的评定长度内给出相同的水平截距，$Rmr(c)$ 越大，则表示零件表面凸起的实体部分就越大，承载面积就越大，因而接触刚度就越高，耐磨性能就越好。如图 5-13（a）所示零件的耐磨性能就好，图 5-13（b）所示零件的耐磨性能就差。

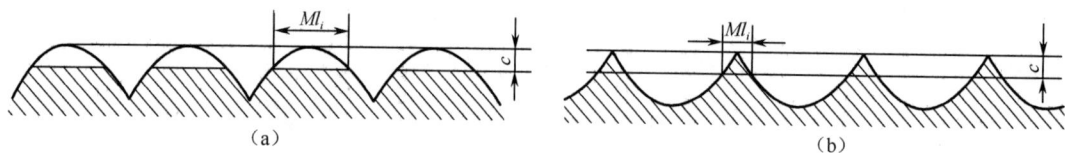

（a）　　　　　　　　　　（b）

图 5-13　不同实际轮廓形状的耐磨性能

5.1.3　表面粗糙度标注及选用

1. 表面粗糙度的标注

表面粗糙度在图样上的标注依据国家标准 GB/T 131—2006。

1）表面粗糙度的符号

表面粗糙度符号及意义如表 5-1 所示。

表 5-1 表面粗糙度符号及意义

符 号	含 义
√	基本图形符号，表示表面可用任何方法获得。不加注表面粗糙度参数值或有关说明（如表面处理、局部处理状况等）时，仅适用于简化代号标注
√ (加短横)	扩展图形符号，基本图形符号上加一短横，表示指定表面是用去除材料的方法获得的，如车、铣、钻、磨、剪切、抛光、腐蚀、电火花加工、气割等
√ (加小圆)	扩展图形符号，基本图形符号上加一小圆，表示指定表面是用不去除材料的方法获得的，如铸、锻、冲压变形、热轧、冷轧、粉末冶金等，或者是用于保持原供应状况的表面（包括保持上道工序的状况）
√ √ √ (加横线)	完整图形符号，在上述三个符号的长边上加一横线，用于标注有关说明和参数
√ √ √ (加小圆圈)	工件轮廓各表面的图形符号，在前三个符号的长边与横线的拐角处均可加一小圆，表示所有表面具有相同的表面粗糙度要求

2）表面粗糙度完整图形符号的组成

在表面粗糙度的完整图形符号中，对表面结构的单一要求和补充要求应注写在图 5-14 所示指定的位置上。

① 位置 a 注写表面结构的单一要求：传输带/取样长度/表面粗糙度参数代号和极限值，一般传输带或取样长度选默认值，只标参数代号和极限值，为避免误解，在参数代号和极限值间应插入空格。

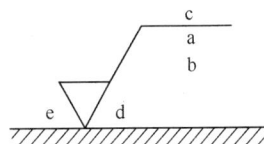

图 5-14 单一要求和补充要求的注写位置

传输带标注：0.0025-0.8/Ra 6.3。

取样长度示例：-0.8/Ra 6.3。

传输带和取样长度为默认值示例：Ra 6.3。

评定长度示例：-0.8/Ra3 3.2，评定长度为 3 个取样长度。

评定规则标注：Rz max 0.2，评定规则为最大规则。

注：传输带是两个定义的滤波器之间的波长范围，对于图形法是指在两个定义的极限值之间的波长范围。如"0.0025-0.8"表示滤波器截止波长：短波滤波器为 0.0025mm，长波滤波器为 0.8mm。

② 位置 a 和 b 注写两个或多个表面结构的单一要求。

在位置 a 注写第一个表面结构的单一要求，方法同①。在位置 b 注写第二个表面结构的单一要求，方法同①。如果要注写第三个或更多表面结构要求，图形符号应在垂直方向扩大，以空出足够的空间。扩大图形符号时，a 和 b 的位置随之上移。

③ 位置 c 注写加工方法（补充要求）。

注写加工方法、表面处理、涂层或其他加工工艺要求等，如车、磨、镀等加工表面。

④ 位置 d 注写表面纹理和方向（补充要求）。

注写所要求的表面纹理和纹理的方向，如"="" × "等，如表 5-2 所示。

⑤ 位置 e 注写加工余量（补充要求）。

注写所要求的加工余量，以 mm 为单位给出数值。

3）表面纹理的标注符号、解释和示例

表面纹理的标注符号、解释和示例如表 5-2 所示。

表 5-2　表面纹理的标注符号、解释和示例（摘自 GB/T 131—2006）

符　号	示　意　图	符　号	示　意　图
=	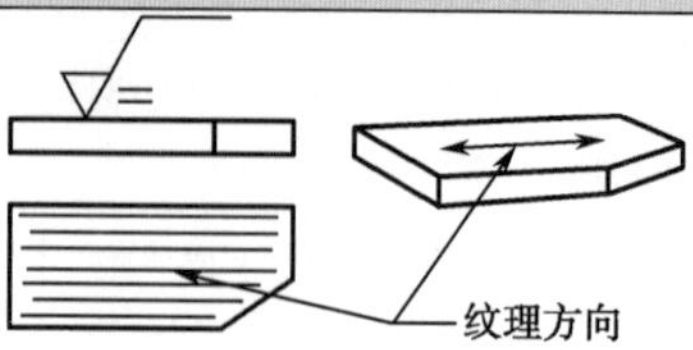 纹理平行于标注代号的视图投影面	P	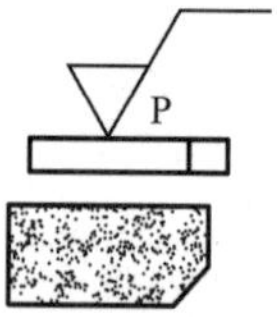 纹理呈微粒、凸起，无方向
⊥	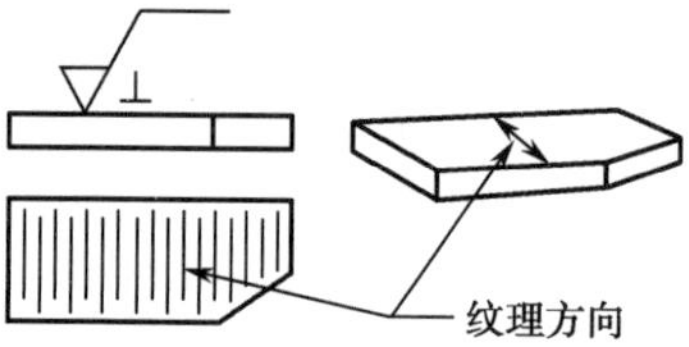 纹理垂直于标注代号的视图投影面	M	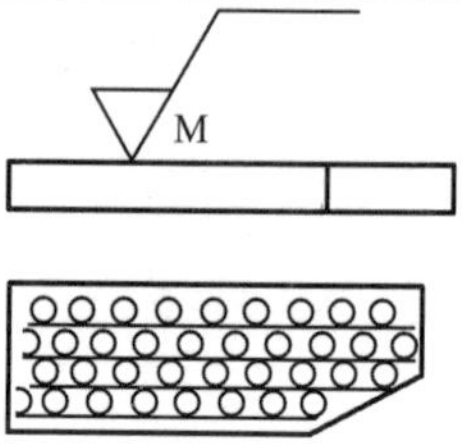 纹理呈多方向
		C	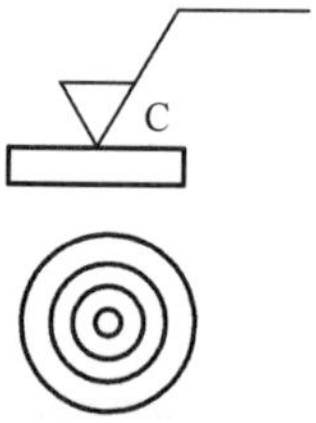 纹理呈近似同心圆且圆心与表面中心相关
×	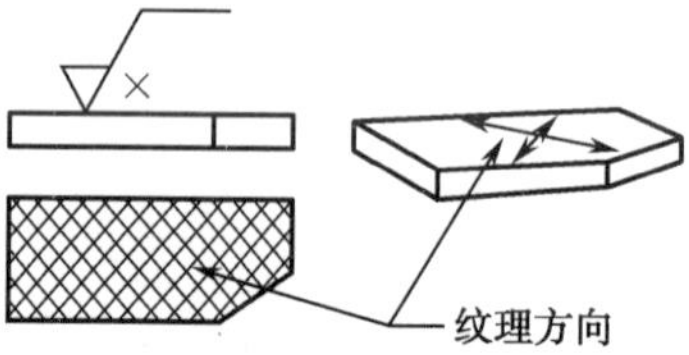 纹理呈两斜向交叉且与视图投影面相交	R	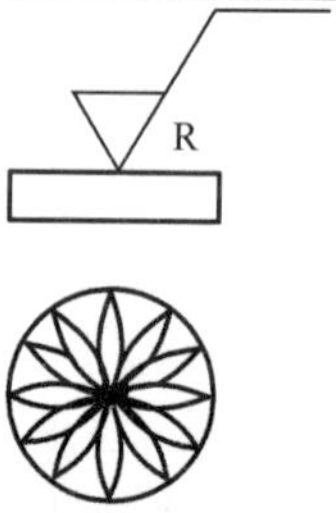 纹理呈近似放射状且与表面圆心相关

注：如果表面纹理不能清楚地用这些符号表示，必要时，可以在图样上加注说明。

4）典型表面粗糙度符号及含义

典型表面粗糙度符号及含义如表 5-3 所示。

表 5-3　典型表面粗糙度符号及含义

符　号	含　义
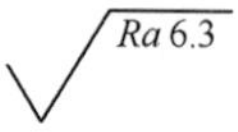 $\sqrt{}$　Ra 6.3	表示任意加工方法，单向上限值，默认传输带，算术平均偏差 Ra 值为 6.3μm，评定长度为 5 个取样长度（默认），"16%规则"（默认）
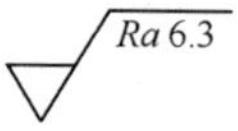 $\sqrt{}$　Ra 6.3	表示去除材料获得的表面，单向上限值，默认传输带，算术平均偏差 Ra 值为 6.3μm，评定长度为 5 个取样长度（默认），"16%规则"（默认）
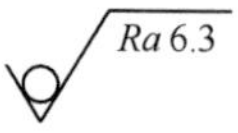 $\sqrt{}$　Ra 6.3	表示不允许去除材料，单向上限值，默认传输带，算术平均偏差 Ra 值为 6.3μm，评定长度为 5 个取样长度（默认），"16%规则"（默认）

符　　号	含　　义
√ U Ra max 6.3 L Ra 1.6	表示不允许去除材料，双向极限值，两极限值均使用默认传输带。上限值：算术平均偏差 Ra 值为 6.3μm，评定长度为 5 个取样长度（默认），"最大规则"；下限值：算术平均偏差 Ra 值为 1.6μm，评定长度为 5 个取样长度（默认），"16%规则"（默认）
√ 0.008-0.8/Ra 3.2	表示去除材料获得的表面，单向上限值，传输带取样长度为 0.008～0.8mm，算术平均偏差 Ra 值为 3.2μm，评定长度为 5 个取样长度（默认），"16%规则"（默认）
√ -0.8/Ra3 3.2	表示去除材料获得的表面，单向上限值，传输带取样长度为 0.8mm（根据 GB/T 6062，短波默认为 0.0025mm），算术平均偏差 Ra 值为 3.2μm，评定长度为 3 个取样长度，"16%规则"（默认）
磨 √ Ra3 1.6 -2.5/Rz max 6.3 ⊥	表示去除材料获得的表面，两个单向上限值，算术平均偏差 Ra：默认传输带，上限值为 1.6μm，评定长度为 3 个取样长度，"16%规则"（默认）；轮廓的最大高度 Rz：取样长度为 2.5mm，上限值为 6.3μm，评定长度为 5 个取样长度（默认），"最大规则"。 表面纹理垂直于视图投影面。 加工方法：磨削

【特别提示】

最大规则：检验时，若参数的规定值为最大值，则在被检表面的全部区域内测得的参数值一个也不应超过图样或技术产品文件中的规定值。若规定评定规则为最大规则，应在参数符号后面增加一个"max"标记。

16%规则：当参数的规定值为上限值时，如果所选参数在同一评定长度上的全部实测值中，大于图样或技术产品文件中规定值的个数不超过实测值总数的 16%，则该表面合格；当参数的规定值为下限值时，如果所选参数在同一评定长度上的全部实测值中，小于图样或技术文件中规定值的个数不超过实测值总数的 16%，则该表面合格。16%规则为默认规则，所用参数符号中没有"max"。

5）表面粗糙度符号的书写比例和尺寸

表面粗糙度符号的书写比例和尺寸如图 5-15 所示。

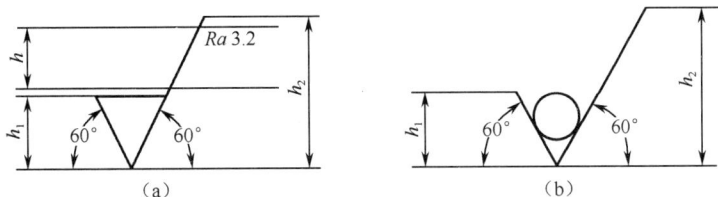

（a）　　　　　　　　　　　　（b）

h=图样上的尺寸数字高度；h_1=1.4h；h_2=2h_1；圆为正三角形的内切圆。

图 5-15　表面粗糙度符号的书写比例和尺寸

规定及说明：

（1）线宽、数字、字母笔画宽度皆为 h/10；

（2）在同一张图上，每一个表面一般只标注一次，其大小应一致；

（3）所标注的表面粗糙度要求是对完工零件表面的要求。

6）表面粗糙度在图样上的标注方法

总的原则是根据 GB/T 4458.4 的规定，使表面粗糙度的注写和读取方向与尺寸的注写和读取方向一致，如图 5-16 所示。

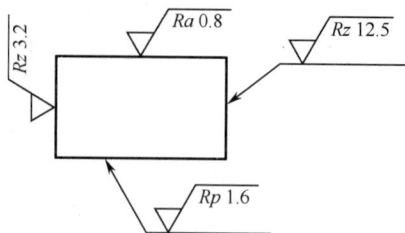

图 5-16　表面粗糙度的注写和读取方向

（1）标注在可见轮廓线或指引线上。

表面粗糙度要求可标注在轮廓线上，其符号应从材料外指向并接触表面。必要时，表面粗糙度符号也可用带箭头或黑点的指引线引出标注，如图 5-17 所示。

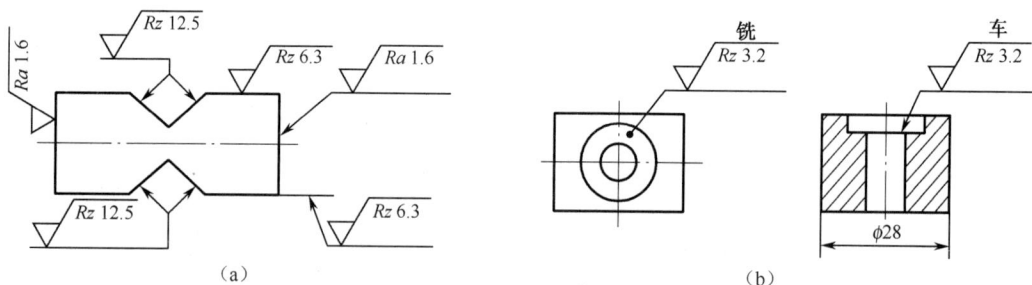

图 5-17　表面粗糙度标注在轮廓线或指引线上的标注示例

（2）标注在特征尺寸的尺寸线上。

在不致引起误解时，表面粗糙度要求可标注在给定的尺寸线上，如图 5-18 所示。

（3）标注在几何公差的框格上。

表面粗糙度要求可标注在几何公差框格的上方，如图 5-19 所示。

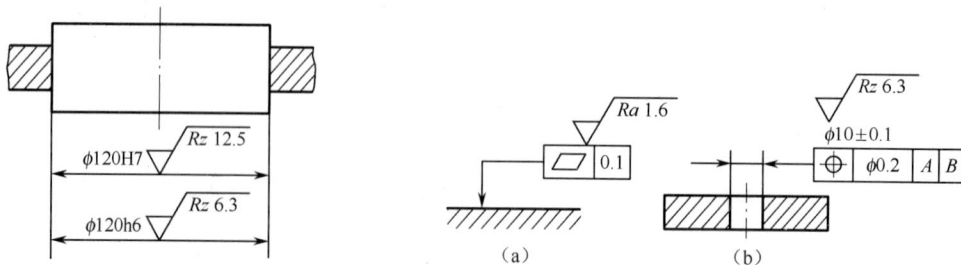

图 5-18　表面粗糙度要求标注在尺寸线上示例　　图 5-19　表面粗糙度要求标注在几何公差框格的上方示例

（4）标注在延长线上。

表面粗糙度要求可以直接标注在延长线上，或用带箭头的指引线引出标注，如图 5-20 所示。

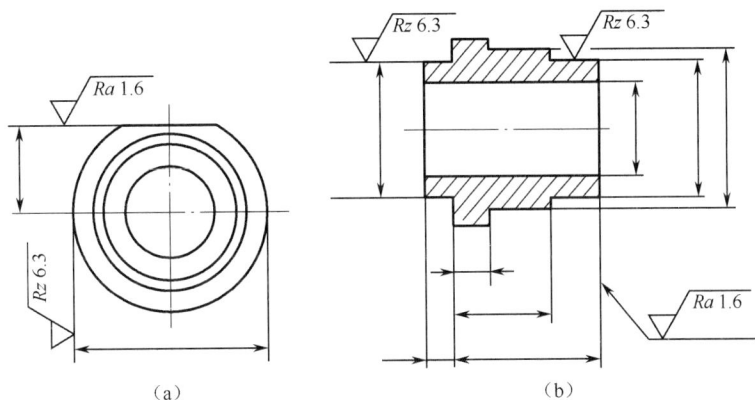

图 5-20 表面粗糙度要求标注在延长线上示例

（5）标注在圆柱和棱柱表面上。

圆柱和棱柱表面的表面粗糙度要求只标注一次。如果每个棱柱表面有不同的表面粗糙度要求，则应分别单独标注，如图 5-21 所示。

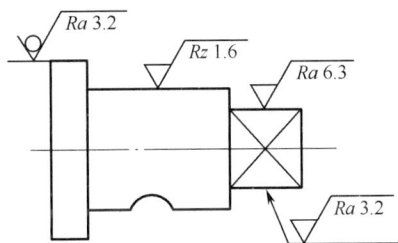

图 5-21 圆柱和棱柱的表面粗糙度要求的标注示例

7）表面粗糙度要求的简化注法

（1）有相同表面粗糙度要求的简化注法。

如果工件的多数（包括全部）表面有相同的表面粗糙度要求，则其表面粗糙度要求可统一标注在图样的标题栏附近。此时（除全部表面有相同要求的情况外），表面粗糙度要求的符号后面应包括：

① 在圆括号内给出无任何其他标注的基本符号（见图 5-22）；

② 在圆括号内给出不同的表面粗糙度要求（见图 5-23）。

不同的表面粗糙度要求应直接标注在图形中，见图 5-22 和图 5-23。

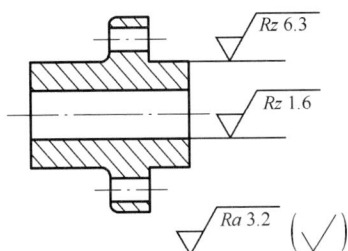

图 5-22 大多数表面有相同表面粗糙度
要求的简化注法（一）

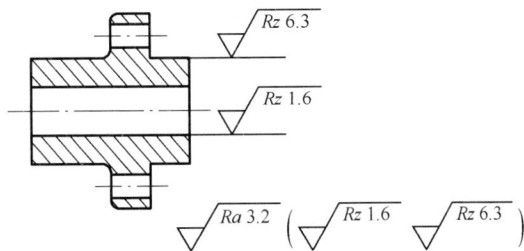

图 5-23 大多数表面有相同表面粗糙度
要求的简化注法（二）

（2）多个表面有共同要求的注法。

可用带字母的完整符号，以等式的形式在图形或标题栏附近，对有相同表面粗糙度要求的表面进行简化标注，如图 5-24 所示。

图 5-24　在图纸空间有限时的简化注法

（3）只用表面粗糙度符号的简化注法。

可用基本图形符号、扩展图形符号，以等式的形式给出对多个表面共同的表面粗糙度要求，如图 5-25～图 5-27 所示。

图 5-25　未指定工艺方法的多个表面粗糙度要求的简化注法　　图 5-26　要求去除材料的多个表面粗糙度要求的简化注法　　图 5-27　不允许去除材料的多个表面粗糙度要求的简化注法

8）两种或多种工艺获得的同一表面的注法

由几种不同的工艺方法获得的同一表面，当需要明确每种工艺方法的表面粗糙度要求时，可按图 5-28 所示进行标注。

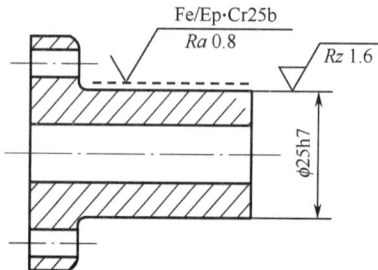

图 5-28　同时给出镀覆前后的表面粗糙度要求的注法

2．表面粗糙度的选用

表面粗糙度评定参数及其数值选用的合理与否，直接影响机器的使用性能和寿命，特别是对装配精度要求高、运动速度要求高、密封性能要求高的产品，更具有重要的意义。

1）表面粗糙度评定参数的选用

表面粗糙度的幅度、间距、曲线三类评定参数中，最常采用的是幅度参数。对大多数表面来说，一般仅给出幅度参数即可反映被测表面粗糙度的特征。

（1）Ra 最能充分反映表面微观几何形状高度方面的特性，Ra 值用触针式电动轮廓仪测量也比较简便，所以对于光滑表面和半光滑表面，普遍采用 Ra 作为评定参数。但由于受电动轮廓仪功能的限制，对于极光滑和极粗糙的表面，不宜采用 Ra 作为评定参数。

（2）Rz 虽不如 Ra 反映的几何特性准确、全面，但 Rz 的概念简单，测量也很简便。Rz 与 Ra 联用，可以评定某些不允许出现较大加工痕迹和受交变应力作用的表面，尤其当被测表面面积很小，不宜采用 Ra 评定时，常采用 Rz。

（3）附加评定参数 Rsm 和 $Rmr(c)$ 只有在幅度特征参数不能满足表面功能要求时，才附加选用。例如，对密封性要求高的表面，可规定 Rsm；对耐磨性要求高的表面，可规定 $Rmr(c)$。

2）表面粗糙度主要参数值的选用

选用表面粗糙度参数值总的原则：在满足功能要求的前提下顾及经济性，使参数的允许值尽可能大。

表面粗糙度的评定参数值已经标准化，设计时应按国家标准 GB/T 1031—2009 规定的参数值系列选取，如表 5-4～表 5-7 所示。

表 5-4　轮廓的算术平均偏差 Ra 的数值（摘自 GB/T 1031—2009）　　　　单位：μm

0.012	0.2	3.2	
0.025	0.4	6.3	50
0.05	0.8	12.5	100
0.1	1.6	25	

表 5-5　轮廓的最大高度 Rz 的数值（摘自 GB/T 1031—2009）　　　　单位：μm

0.025	0.4	6.3	100	
0.05	0.8	12.5	200	1600
0.1	1.6	25	400	
0.2	3.2	50	800	

表 5-6　轮廓单元的平均宽度 Rsm 的数值（摘自 GB/T 1031—2009）　　　　单位：mm

0.006	0.1	1.6
0.0125	0.2	3.2
0.025	0.4	6.3
0.05	0.8	12.5

表 5-7　轮廓的支承长度率 $Rmr(c)$ 的数值（摘自 GB/T 1031—2009）　　　　%

10	15	20	25	30	40	50	60	70	80	90

注：选用轮廓的支承长度率时，必须同时给出轮廓的水平截面高度 c 值，c 值多用 Rz 的百分数表示。Rz 的百分数系列如下：10%、15%、20%、25%、30%、40%、50%、60%、70%、80%、90%。

在实际应用中，常用类比法来确定。具体选用时，可先根据经验统计资料初步选定表面粗糙度参数值，然后对比工作条件做适当调整。调整时应考虑以下几点：

（1）同一零件上，工作表面的粗糙度值应比非工作表面的小。

（2）摩擦表面的粗糙度值应比非摩擦表面的小，滚动摩擦表面的粗糙度值应比滑动摩擦表面的小。

（3）运动速度快、单位面积压力大的表面，受交变应力作用的重要零件的圆角、沟槽表面的粗糙度值都应该比较小。

（4）配合性质要求越稳定，其配合表面的粗糙度值应越小；配合性质相同时，小尺寸结合面的粗糙度值应比大尺寸结合面的小；同一公差等级时，轴的粗糙度值应比孔的小。

（5）表面粗糙度参数值应与尺寸公差及几何公差相协调，如表 5-8 所示，可供设计时参考。

表 5-8　表面粗糙度参数值与尺寸公差及几何公差的关系　　　　　　　　　　　%

几何公差 t 占尺寸公差 T 的 百分比 t/T	表面粗糙度参数值占尺寸公差的百分比	
	Ra/T	Rz/T
≈60	≤5	≤20
≈40	≤2.5	≤10
≈25	≤1.2	≤5

一般来说，尺寸公差和几何公差小的表面，其表面粗糙度值也应小。即尺寸公差等级高，对表面粗糙度要求也高。但尺寸公差等级低的表面，对表面粗糙度要求不一定也低。如医疗器械、机床手轮等的表面，对尺寸精度的要求不高，但却要求很光滑。

（6）要求防腐性、密封性高，外表美观等表面的粗糙度值应较小。

（7）凡有关标准已对表面粗糙度要求做出规定的（如与滚动轴承配合的轴颈和外壳孔、键槽、各级精度齿轮的主要表面等），则应按标准规定的表面粗糙度参数值选用。

选用表面粗糙度参数值的方法通常采用类比法。表 5-9 给出了不同表面粗糙度的表面特征、经济加工方法及应用举例，可作为选用表面粗糙度参数值的参考。表 5-10 是常用加工方法所得的表面粗糙度。表 5-11 是表面粗糙度 Ra 的推荐选用值。

表 5-9　不同表面粗糙度的表面特征、经济加工方法及应用举例

表面微观特性		$Ra/\mu m$	$Rz/\mu m$	加工方法	应用举例
粗糙表面	可见刀痕	>20～40	>80～100	粗车、粗刨、粗铣、钻、毛锉、锯断	半成品粗加工的表面，非配合的加工表面，如轴端面，倒角、钻孔、齿轮、皮带轮侧面，键槽底面，垫圈接触面
	微见刀痕	>10～20	>40～80		
半光表面	可见加工痕迹	>5～10	>20～40	车、刨、铣、镗、钻、粗铰	轴上不安装轴承、齿轮处的非配合表面，紧固件的自由装配表面，轴和孔的退刀槽
	微可见加工痕迹	>2.5～5	>10～20	车、刨、铣、镗、磨、拉、粗刮、液压	半精加工表面，箱体、支架、盖面、套筒等和其他零件结合而无配合要求的表面，需要法兰的表面等
	看不清加工痕迹	>1.25～2.5	>6.3～10	车、刨、铣、镗、磨、拉、刮、压、铣齿	接近于精加工的表面，箱体上安装轴承的镗孔表面，齿轮的工作面
光表面	可辨加工痕迹方向	>0.63～1.25	>3.2～6.3	车、镗、磨、拉、刮、精铰、磨齿、滚压	圆柱销、圆锥销、与滚动轴承配合的表面，普通车床导轨面，内、外花键定心表面

续表

表面微观特性		$Ra/\mu m$	$Rz/\mu m$	加工方法	应用举例
光表面	微可辨加工痕迹方向	>0.32～0.63	>1.6～3.2	精铰、精镗、磨、刮、滚压	要求配合性质稳定的配合表面,工作时受交变应力的零件,高精度车床的导轨面
	不可辨加工痕迹方向	>0.16～0.32	>0.8～1.6	精磨、桁磨、超精加工	精度车床主轴锥孔、顶尖圆锥面、发动机曲轴、凸轮轴工作表面、高精度齿轮表面
极光表面	暗光泽面	>0.08～0.16	>0.4～0.8	精磨、研磨、普通抛光	精密机床主轴轴颈表面、一般量规工作表面、汽缸套内表面、活塞销表面
	亮光泽面	>0.04～0.08	>0.2～0.4	超精磨、精抛光、镜面磨削	精密机床主轴轴颈表面、滚动轴承的滚珠,高压油泵中柱塞和柱塞配合的表面
	镜状光泽面	>0.01～0.04	>0.05～0.2		
	镜面	≤0.01	≤0.05	镜面磨削、超精研	高精度量仪、量块的工作表面、光学仪器中的金属镜面

表 5-10　常用加工方法所得的表面粗糙度

加 工 方 式	表面粗糙度 $Ra/\mu m$
铸造加工	100、50、25、12.5、6.3
钻削加工	12.5、6.3
铣削加工	12.5、6.3、3.2
车削加工	12.5、6.3、3.2、1.6
磨削加工	0.8、0.4、0.2
超精磨削加工	0.1、0.05、0.025、0.012

表 5-11　表面粗糙度 Ra 的推荐选用值　　　　　单位：μm

应 用 场 合			公称尺寸/mm					
			≤50		>50～120		>120～500	
		公差等级	轴	孔	轴	孔	轴	孔
经常装拆零件的配合表面		IT5	≤0.2	≤0.4	≤0.4	≤0.8	≤0.4	≤0.8
		IT6	≤0.4	≤0.8	≤0.8	≤1.6	≤0.8	≤1.6
		IT7	≤0.8		≤1.6		≤1.6	
		IT8	≤0.8	≤1.6	≤1.6	≤3.2	≤1.6	≤3.2
过盈配合	压入装配	IT5	≤0.2	≤0.4	≤0.4	≤0.8	≤0.4	≤0.8
		IT6、IT7	≤0.4	≤0.8	≤0.8	≤1.6	≤0.8	≤1.6
		IT8	≤0.8	≤1.6	≤1.6	≤3.2	≤3.2	
	热装	—	≤1.6	≤3.2	≤1.6	≤3.2	≤1.6	≤3.2

应 用 场 合		公称尺寸/mm					
滑动轴承的配合表面	公差等级	轴			孔		
	IT6～IT9	≤0.8			≤1.6		
	IT10～IT12	≤1.6			≤3.2		
	液体湿磨擦条件	≤0.4			≤0.8		
圆锥结合的工作面		密封结合		对中结合		其他	
		≤0.4		≤1.6		≤6.3	
密封材料处的孔、轴表面	密封形式	速度/（m·s⁻¹）					
		≤3		3～5		≥5	
	橡胶圈密封	0.8～1.6（抛光）		0.4～0.8（抛光）		0.2～0.4（抛光）	
	毛毡密封	0.8～1.6（抛光）					
	迷宫式	3.2～6.3					
	涂油槽式	3.2～6.3					
精密定心零件的配合表面	IT5～IT8	径向跳动	2.5	4	6	10	16	25
		轴	≤0.05	≤0.1	≤0.1	≤0.2	≤0.4	≤0.8
		孔	≤0.1	≤0.2	≤0.2	≤0.4	≤0.8	≤1.6
V带和平带轮工作表面		带轮直径/mm					
		≤120		>120～315		>315	
		1.6		3.2		6.3	
箱体分界面（减速箱）	类型	有垫片		无垫片			
	需要密封	3.2～6.3		0.8～1.6			
	不需要密封	6.3～12.5					

在一般情况下，测量 Ra 和 Rz 时，推荐按表 5-12 选用对应的取样长度及评定长度值，此时在图样上可省略标注取样长度值。当有特殊要求不能选用表 5-12 中的数值时，应在图样上注出取样长度值。

表5-12 lr 和 ln 的数值（摘自 GB/T 1031—2009）

Ra/μm	Rz/μm	lr/mm	ln（ln=5lr）/mm
≥0.008～0.02	≥0.025～0.10	0.08	0.4
>0.02～0.1	>0.10～0.50	0.25	1.25
>0.1～2.0	>0.50～10.0	0.8	4.0
>2.0～10.0	>10.0～50.0	2.5	12.5
>10.0～80.0	>50～320	8.0	40.0

对于轮廓单元宽度较大的端铣、滚铣及其他大进给走刀量的加工表面，应在国家标准规定的取样长度系列中选取较大的取样长度值。

5.1.4　表面粗糙度的检测

1．表面粗糙度常用的检测方法

表面粗糙度常用的检测方法有比较法、光切法、干涉法和针描法。

（1）比较法

比较法是用已知其高度参数值的粗糙度比较样块与被测表面相比较，通过人的感官，亦可借助放大镜、显微镜来判断被测表面粗糙度的一种检测方法。比较时，所用的粗糙度比较样块的材料、形状和加工方法应尽可能与被测表面相同。这样可以减少检测误差，提高判断准确性。当大批生产时，也可从加工零件中挑选出样品，经检定后作为表面粗糙度样板。

应用：比较法具有简单易行的优点，适合在车间使用。缺点是评定的可靠性很大程度上取决于检验人员的经验。仅适用于评定对表面粗糙度要求不高的工件。

检测方法：将比较样块与零件靠近，当用目视无法确定时，可以结合手的触摸或者使用放大镜来观察，以比较样块工作面上的表面粗糙度为标准，观察、比较被测表面是否达到相应比较样块的表面粗糙度，从而判定被测零件表面粗糙度是否符合规定，但是这种方法不能得出具体的表面粗糙度数值。

（2）光切法

光切法是利用光切原理来测量零件表面粗糙度的方法。光切显微镜（又称双管显微镜）就是应用这一原理设计而成的。它适于测量 Rz 值，测量范围一般为 $0.5\sim60\mu m$。

光切法测量原理如图 5-29 所示。从光源发出的光，穿过照明光管内的聚光镜、狭缝和物镜后，变成扁平的带状光束，从 45° 倾角的方向投射到被测平面上，再经被测平面反射，通过与照明光管成 90° 的观察光管内的物镜，在目镜视场中可以看到一条狭亮的光带，这条光带就是扁平光束与被测平面相交的交线，亦即被测平面在 45° 斜向截面上的实际轮廓线的影像（已经过放大）。此轮廓线的波峰 s 与波谷 s' 通过物镜分别成像在分划板上的 a 和 a' 点，两点之间的距离 h' 即峰谷影像高度。从 h' 可以求出被测平面的峰谷高度 h，即 $h=\dfrac{h'}{V}\cos45°$。式中 V 为物镜的放大倍数，可通过仪器所附的一块标准玻璃刻度尺来确定。目镜中影像高度 h' 可用测微目镜千分尺测出。

光切显微镜的外形结构如图 5-30 所示。

整个光学系统装在一个封闭的壳体 7 内，其上装有目镜 11 和可换物镜组 10。可换物镜组有四组，可按被测平面粗糙度参数值的大小选用，并由手柄 8 借助弹簧力固紧。被测工件安放在工作台 9 上，要使其加工纹理方向和扁平光束垂直。松开锁紧螺钉 5，转动粗调螺母 4 可使横臂 3 连同壳体 7 沿立柱 2 上下移动，进行显微镜的粗调焦。旋转微调手轮 6，进行显微镜的精细调焦。随后，在目镜视场中可看到清晰的狭亮光带，如图 5-31 所示。转动目镜千分尺 13，分划板上的十字线就会移动，就可测量影像高度 h'。

测量时，先调节目镜千分尺，使目镜中十字线的水平线与光带平行，然后旋转目镜千分尺，使水平线与光带的最高点和最低点先后相切，记下两次读数差 a。由于读数是在测微目镜千分尺轴线（与十字线的水平线成 45°）方向测得的，如图 5-31 所示。因此两次读数差 a 与目镜中影像高度 h' 的关系为 $h'=a\cos45°$，则 $h=\dfrac{h'}{V}\cos45°=\dfrac{a}{2V}$。

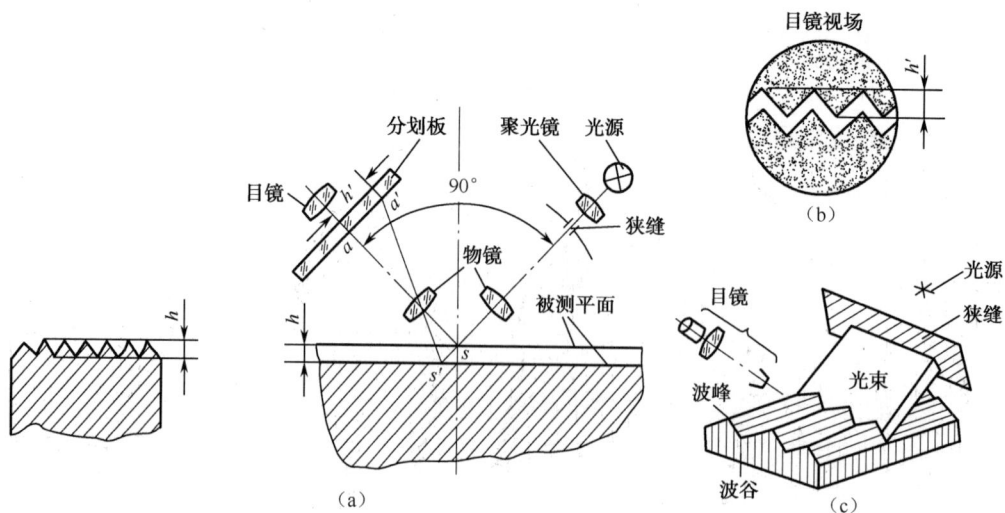

图 5-29　光切法测量原理

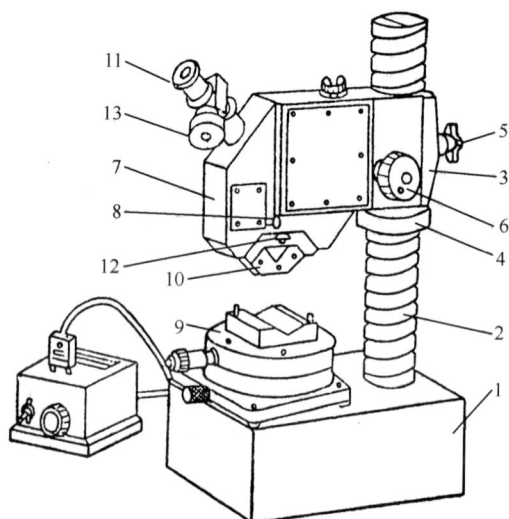

1—底座；2—立柱；3—横臂；4—粗调螺母；5—锁紧螺钉；6—微调手轮；7—壳体；8—手柄；9—工作台；

10—可换物镜组；11—目镜；12—燕尾；13—目镜千分尺。

图 5-30　光切显微镜的外形结构

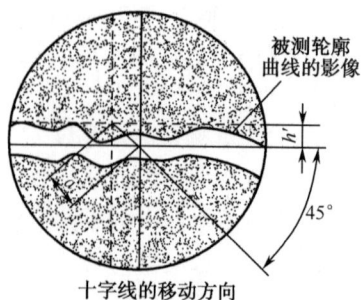

图 5-31　目镜视场中的影像

注意：测量 a 值时，应选择两条光带边缘中比较清晰的一条进行测量，不要把光带宽度测量进去。

（3）干涉法

干涉法是利用光波干涉原理来测量表面粗糙度的一种方法。采用光波干涉原理制成的测量仪为干涉显微镜，它通常用于测量极光滑表面的 Rz 值，测量范围为 $0.025\sim0.8\mu m$。

干涉显微镜的光学系统如图 5-32（a）所示。

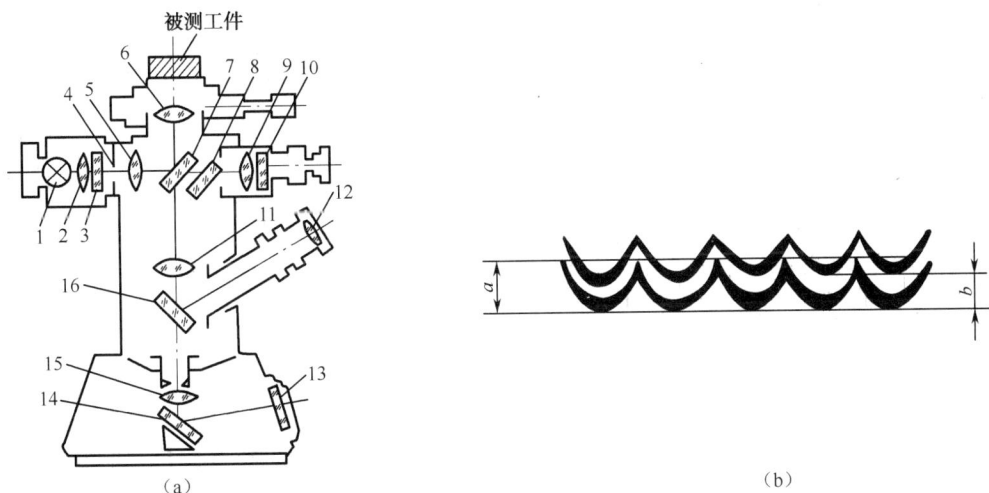

图 5-32　干涉法测量原理

由光源 1 发出的光线，经 2、3 组成的聚光滤色组聚光滤色，再经光阑 4 和透镜 5 至分光镜 7 分为两束光：一束经补偿镜 8、物镜 9 到平面反射镜 10，被 10 反射又回到分光镜 7，再由分光镜 7 经聚光镜 11 到反射镜 16，由反射镜 16 进入目镜 12；另一束光线向上经物镜 6 射向被测工件表面，由被测工件表面反射回来，通过分光镜 7、聚光镜 11 到反射镜 16，由反射镜 16 反射也进入目镜 12。在目镜 12 的视场内可以看到这两束光线因光程差而形成的干涉条纹。若被测工件表面为理想平面，则干涉条纹为一组等距平直的平行光带；若被测工件表面粗糙不平，则干涉条纹就会弯曲，如图 5-32（b）所示。根据光波干涉原理，光程差每增加半个波长，就形成一条干涉带，故被测工件表面的不平高度（峰、谷高度差）h 为

$$h = \frac{a}{b} \times \frac{\lambda}{2}$$

式中　a——干涉条纹的弯曲量；

　　　b——相邻干涉条纹的间距；

　　　λ——光波波长（绿色光 $\lambda=0.53\mu m$）。

　　　a、b 值可利用测微目镜测出。

（4）针描法

针描法又称触针法，是一种利用接触来测量表面粗糙度的方法。电动轮廓仪（又称表面粗糙度检查仪）就是利用针描法来测量表面粗糙度的。该仪器由传感器、驱动器、指示表、记录器和工作台等部件组成，如图 5-33 所示。

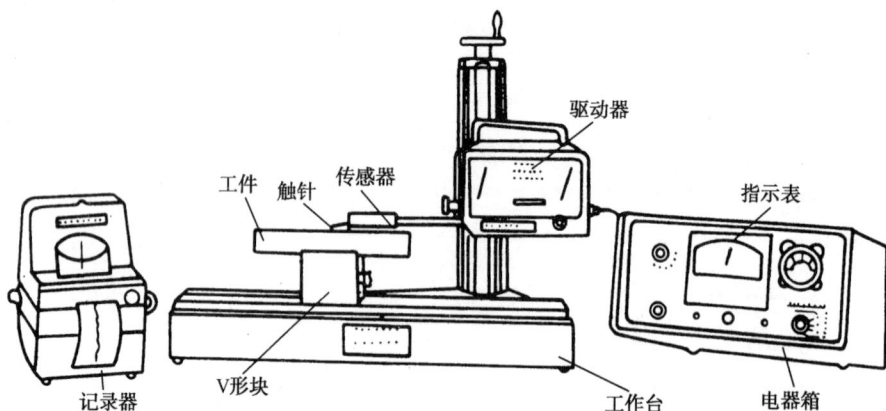

图 5-33　电动轮廓仪

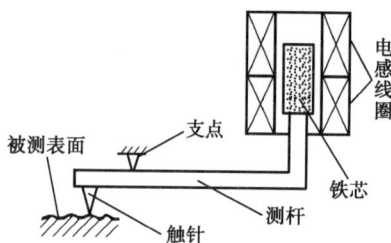

图 5-34　传感器

传感器端部装有金刚石触针，如图 5-34 所示。

测量时，将触针搭在工件上，与被测表面垂直接触，利用驱动器以一定的速度拖动传感器。由于被测表面粗糙不平，因此迫使触针在垂直于被测表面的方向产生上下移动。这种机械的上下移动通过传感器转换成电信号，再经电子装置将该信号放大、相敏检波和功率放大后，推动自动记录装置，直接描绘出被测轮廓的放大图形，按此图形进行数据处理，即可得到 Rz 或 Ra 值；或者把信号进行滤波和积分计算后，由指示表直接读出 Ra 值。这种仪器适用于测量 $0.025\sim5\mu m$ 的 Ra 值。有些型号的仪器还配有各种附件，以适应平面、内外圆柱面、圆锥面、球面、曲面以及小孔、沟槽等工件的表面测量。

针描法测量快速方便，测量精度高，并能直接读出参数值，故获得了广泛应用。用光切法与干涉法测量表面粗糙度，虽有不接触零件表面的优点，但一般只能测量 Rz 值，测量过程比较烦琐，测量误差也大。针描法操作方便，测量可靠，但触针与被测工件表面接触时会留下划痕，这对一些重要的表面（如光栅刻画面等）是不允许的。此外，因受触针圆弧半径大小的限制，不能测量要求粗糙度值很小的表面，否则会产生大的测量误差。随着激光技术的发展，近年来，很多国家都在研究利用激光测量表面粗糙度，如激光光斑法等。

2. 用手持便携式表面粗糙度测量仪检测表面粗糙度

（1）TR200 表面粗糙度测量仪的组成及特点

如图 5-35 所示为 TR200 表面粗糙度测量仪的外形结构，它是适用于生产现场环境、能满足移动测量需要的一种小型手持仪器。其操作简便，功能全面，测量快捷，精度稳定，携带方便。

（2）TR200 表面粗糙度测量仪的测量原理

利用该仪器测量零件表面粗糙度时，先将传感器搭放在被测零件的表面上，然后启动仪器进行测量，由仪器内部的精密驱动机构带动传感器沿被测零件表面做等速直线滑行，传感器通过内置的锐利触针感受被测零件的表面粗糙度，此时被测零件表面会使触针产生位移，该位移使传感器电感线圈的电感量发生变化，从而在相敏检测器的输出端产生与被测零件表面粗糙度成比例的模拟信号，该信号经过放大及电平转换之后进入数据采集系统，DSP 芯片对采集的数据进行数字滤波和参数计算，测量结果可显示在液晶显示器上，也可在打印机上输出，还可以与 PC 进行通信。

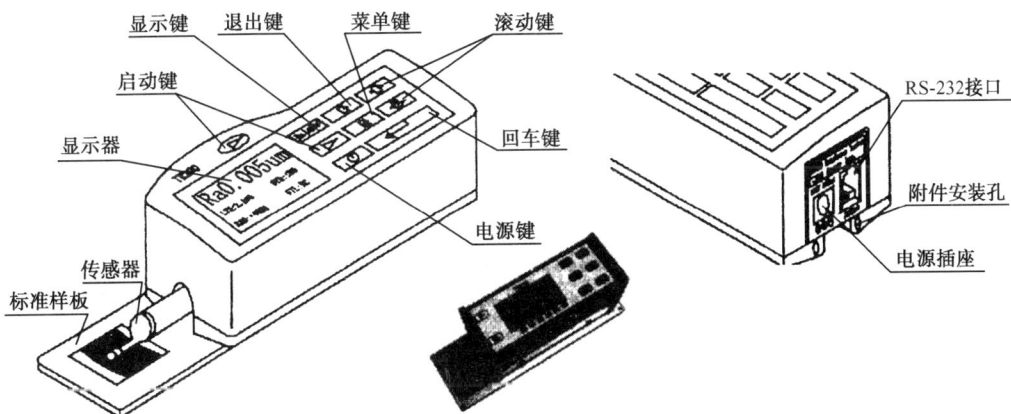

图 5-35 TR200 表面粗糙度测量仪的外形结构

（3）测量方法

① 开机。按下电源键后开机。

② 示值校准。用随机配置标准样板校准，正常情况下，测量值与标准样板值之差在合格范围内。

③ 启动测量。在主界面上按下启动键。

④ 开始测量。采样、滤波、参数计算。

⑤ 结果显示。测量完毕后，可以通过两种方式观察全部测量结果：在主界面中按上（下）键进行全部参数结果显示；在主界面中按左（右）键进行轮廓图形显示，按回车键可放大，按菜单键退出。

⑥ 存储/读取测量结果。在主界面中按下滚动键存储/读取界面，按上（下）滚动键选择"存当前数据"，按回车键进入存储界面。

⑦ 打印测量结果。在主界面状态下，按右滚动键将测量参数和轮廓图形输出到打印机。该仪器可选配打印机，打印全部测量结果，以便保留存档。

任务小结

在图样上标注表面粗糙度符号时，一般应将其标注在可见轮廓线、尺寸界线、引出线或它们的延长线上。符号的尖端必须从材料外指向被注表面，当零件表面具有相同的表面粗糙度要求时，其符号可在图样上统一标注，并在后面加注无任何其他标注的基本符号，如图 5-1 所示。

图 5-1 中，零件是通过去除材料的方法获得表面的。

① 左端面和右端倒角的表面粗糙度 Ra 值为 1.6μm；

② 内孔的内圆柱面表面粗糙度 Ra 值为 0.4μm；

③ 左侧圆柱的外圆柱面和右端阶梯面的表面粗糙度 Ra 值为 3.2μm；

④ 零件的右端面表面粗糙度 Ra 值为 12.5μm；

⑤ 其余未标注的表面粗糙度要求 Ra 值为 25μm。

通过图纸上的表面粗糙度的标注可知，内孔的内圆柱面的表面粗糙度要求最高。

思 行 并 进

从 6S 管理看提质降耗安全意识和劳动意识

6S 管理是 5S 管理的升级，6S 即整理、整顿、清扫、清洁、素养、安全。

整理——将工作场所的任何物品区分为有必要的和没有必要的，除了有必要的留下来，其他的都消除掉。目的：腾出空间，防止误用，塑造清爽的工作场所。整顿——把留下来的必须要用的物品依规定位置摆放，并放置整齐加以标识。目的：工作场所一目了然，减少寻找物品的时间，消除过多的积压物品。清扫——将工作场所内看得见与看不见的地方清扫干净，保持工作场所干净。目的：稳定品质，减少工业伤害。清洁——将整理、整顿、清扫进行到底，并且制度化，经常保持环境处在美观的状态。目的：创造明朗现场，维持上面 3S 成果。素养——每位成员养成良好的习惯，并遵守规则做事，培养积极主动的精神（也称习惯性）。目的：培养具有良好习惯、遵守规则的员工，营造团队精神。安全——重视对成员的安全教育，每时每刻都有安全第一的观念，防患于未然。目的：建立起安全生产的环境，所有的工作应建立在安全的前提下。6S 之间彼此关联，整理、整顿、清扫是具体内容；清洁是指将上面的 3S 实施的做法制度化、规范化，并贯彻执行及维持结果；素养是指培养每位员工养成良好的习惯，并遵守规则做事，开展 6S 容易，但长时间的维持必须靠素养的提升；安全是基础，要尊重生命，杜绝违章。

6S 管理的好处：（1）提升企业形象：整齐清洁的工作环境，能够吸引客户，并且增强自信心；（2）减少浪费：如果场地中杂物乱放，致使其他东西无处堆放，这是一种空间的浪费。（3）提高效率：拥有一个良好的工作环境，可以使个人心情愉悦；东西摆放有序，能够提高工作效率，减少搬运作业。（4）质量保证：一旦员工养成了做事认真严谨的习惯，他们生产的产品返修率会大大降低，可提高产品品质。（5）安全保障：通道保持畅通，员工养成认真负责的习惯，会使生产及非生产事故减少。（6）提高设备寿命：对设备及时进行清扫、保养、维护，可以延长设备的寿命。（7）降低成本：做好 6S 可以减少跑、冒、滴、漏和来回搬运，从而降低成本。

质量就是企业的生命，安全重于泰山。在机械领域，丝毫的差错就可能导致机毁人亡的严重事故。可见，在强调质量意识的同时，我们应该学习 6S 管理方法，培养劳动意识，提升安全意识和职业素养，行动起来吧！

项目6 普通螺纹的公差及检测

知识点	知识重点	普通螺纹的几何参数、公差与配合项目及标注
	知识难点	普通螺纹的公差与配合项目及标注
	必须掌握的理论知识	普通螺纹的几何参数、公差与配合项目及标注，普通螺纹的检测方法
教学方法	推荐教学方法	任务驱动教学法
	推荐学习方法	课堂：听课+互动+技能训练
		课外：了解普通螺纹件的用途，说明螺纹标记的含义
课程思政	思行并进	从中国高铁看中国速度与人生价值
技能训练	理论	练习题12
	实践	任务书7，螺纹中径的测量
考核	阶段考核	阶段考核7——识读汽缸装配图

任务 识读普通螺纹标记

课前	准备及预习	了解螺纹连接及螺纹的分类
课中	互动提问	1. 按结合性质不同，螺纹分为哪几类？
		2. 普通螺纹的基本几何参数有哪些？
		3. 对普通螺纹的哪些参数规定了公差
课后	作业	练习题12

任 务 介 绍

在零件图和装配图上，各种螺纹有不同的标注形式，如图 6-1 所示为普通螺纹公差标注示例，试识读图样中螺纹标记 M24-6h。

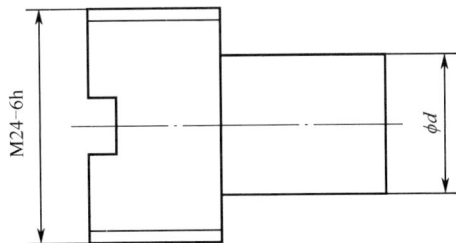

图 6-1 普通螺纹公差标注示例

相 关 知 识

螺纹连接是指利用螺纹零件构成的可拆连接，在机器和仪器中应用得十分广泛，主要用于紧固连接、密封、传递动力和运动等场合。螺纹的结构复杂，几何参数较多，国家标准对螺纹的牙型、几何参数和公差与配合都做了规定，以保证其几何精度。

6.1.1 螺纹种类

螺纹的种类繁多，按牙型可分为三角形螺纹、梯形螺纹和矩形螺纹等；按其结合性质和使用要求可分为以下三类。

（1）普通螺纹

普通螺纹主要用于连接和紧固零件，如用螺钉将轴承端盖固定在箱体上，是应用最为广泛的一种螺纹，分粗牙和细牙两种。要实现普通螺纹的互换性，必须保证良好的旋合性和足够的连接强度。旋合性是指公称直径和螺距基本值分别相等的内、外螺纹能够自由旋合并获得所需要的配合性质。足够的连接强度是指内、外螺纹的牙侧能够均匀接触、具有足够的承载能力。

（2）传动螺纹

传动螺纹主要用于传递精确的位移、动力和运动，通常指丝杠和测微螺纹，用于螺旋传动，如滑动螺旋传动的千斤顶起重螺纹、普通车床进给机构中的丝杠螺母副和滚动螺旋传动的滚珠丝杠副。对滑动螺旋传动螺纹的使用要求是传递动力可靠、传递位移准确和具有一定的间隙。对滚动螺旋传动螺纹的使用要求为具有较高的行程精度，误差波动幅度小，直线度好，精度保持稳定。

（3）密封螺纹

密封螺纹用于使两个零件紧密连接而无泄漏的结合，如管螺纹的连接，要求结合紧密，不漏水、不漏气、不漏油。

6.1.2 普通螺纹的基本几何参数

螺纹的基本牙型有三角形、梯形、锯齿形和矩形等几种形式。

1. 普通螺纹的基本牙型

普通螺纹的基本牙型是指在原始的等边三角形基础上，削去顶部和底部所形成的螺纹牙型，如图 6-2 所示。该牙型具有螺纹的公称尺寸，如表 6-1 所示。

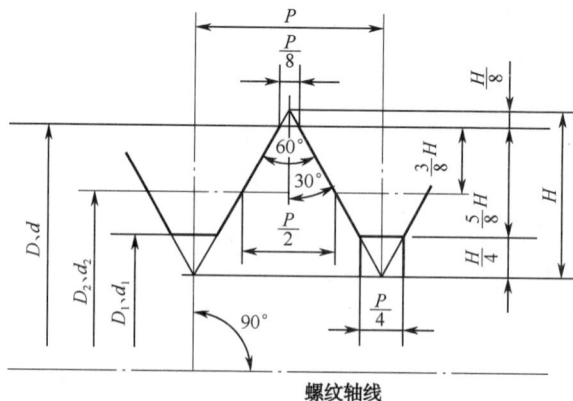

图 6-2　普通螺纹的基本牙型

表 6-1　普通螺纹的公称尺寸（摘自 GB/T 196—2003）　　　　　　　　　　单位：mm

公称直径（大径）D、d	螺距 P	中径 D_2, d_2	小径 D_1, d_1	公称直径（大径）D、d	螺距 P	中径 D_2, d_2	小径 D_1, d_1
5	0.8	4.480	4.134	16	2	14.701	13.835
	0.5	4.675	4.459		1.5	15.026	14.376
					1	15.350	14.917
5.5	0.5	5.175	4.959	17	1.5	16.026	15.376
					1	16.350	15.917
6	1	5.350	4.917	18	2.5	16.376	15.294
	0.75	5.513	5.188		2	16.701	15.835
					1.5	17.026	16.376
					1	17.350	16.917
7	1	6.350	5.917	20	2.5	18.376	17.294
	0.75	6.513	6.188		2	18.701	17.835
					1.5	19.026	18.376
					1	19.350	18.917
8	1.25	7.188	6.647	22	2.5	20.376	19.294
	1	7.350	6.917		2	20.701	19.835
	0.75	7.513	7.188		1.5	21.026	20.376
					1	21.350	20.917
9	1.25	8.188	7.647	24	3	22.051	20.752
	1	8.350	7.917		2	22.701	21.835
	0.75	8.513	8.188		1.5	23.026	22.376
					1	23.350	22.917
					(0.75)	23.513	23.188
10	1.5	9.026	8.376	25	2	23.701	22.835
	1.25	9.188	8.647		1.5	24.026	23.376
	1	9.350	8.917		1	24.350	23.917
	0.75	9.513	9.188				
11	1.5	10.026	9.376	26	1.5	25.026	24.376
	1	10.350	9.917				
	0.75	10.513	10.188				
12	1.75	10.863	10.106	27	3	25.051	23.752
	1.5	11.026	10.376		2	25.701	24.835
	1.25	11.188	10.647		1.5	26.026	25.376
	1	11.350	10.917		1	26.350	25.917

公称直径（大径）D、d	螺距P	中径 D_2、d_2	小径 D_1、d_1	公称直径（大径）D、d	螺距P	中径 D_2、d_2	小径 D_1、d_1
14	2	12.701	11.835	28	2	26.701	25.835
	1.5	13.026	12.376		1.5	27.026	26.376
	1.25	13.188	12.647		1	27.350	26.917
	1	13.350	12.917				
15	1.5	14.026	13.376	30	3.5	27.727	26.211
	1	14.350	13.917		3	28.051	26.752
					2	28.701	27.835
					1.5	29.026	28.376
					1	29.350	28.917

2. 普通螺纹的主要几何参数

（1）大径（d、D）

大径是指与外螺纹牙顶或内螺纹牙底相切的假想圆柱的直径。国家标准规定，普通螺纹大径的公称尺寸为螺纹的公称直径。

（2）小径（d_1、D_1）

小径是指与外螺纹牙底或内螺纹牙顶相切的假想圆柱的直径。

为了应用方便，与牙顶相切的假想圆柱的直径又称为顶径，外螺纹大径和内螺纹小径即顶径。与牙底相切的假想圆柱的直径又称为底径，外螺纹小径和内螺纹大径即底径。

（3）中径（d_2、D_2）

中径是指一个假想圆柱的直径，该圆柱的母线通过螺纹牙型上沟槽和凸起宽度相等的地方。

上述三种螺纹直径的符号中，大写字母表示内螺纹，小写字母表示外螺纹。对相互结合的内、外螺纹，其大径、小径、中径的公称尺寸也应对应相等。

（4）螺距（P）

螺距是指相邻两牙在中径线对应两点间的轴向距离。

（5）单一中径（d_a、D_a）

单一中径是指一个假想圆柱的直径，该圆柱的母线通过牙型上沟槽宽度等于基本螺距一半的地方。单一中径代表螺纹中径的组成要素的实际尺寸。当无螺距偏差时，单一中径与中径相等；有螺距偏差的螺纹，其单一中径与中径不相等，如图6-3所示，ΔP为螺距偏差。

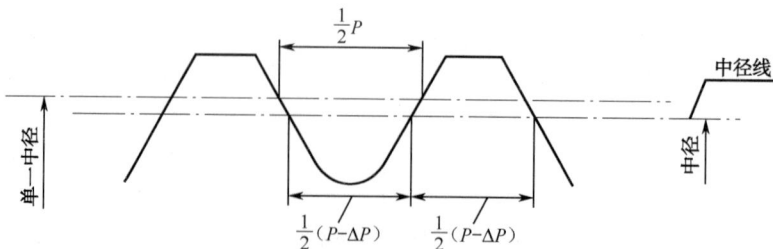

图6-3　螺纹的单一中径与中径

（6）导程（P_h）

导程是指同一螺旋线上的相邻两牙在中径线上对应两点间的轴向距离。对单线螺纹，导程与螺距相等；对多线螺纹，导程等于螺距 P 与螺纹线数 n 的乘积，即 $P_h=nP$。

（7）牙型角（α）和牙型半角（$\alpha/2$）

牙型角是指螺纹牙型上相邻两牙侧间的夹角。公制普通螺纹的牙型角 $\alpha=60°$。牙型半角是牙型角的一半，如图6-4（a）所示。公制普通螺纹的牙型半角 $\alpha/2=30°$。

（8）牙侧角（α_1、α_2）

牙侧角是指在螺纹牙型上牙侧与螺纹轴线的垂线之间的夹角。对于普通螺纹，在理论上，$\alpha=60°$，$\alpha/2=30°$，$\alpha_1=\alpha_2=30°$，如图6-4（b）所示。

（9）螺纹旋合长度

螺纹旋合长度是指两个相互配合的螺纹，沿螺纹轴线方向上相互旋合部分的长度，如图6-5所示。

（10）螺纹接触高度

螺纹接触高度是指在两个相互配合的螺纹牙型上，牙侧重合部分在垂直于螺纹轴线方向上的距离，如图6-5所示。

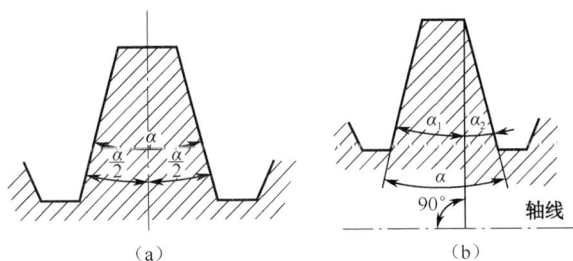

图6-4　牙型角、牙型半角和牙侧角

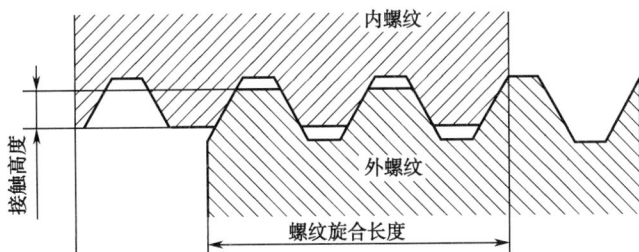

图6-5　螺纹旋合长度和螺纹接触高度

6.1.3　普通螺纹的公差与配合

1. 普通螺纹的公差带

螺纹公差带由构成公差带大小的公差等级和确定公差带位置的基本偏差组成。

（1）螺纹公差带的大小和公差等级

国家标准对内、外螺纹规定了不同的公差等级，各公差等级中 3 级最高，9 级最低，6 级为基本级。螺纹公差等级如表6-2所示。

表6-2　螺纹公差等级

螺纹直径	公差等级	螺纹直径	公差等级
外螺纹中径 d_2	3、4、5、6、7、8、9	内螺纹中径 D_2	4、5、6、7、8
外螺纹大径 d	4、6、8	内螺纹小径 D_1	4、5、6、7、8

普通螺纹的中径和顶径公差如表 6-3 和表 6-4 所示。

表 6-3 普通螺纹的中径公差（摘自 GB/T 197—2018）

公称直径 D/mm		螺距	内螺纹中径公差 T_{D2}/μm					外螺纹中径公差 T_{d2}/μm						
>	≤	P/mm	公差等级					公差等级						
			4	5	6	7	8	3	4	5	6	7	8	9
5.6	11.2	0.75	85	106	132	170	–	50	63	80	100	125	–	–
		1	95	118	150	190	236	56	71	95	112	140	180	224
		1.25	100	125	160	200	250	60	75	95	118	150	190	236
		1.5	112	140	180	224	280	67	85	106	132	170	212	295
11.2	22.4	1	100	125	160	200	250	60	75	95	118	150	190	236
		1.25	112	140	180	224	280	67	85	106	132	170	212	265
		1.5	118	150	190	236	300	71	90	112	140	180	224	280
		1.75	125	160	200	250	315	75	95	118	150	190	236	300
		2	132	170	212	265	335	80	100	125	160	200	250	315
		2.5	140	180	224	280	355	85	106	132	170	212	265	335
22.4	45	1	106	132	170	212	—	63	80	100	125	160	200	250
		1.5	125	160	200	250	315	75	95	118	150	190	236	300
		2	140	180	224	280	355	85	106	132	170	212	265	335
		3	170	212	265	335	425	100	125	160	200	250	315	400
		3.5	180	224	280	355	450	106	132	170	212	265	335	425
		4	190	236	300	375	415	112	140	180	224	280	355	450
		4.5	200	250	315	400	500	118	150	190	236	300	375	475

表 6-4 普通螺纹的顶径公差（摘自 GB/T 197—2018）

螺距	内螺纹小径公差 T_{D1}/μm					外螺纹大径公差 T_d/μm		
P/mm	公差等级					公差等级		
	4	5	6	7	8	4	6	8
0.75	118	150	190	236	—	90	140	—
0.8	125	160	200	250	315	95	150	236
1	150	190	236	300	375	112	180	280
1.25	170	212	265	335	425	132	212	335
1.5	190	236	300	375	475	150	236	375
1.75	212	265	335	425	530	170	265	425
2	236	300	375	475	600	180	280	450
2.5	280	355	450	560	710	212	335	530
3	315	400	500	630	800	236	375	600

由于内螺纹比外螺纹加工困难，所以在同一公差等级中，内螺纹中径公差比外螺纹中径公差大 32%。对外螺纹的小径和内螺纹的大径没有规定具体的公差值，只规定内、外螺纹牙底实际轮廓上的任何点均不得超出按基本偏差所确定的最大实体牙型。

多线螺纹的顶径公差与具有相同螺距单线螺纹的顶径公差相同，中径公差等于具有相同螺距单线螺纹的中径公差乘以修正系数，如表 6-5 所示。

表 6-5　多线螺纹的中径公差修正系数（摘自 GB/T 197—2018）

螺纹线数	2	3	4	≥5
修正系数	1.12	1.25	1.4	1.6

（2）螺纹公差带的位置和基本偏差

螺纹公差带的位置是由基本偏差确定的。在普通螺纹标准中，对内螺纹规定了代号为 G、H 的两种基本偏差，对外螺纹规定了代号为 a、b、c、d、e、f、g、h 的八种基本偏差，如图 6-6 所示。H、h 的基本偏差为 0，G 的基本偏差为正值，a、b、c、d、e、f、g 的基本偏差为负值。内、外螺纹的基本偏差如表 6-6 所示。

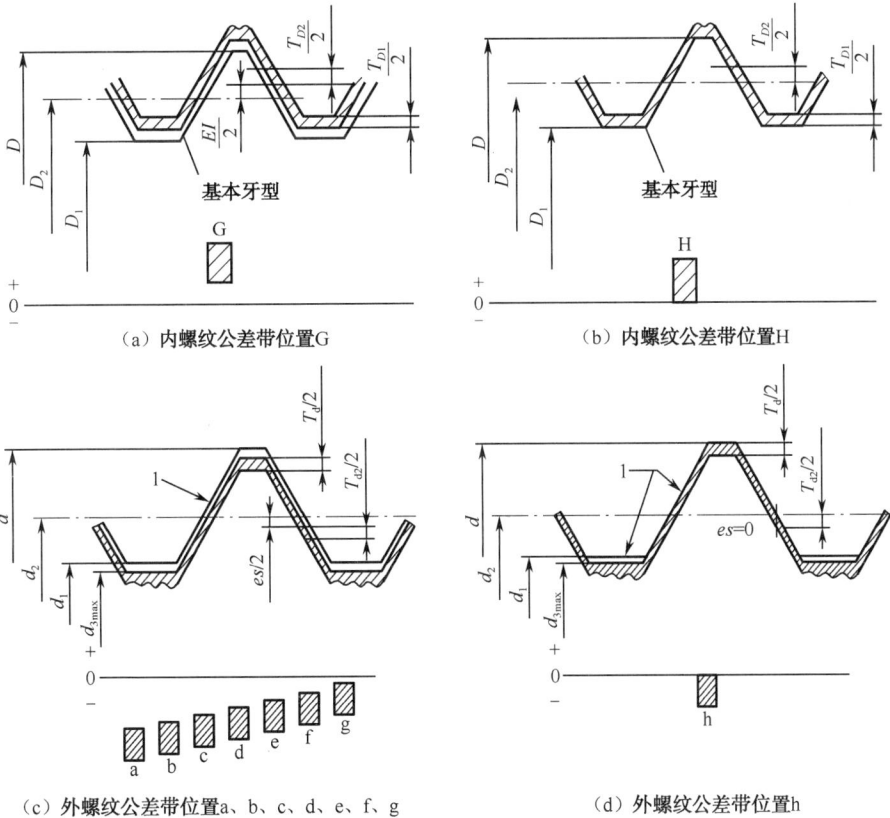

图 6-6　内外螺纹公差带位置

表 6-6　内、外螺纹的基本偏差（摘自 GB/T 197—2018）

螺距	内螺纹		外螺纹							
	G	H	a	b	c	d	e	f	g	h
P/mm	EI/μm		es/μm							
0.75	+22		—	—	—	—	−56	−38	−22	
0.8	+24		—	—	—	—	−60	−38	−24	
1	+26		−290	−200	−130	−85	−60	−40	−26	
1.25	+28		−295	−205	−135	−90	−63	−42	−28	
1.5	+32	0	−300	−212	−140	−95	−67	−45	−32	0
1.75	+34		−310	−220	−145	−100	−71	−48	−34	
2	+38		−315	−225	−150	−105	−71	−52	−38	
2.5	+42		−325	−235	−160	−110	−80	−58	−42	
3	+48		−335	−245	−170	−115	−85	−63	−48	

2. 螺纹的旋合长度及其精度等级

（1）螺纹旋合长度

按螺纹的直径和螺距可将旋合长度分为三组，分别为短旋合长度组（S）、中等旋合长度组（N）和长旋合长度组（L），以满足普通螺纹不同使用性能的要求。普通螺纹的旋合长度如表 6-7 所示。

表 6-7　普通螺蚊的旋合长度（摘自 GB/T 197—2018）　　　单位：mm

公称直径 D, d		螺距 P	旋合长度			
>	≤		S		N	L
			≤	>	≤	>
5.6	11.2	0.75	2.4	2.4	7.1	7.1
		1	3	3	9	9
		1.25	4	4	12	12
		1.5	5	5	15	15
11.2	22.4	1	3.8	3.8	11	11
		1.25	4.5	4.5	13	13
		1.5	5.6	5.6	16	16
		1.75	6	6	18	18
		2	8	8	24	24
		2.5	10	10	30	30

公称直径 D, d		螺距 P	旋合长度			
			S	N		L
>	≤		≤	>	≤	>
22.4	45	1	4	4	12	12
		1.5	6.3	6.3	19	19
		2	8.5	8.5	25	25
		3	12	12	36	36
		3.5	15	15	45	45
		4	18	18	53	53
		4.5	21	21	63	63

（2）螺纹的精度等级

当公差等级一定时，螺纹旋合长度越长，螺距累积偏差越大，加工越困难。因此，公差等级相同而旋合长度不同的螺纹精度等级就不相同。按螺纹公差等级和旋合长度可将螺纹精度分为精密、中等和粗糙三级。螺纹精度等级的高低代表着螺纹加工的难易程度。精密级用于精密螺纹，要求配合性质变动小时采用；中等级用于一般用途的螺纹；粗糙级用于制造螺纹比较困难的场合，如在热轧棒料上和深盲孔内加工螺纹。

（3）螺纹公差带的选用

按照内、外螺纹不同的基本偏差和公差等级可以组成许多螺纹公差带，在实际应用中，为了减少螺纹刀具和螺纹量规的规格和数量，国家标准中推荐了一些常用的公差带，如表6-8所示。在选用螺纹公差带时，应优先按表6-8中的规定选取。除特殊情况，表6-8以外的公差带不宜选用。如果不知道螺纹旋合长度的实际值（如标准螺栓），推荐按中等旋合长度（N）选取螺纹公差带。

表6-8 普通螺纹推荐公差带（摘自 GB/T 197—2018）

公差精度	公差带位置 G			公差带位置 H		
	S	N	L	S	N	L
精密	—	—	—	4H	5H	6H
中等	(5G)	6G*	(7G)	5H*	6H	7H*
粗糙	—	(7G)	(8G)	—	7H	8H

公差精度	公差带位置 e			公差带位置 f			公差带位置 g			公差带位置 h		
	S	N	L	S	N	L	S	N	L	S	N	L
精密	—	—	—	—	—	—	—	(4g)	(5g4g)	(3h4h)	4h*	(5h4h)
中等	—	6e*	(7e6e)	—	6f*	—	(5g6g)	6g	(7g6g)	(5h6h)	6h	(7h6h)
粗糙	—	(8e)	(9e8e)	—	—	—	—	8g	(9g8g)	—	—	—

注：其中大量生产的精制紧固螺纹，推荐采用带方框的公差带；带"*"的公差带应优先选用，其次是不带"*"的公差带，括号内的公差带尽量不用。

内、外螺纹牙底实际轮廓上的任何点不应超越按基本牙型和公差带位置所确定的最大实体牙型。

（4）配合的选择

表 6-8 中的内螺纹公差带与外螺纹公差带可以任意组合成各种配合，但是，为了保证内、外螺纹间有足够的螺纹接触高度，推荐完工后的螺纹零件应优先组成 H/g、H/h 或 G/h 的配合。选择配合时主要考虑以下几种情况：

① 为了保证旋合性，内、外螺纹应具有较高的同轴度，并有足够的接触高度和结合强度。通常采用最小间隙等于零的配合（H/h）。

② 如需要易于拆卸，可选用较小间隙的配合（H/g 或 G/h）。

③ 涂镀螺纹公差，如无其他特殊说明，推荐公差带适用于涂镀前螺纹。涂镀后，螺纹实际牙型轮廓上的任何点不应超越按公差位置 H 或 h 所确定的最大实体牙型。其基本偏差按所需镀层厚度确定。内螺纹较难镀层，涂镀对象主要是外螺纹。如镀层较薄（厚度约为 5μm），则内螺纹选用 6H，外螺纹选用 6g；如镀层较厚（厚度达 10μm），内螺纹选用 6H，外螺纹选用 6e；如内、外螺纹均需镀层，则可选用 6G/6e。

④ 高温下工作的螺纹，可根据装配和工作时的温度，来确定适当的间隙和相应的基本偏差，留有间隙以防螺纹卡死，一般常用基本偏差 e。如汽车上用 M14×1.25 规格的火花塞，温度相对较低时，可用基本偏差 g。

⑤ 对公称直径小于等于 1.4mm 的螺纹，应选用 5H/6h、4H/6h 或更精密的配合。

3．普通螺纹的标记

普通螺纹的标记由螺纹特征代号、尺寸代号、公差带代号及其他有必要进一步说明的个别信息组成，如图 6-7 所示。

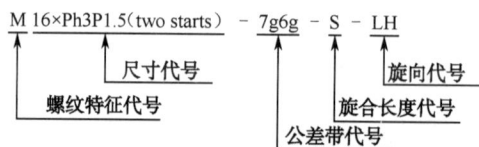

图 6-7　普通螺纹的标记

1）单个螺纹的标记

（1）特征代号

普通螺纹的特征代号用字母"M"表示。

（2）尺寸代号

尺寸代号包括公称直径、导程、螺距等。

粗牙螺纹可省略标注螺距项；单线螺纹标记为"公称直径×P 螺距"；多线螺纹标记为"公称直径×Ph 导程 P 螺距"，如要进一步表明螺纹的线数，可在后面增加括号说明（使用英语进行说明，如双线为 two starts，三线为 three starts）。

（3）公差带代号

公差带代号包含中径公差带代号和顶径公差带代号。公差带代号由表示公差等级的数值和表示公差带位置的字母组成。中径公差带代号在前，顶径公差带代号在后。如果中径公差带代号和顶径公差带代号相同，则应只标注一个公差带代号。螺纹尺寸代号与公差带代号间用"-"隔开。

如有下列情况，中等精度螺纹不标注其公差代号：

① 内螺纹的公差带代号为 5H，且公称直径≤1.4mm；公差带代号为 6H，且公称直径≥1.6mm；螺距为 0.2mm，且公差等级为 4 级。

② 外螺纹的公差带代号为 6h，且公称直径≤1.4mm；公差带代号为 6g，且公称直径≥1.6mm。

（4）旋合长度代号

旋合长度代号"S"和"L"标注在公差带代号后，公差带代号与旋合长度代号间用"-"隔开，中等旋合长度螺纹不标注代号"N"。

（5）旋向代号

对左旋螺纹，应在旋合长度代号之后标注"LH"。旋合长度代号与旋向代号间用"-"隔开，右旋螺纹不标注旋向代号。

2）螺纹配合的标记

表示内、外螺纹配合时，内螺纹公差带代号在前，外螺纹公差带代号在后，中间用斜线"/"分开。

3）标注示例

① M10：公称直径为 10mm，粗牙，单线，中等公差精度（省略 6H 或 6g），中等旋合长度，右旋普通螺纹。

② M14×1.5-6H/5g6g：公称直径为 14mm，螺距为 1.5mm，单线，中径公差带和顶径公差带为 6H 内螺纹和中径公差带为 5g、顶径公差带为 6g 的外螺纹组成的中等旋合长度、右旋细牙普通螺纹配合。

③ M6×0.75-5h6h-S-LH：公称直径为 6mm，螺距为 0.75mm，单线，中径公差带为 5h、顶径公差带为 6h，短旋合长度，左旋细牙普通外螺纹。

④ M14×Ph6P2-7H-L-LH：公称直径为 14mm，导程为 6mm，螺距为 2mm，3 线，中径公差带和顶径公差带为 7H，长旋合长度，左旋普通内螺纹。

6.1.4 螺纹中径合格性的判断

1. 普通几何参数偏差对螺纹互换性的影响

螺纹的主要几何参数包括大径、小径、中径、螺距和牙型半角等，在加工过程中，这些参数不可避免地都会产生一定的偏差，这些偏差将影响螺纹的旋合性、接触高度和连接的可靠性，从而影响螺纹结合的互换性。以下着重介绍螺纹中径偏差、螺距偏差及牙型半角偏差对螺纹互换性的影响。

（1）普通螺纹中径偏差对螺纹互换性的影响

螺纹中径的组成要素的实际尺寸与中径公称尺寸存在偏差，如果外螺纹中径比内螺纹中径大，就会影响螺纹的旋合性；反之，如果外螺纹中径比内螺纹中径小，就会使内外螺纹配合过松而影响连接的可靠性和紧密性，削弱连接强度。可见，中径偏差的大小直接影响螺纹的互换性，因此对中径偏差必须加以限制。

（2）螺距偏差对螺纹互换性的影响

螺距偏差分为单个螺距偏差和螺距累积偏差，前者与旋合长度无关，后者与旋合长度有关。螺距偏差对旋合性的影响如图 6-8 所示。

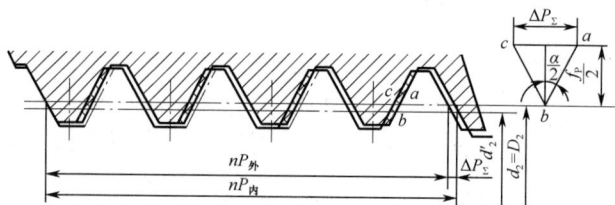

图 6-8　螺距偏差对旋合性的影响

在图 6-8 中，假定内螺纹具有基本牙型，外螺纹的中径及牙型半角与内螺纹相同，但螺距有偏差，外螺纹的螺距比内螺纹的小，则内、外螺纹的牙型产生干涉（图 6-8 中网格线部分）而无法自由旋合。

在实际生产中，为了使有螺距偏差的外螺纹旋入标准的内螺纹，应将外螺纹的中径减小一个数值 f_P。同理，为了使有螺距偏差的内螺纹旋入标准的外螺纹，应将内螺纹的中径加大一个数值 f_P。这个 f_P 值叫作螺距偏差的中径当量（μm）。从图 6-8 中的几何关系可得

$$f_P = \left| \Delta P_\Sigma \right| \cdot \cot \frac{\alpha}{2} \tag{6-1}$$

对于公制普通螺纹 $\alpha/2=30°$，则

$$f_P = 1.732 \left| \Delta P_\Sigma \right| \quad (\text{mm}) \tag{6-2}$$

式中，ΔP_Σ 取绝对值，因为不论 ΔP_Σ 是正值或负值，都会发生干涉，影响旋合性的性质不变，只是发生的干涉在不同的牙侧面而已。ΔP_Σ 为在旋合长度内最大的螺距累积偏差值，但该值并不一定出现在最大旋合长度上。

（3）牙型半角偏差对螺纹互换性的影响

螺纹牙型半角偏差为实际牙型半角与理论牙型半角之差，它是牙侧相对于螺纹轴线的位置偏差。牙型半角偏差对螺纹的旋合性和连接强度均有影响。

如图 6-9 所示为牙型半角偏差对旋合性的影响。在图 6-9 中，假设内螺纹具有基本牙型，外螺纹中径及螺距与内螺纹相同，仅牙型半角有偏差。

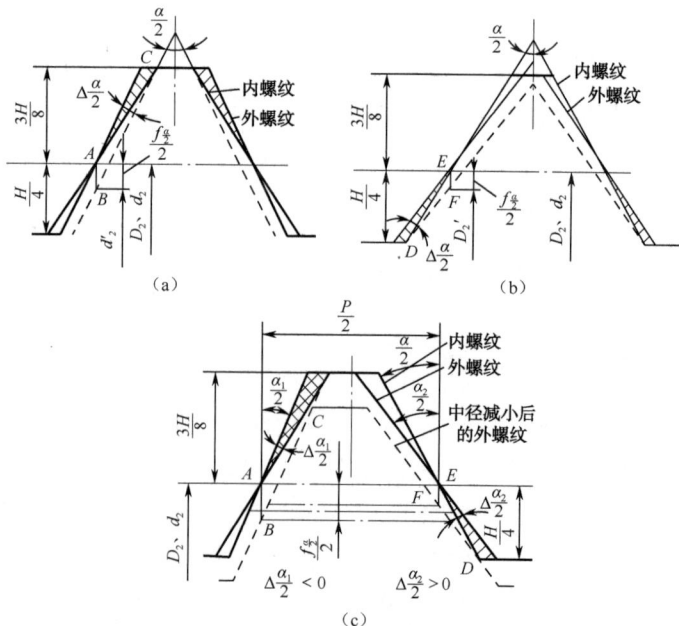

图 6-9　牙型半角偏差对旋合性的影响

在图6-9（a）中，外螺纹的左、右牙型半角相等，但小于内螺纹牙型半角，牙型半角偏差$\Delta\alpha/2=\alpha/2$（外）$-\alpha/2$（内）<0，则在其牙顶部分的牙侧发生干涉。

在图6-9（b）中，外螺纹的左、右牙型半角相等，但大于内螺纹牙型半角，牙型半角偏差$\Delta\alpha/2=\alpha/2$（外）$-\alpha/2$（内）>0，则在其牙根部分的牙侧发生干涉。

在图6-9（c）中，外螺纹的左、右牙型半角偏差不相同，两侧干涉区的干涉量也不相同。

上述三种情况下，外螺纹都将无法旋入内螺纹，为了使外螺纹旋入标准的内螺纹，必须把外螺纹的中径减小一个数值$f_{\frac{\alpha}{2}}$，这个$f_{\frac{\alpha}{2}}$值叫作牙型半角偏差的中径当量（μm）。

根据三角形的正弦定理，可得到外螺纹牙型半角偏差的中径当量$f_{\frac{\alpha}{2}}$为

$$f_{\frac{\alpha}{2}}=0.073P\left(K_1\left|\Delta\frac{\alpha_1}{2}\right|+K_2\left|\Delta\frac{\alpha_2}{2}\right|\right)\quad(\mu m)\qquad(6\text{-}3)$$

式中 P——螺距（mm）；

$\Delta\dfrac{\alpha_1}{2}$——左牙型半角偏差（分）；

$\Delta\dfrac{\alpha_2}{2}$——右牙型半角偏差（分）；

K_1、K_2——系数，对外螺纹，当牙型半角误差为正值时，K_1和K_2取2；当牙型半角误差为负值时，K_1和K_2取3。对内螺纹其取值相反。

式（6-3）是以外螺纹存在牙型半角偏差时推导整理出来的一个通式，当假设外螺纹具有标准牙型，而内螺纹存在牙型半角偏差时，就需要将内螺纹的中径加大一个$f_{\frac{\alpha}{2}}$，它对内螺纹同样适用。

2．作用中径

作用中径是指螺纹配合时实际起作用的中径。当普通螺纹没有螺距偏差和牙型半角偏差时，内、外螺纹旋合时起作用的中径就是螺纹的实际中径。当螺纹有了螺距偏差和牙型半角偏差时，相当于外螺纹的中径增大了，这个增大了的想象中径叫作外螺纹的作用中径（$d_{2作用}$），它是与内螺纹旋合时实际起作用的中径，其值等于外螺纹的实际中径与螺距偏差及牙型半角偏差的中径当量之和，即

$$d_{2作用}=d_{2实际}+(f_P+f_{\frac{\alpha}{2}})\qquad(6\text{-}4)$$

同理，内螺纹有了螺距偏差和牙型半角偏差时，相当于内螺纹中径减小了，这个减小了的想象中径叫作内螺纹的作用中径（$D_{2作用}$），它是与外螺纹旋合时实际起作用的中径，其值等于内螺纹的实际中径与螺距偏差及牙型半角偏差的中径当量之差，即

$$D_{2作用}=D_{2实际}-(f_P+f_{\frac{\alpha}{2}})\qquad(6\text{-}5)$$

这里实际中径$D_{2实际}$（$d_{2实际}$）用螺纹的单一中径代替。由于螺距偏差和牙型半角偏差的影响均可折算为中径当量，故对于普通螺纹，国家标准没有规定螺距及牙型半角的公差，只规定了一个中径公差，这个公差同时用来限制实际中径、螺距及牙型半角三个要素的偏差。

3．螺纹中径合格性判断原则

如前所述，如果外螺纹的作用中径过大，内螺纹的作用中径过小，将使螺纹难以旋合。若外螺纹的单一中径过小，内螺纹的单一中径过大，将会影响螺纹的连接强度。因此，从保证螺纹旋合性和连接强度看，螺纹中径合格性判断准则应遵循泰勒原则，即螺纹的作用中径不能超越最大实体牙型的中径；任意位置的实际中径（单一中径）不能超越最小实体牙型的中径。所谓最大与最小实体牙型，是指在螺纹中径公差范围内，分别具有材料量最多和最少且与基本牙型形状一致的螺纹的牙型。

对外螺纹：作用中径不大于中径上极限尺寸，任意位置的实际中径不小于中径下极限尺寸，即

$$d_{2\text{作用}} \leq d_{2\max}, \quad d_{2a} \geq d_{2\min}$$

对内螺纹：作用中径不小于中径下极限尺寸，任意位置的实际中径不大于中径上极限尺寸，即

$$D_{2\text{作用}} \geq D_{2\min}, \quad D_{2a} \leq D_{2\max}$$

6.1.5 普通螺纹的检测

螺纹的检测可分为综合检验和单项测量。

1．综合检验

在实际生产中，通常采用螺纹量规和光滑极限量规联合检验螺纹的合格性，如图6-10所示。

（a）外螺纹量规

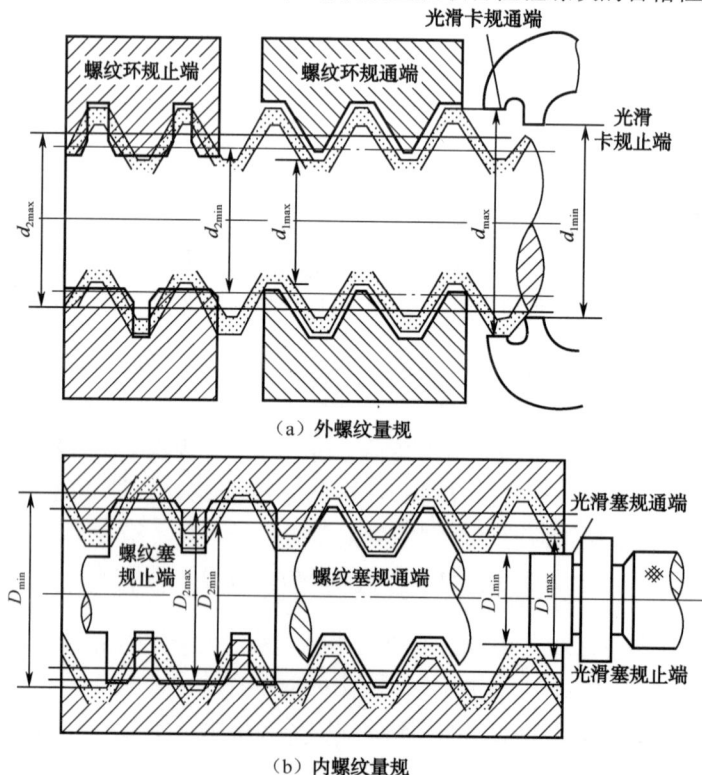

（b）内螺纹量规

图6-10　螺纹量规

图 6-10（a）中的光滑卡规用来检验外螺纹的大径，螺纹环规通端用来检验外螺纹作用中径和小径的上极限尺寸，应有完整的牙型，其螺纹长度要与提取（实际）螺纹旋合长度相当（至少等于提取（实际）工件旋合长度的 80%）。螺纹环规通端旋过提取（实际）螺纹为合格。螺纹环规止端只用来检验外螺纹实际中径是否超过外螺纹中径的下极限尺寸，螺纹环规止端不应旋过合格的螺纹，但可以旋入不超过两个螺距的旋合量。为了消除螺距偏差和牙型半角偏差的影响，螺纹环规止端做成截短牙型，且螺纹圈数只有 2～3.5 圈。

在图 6-10（b）中，光滑塞规用来检验内螺纹的小径，螺纹塞规通端用来检验内螺纹作用中径和大径的下极限尺寸，应有完整的牙型和与被测螺纹相当的螺纹长度。螺纹塞规止端只用来检验内螺纹实际中径，采用截短牙型和较少的螺纹圈数，旋合量要求与螺纹环规相同。

2. 单项测量

单项测量一般指分别测量螺纹的每个参数，包括中径、螺距、牙型半角和顶径等。单项测量主要用于螺纹工件的工艺分析或螺纹量规、螺纹刀具的质量检查。

1）用螺纹千分尺测量外螺纹中径

（1）螺纹千分尺结构

螺纹千分尺的结构和一般外径千分尺相似，所不同的是螺纹千分尺在微动螺杆（活动测头）及砧座上有孔，在孔内可装不同型号的可换测头。其中圆锥量头装在量杆上，V 形测头装在可调整的砧座上。每个螺纹千分尺有一套可换测头。每对测头只能用来测量一定范围螺距的螺纹。螺纹千分尺的结构如图 6-11 所示。

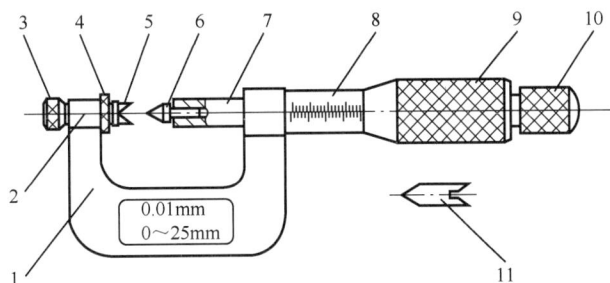

1—弓架；2—砧座；3—微调螺钉；4—锁紧螺母；5—V 形测头；6—锥形测头；7—活动测头测杆；8—内套筒；9—旋转测微套筒；
10—棘轮定压机构；11—校对样柱。

图 6-11 螺纹千分尺的结构

螺纹千分尺的规格有 0～25mm、25～50mm 直至 325～350mm 数十种，螺纹千分尺的特点是使用方便，但测量误差较大（一般为 0.05～0.20mm），所以在实际生产中，只适用于测量低精度螺纹中径。

（2）测量方法与步骤

① 根据被测对象要求，从普通螺纹偏差表中查出螺纹中径的极限偏差，计算出螺纹中径的极限尺寸。中径公称尺寸可查普通螺纹公称尺寸表，也可用以下公式计算：

$$d_2=d-0.6495P$$

② 根据螺纹中径数值选择具有相应测量范围的螺纹千分尺。

③ 根据被测螺纹的螺距选择测头，并装于螺纹千分尺活动测头测杆 7 和砧座 2 的孔内。

④ 校对螺纹千分尺的零位，并将零位误差的负值记录为修正值。校对 0～25mm 的螺纹

千分尺零点位置时，将两个测头直接接触即可。校对大于 25mm 的千分尺时，需将校对样柱 11 置于两测头之间，使两测头测量面与校对样柱相应的工作表面接触，然后读取零位误差并将其负值记录为修正值。

⑤ 测量。将被测螺纹工件擦净，测头和牙型的接触位置如图 6-12 所示。将螺纹千分尺的 V 形测头放置于被测螺纹牙型外侧面，使两者双面接触；锥形测头放置于被测螺纹对应的牙型槽内，也必须保证双面接触，反复试几次尽量使两测头的连线通过被测螺纹的直径方向，读取并记录测得值。在若干个径向剖面上的几个不同方位进行测量后，将测得值填入检测记录表中，并做出适用性结论。

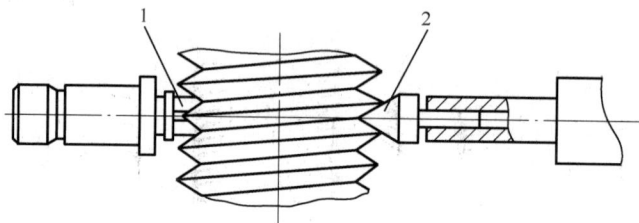

1—V 形测头；2—锥形测头。

图 6-12　测头和牙型的接触位置

2）三针量法

（1）测量原理

三针量法是一种间接测量方法，主要用于测量精密螺纹（如丝杠、螺纹塞规）的单一中径。根据被测螺纹的螺距和牙型半角选取三根直径相同的小圆柱（直径为 d_0）放在牙槽里，用量仪（机械测微仪、光学计、测长仪等）量出尺寸 M 值，然后根据被测螺纹已知的螺距 P、牙型半角 $\alpha/2$ 和量针直径 d_0，计算螺纹中径的实际（组成）值 $d_{2\,实际}$，如图 6-13 所示。

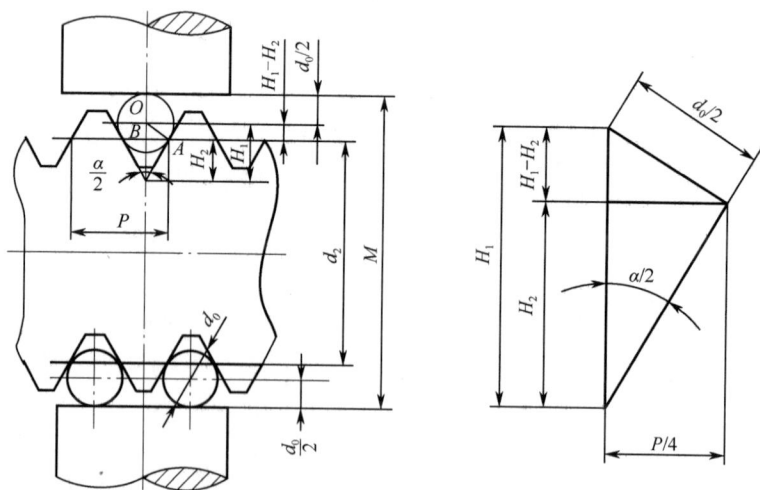

图 6-13　三针量法测量螺纹中径示意图

由图 6-13 可知

$$d_{2实际} = M - d_0 \left(1 + \frac{1}{\sin\dfrac{\alpha}{2}} \right) + \frac{P}{2}\cot\frac{\alpha}{2}$$

对于公制普通螺纹，$\alpha=60°$，则

$$d_{2实际} \approx M - 3d_0 + 0.866P \qquad (6\text{-}6)$$

为避免牙型半角偏差对测量结果的影响，量针直径应按照螺纹螺距选取，使量针在中径线上与牙侧接触，这样的量针直径称为最佳量针直径 $d_{0最佳}$，如图 6-14 所示。

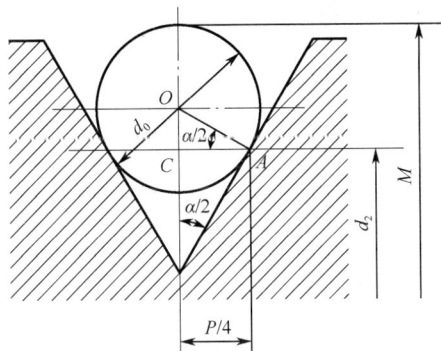

图 6-14　量针最佳直径分析示意图

由图 6-14 可知

$$d_{0最佳} = P / \left(2 \times \cos\frac{\alpha}{2} \right)$$

对公制普通螺纹，则

$$d_{0最佳} \approx 0.577P \qquad (6\text{-}7)$$

$$d_{2实际} \approx M - 1.5d_{0最佳} \qquad (6\text{-}8)$$

（2）测量方法与步骤

① 根据被测对象要求，从普通螺纹偏差表中查出螺纹中径的极限偏差，计算出螺纹中径的极限尺寸。中径公称尺寸可查普通螺纹公称尺寸表，也可用以下公式计算：

$$d_2 = d - 0.6495P$$

② 选择量具及量针。

量具的选择：普通螺纹用外径千分尺测量，对精度要求高的螺纹用杠杆千分尺或比较仪测量。

量针的选择：量针分 0 级和 1 级两种。0 级量针主要用来测量螺纹中径公差为 4～8μm 的螺纹制件；1 级量针用来测量螺纹中径公差在 8μm 以上的螺纹制件。一般螺纹测量选用 1 级量针即可。

若被测件的 $\alpha=60°$，按式（6-7）计算量针最佳直径，再按 $d_{0最佳}$ 选取相近数值的量针。

③ 校对量具。用千分尺校对样柱或量块校对千分尺。

④ 按图 6-13 所示位置将三针放入螺槽中测得 M 值。

⑤ 计算 $d_{2实际}$。

当所选量针 $d_0 = d_{0最佳}$ 时，按式（6-8）计算；当 $d_0 \neq d_{0最佳}$ 时，应按式（6-6）计算。

⑥ 将测量结果填入检测记录表中，进行数据处理。

3）用工具显微镜测量螺纹各参数

用工具显微镜测量属于影像法测量，能测量螺纹的各种参数，如测量螺纹的大径、中径、小径、螺距和牙型半角等。各种精密螺纹，如螺纹量规、丝杠、螺杆、滚刀等，都可以在工具显微镜上进行测量。测量时可参阅有关仪器使用说明资料。

任务小结

识读图 6-1 所示零件图的螺纹标记：外 M24-6h 表示公称直径为 24mm，中径和顶径公差带为 6h 的中等旋合长度右旋粗牙单线普通螺纹。

查表 6-1 得：螺距 P=3mm，大径 d=24mm，中径 d_2=22.051mm，小径 d_1=20.752mm。

查表 6-5，由螺距 P=3mm 和外螺纹的基本偏差代号 h 得：外螺纹的基本偏差 es=0。

① 大径。

查表 6-4，由螺距 P=3mm 和外螺纹的大径公差等级为 6 级得：T_d=0.375mm。

所以大径公差带的下极限偏差 $ei=es-T_d$=-0.375mm；大径的极限尺寸：d_{max}=24mm，d_{min}=23.625mm。

② 中径。

查表 6-3，由公称直径 d=24mm、螺距 P=3mm 和外螺纹的中径公差等级为 6 级得：T_{d2}=0.200mm。

所以中径公差带的下极限偏差 $ei=es-T_d$=-0.200mm；中径的极限尺寸：d_{2max}=22.051mm，d_{2min}=21.851mm。

③ 小径。

对外螺纹小径下偏差不做要求，故小径的极限尺寸为 d_{1max}=20.752mm，d_{1max} 不超越实体牙型即可。

思行并进

从中国高铁看中国速度与人生价值

中国高速铁路，简称中国高铁，是指中国境内建成使用的高速铁路，是当代中国重要的一类交通基础设施。20 世纪 60 年代至 70 年代末，以 1964 年日本新干线铁路建成使用为标志，全球开始发展商业运营高速铁路。

经过探索、试验、发展，2003 年，中国高速铁路确立"市场换技术"基本思路，通过与外国企业合作建设发展中国高铁技术；2010 年至 2018 年期间，中国已在长三角、珠三角、环渤海等地区城市群建成高密度高铁路网，东部、中部、西部和东北四大板块区域之间完成高铁互联互通。截至 2020 年底，我国高速铁路运营里程达 3.79 万公里，居世界第一。同时，全国高铁路网已覆盖 94.7%的 100 万以上人口城市。

2016 年 7 月 15 日，两列中国标准高速动车组均以 420 千米/小时的速度在郑徐高速铁路上完成安全交会，标志着中国已全面掌握核心高铁技术，同时，中国中车集团公司在全球高铁市场占据 69%份额，成为世界高铁领跑者。2017 年 6 月 26 日，"复兴号"列车投入运营，装配由中国自主研发的大功率 IGBT（绝缘栅双极型晶体管）；中国标准动车组所采用的 254 项重要标准中，中国标准占 84%，国际兼容标准占 16%，不同列车可以重联运行。2019 年 7

月 8 日，根据世界银行发布的《中国的高速铁路发展》报告：中国高铁营业里程超过世界其他国家高铁营业里程总和，票价最低，建设成本约为其他国家建设成本的三分之二。

中国高铁正进入广泛应用云计算、大数据、互联网、移动互联、人工智能、北斗导航等新技术，实现高铁移动设备、基础设施，以及内外部环境之间信息全面感知、广泛互联、融合处理、主动学习和科学决策的智能高铁发展新阶段。

中国高铁跑出中国速度，更创造了中国奇迹。

时不待我，我们要学好公差相关国家标准，提高职业素养，高标准，严要求，发愤图强，搭上时代高铁，创造人生价值，行动起来吧！

项目7　圆锥和角度的公差及检测

知识点	知识重点	圆锥公差标注，锥度和角度检测方法
	知识难点	圆锥公差与配合种类
	必须掌握的理论知识	圆锥公差与配合种类及标注，角度公差的概念，锥度和角度检测方法
教学方法	推荐教学方法	任务驱动教学法
	推荐学习方法	课堂：听课+互动+技能训练
		课外：了解圆锥配合的特点，了解圆锥公差标注方法
课程思政	思行并进	从神舟飞船与空间站交会对接看高精度与高科技
技能训练	理论	—
	实践	—
考核	阶段考核	—

任务1　识读圆锥公差标注

课前	准备及预习	了解圆锥配合的特点及圆锥公差给定方法
课中	提问	1. 圆锥配合特点有哪些？
		2. 圆锥公差项目有哪些？
		3. 圆锥公差标注有哪几种方法
课后	作业	—

任务介绍

识读图7-1所示轴右端圆锥公差的标注。

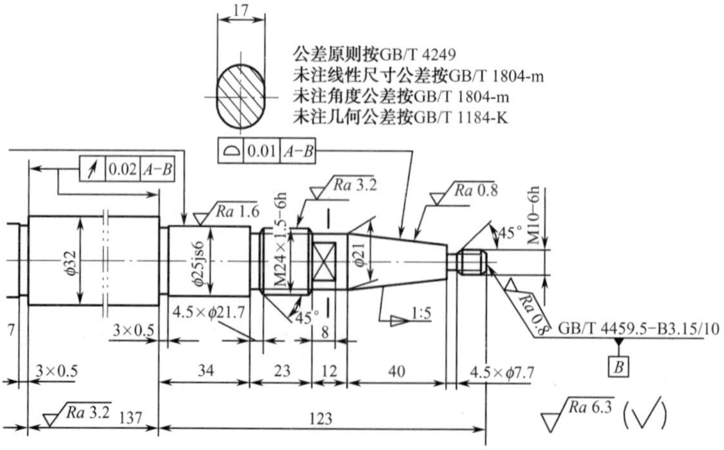

图7-1　轴

圆锥配合是机器结构中常用的典型结构，它具有较高的同轴度，配合自锁性好，密封性好，可以自由调整间隙和过盈，圆锥配合具有圆柱配合所不能替代的优点，因而在机械、仪器方面应用广泛。但圆锥配合结构复杂，加工和检测困难，所以不适用于对孔、轴轴向相对位置要求较高的场合。为保证圆锥配合的互换性，我国发布了一系列标准：

GB/T 157—2001《产品几何量技术规范（GPS）圆锥的锥度和锥角系列》

GB/T 11334—2005《产品几何量技术规范（GPS）圆锥公差》

GB/T 12360—2005《产品几何量技术规范（GPS）圆锥配合》

GB/T 15754—1995《技术制图　圆锥的尺寸和公差注法》

GB/T 11852—2003《圆锥量规公差与技术条件》

7.1.1　圆锥配合相关术语及定义

（1）圆锥表面：与轴线成一定角度，且一端相交于轴线的一条直线段（母线），围绕着该轴线旋转形成的表面。

（2）圆锥：由圆锥表面与一定尺寸所限定的几何体。圆锥分为外圆锥和内圆锥。外圆锥是外部表面为圆锥表面的几何体，内圆锥是内部表面为圆锥表面的几何体。

（3）圆锥角 α：在通过圆锥轴线的截面内，两条素线间的夹角称为圆锥角，用代号 α 表示，圆锥角的一半称为斜角，代号为 $\alpha/2$（见图7-2）。

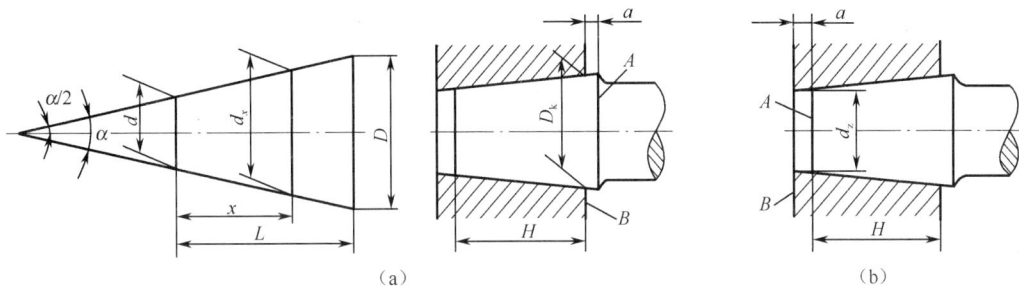

图7-2　圆锥及配合几何参数

（4）圆锥直径：圆锥在垂直轴线截面上的直径称为圆锥直径。常用的圆锥直径有：最大圆锥直径 D、最小圆锥直径 d、给定截面圆锥直径 d_x（见图7-2）。

（5）圆锥长度 L：最大圆锥直径与最小圆锥直径之间的轴向距离，称为圆锥长度（见图7-2）。

（6）锥度 C：两个垂直于圆锥轴线截面的直径差与两截面间的轴向距离之比，称为锥度。即

$$C = (D - d)/L$$

锥度 C 与圆锥角 α 的关系为

$$C = 2\tan(\alpha/2)$$

（7）基面距 b：指外圆锥基面（通常为轴肩）与内圆锥基面（通常为端面）之间的距离。

基面距决定内、外圆锥的轴向相对位置，基面距的位置按圆锥的基本直径而定，若以外圆锥最小的圆锥直径 d_z 为基本直径，则基面距 a 在圆锥的小端；若以内圆锥最大的圆锥直径 D_k 为基本直径，则基面距 a 在圆锥的大端。

7.1.2 圆锥配合的特点、种类及应用、标准

1. 圆锥配合的特点

（1）能保证结合件自动定心。它不仅能使结合件的轴线很好地重合，而且经多次装拆也不受影响。

（2）配合间隙或过盈的大小可调整。通过调整内、外圆锥的轴向相对位置，可以改变其配合间隙或过盈的大小，还能补偿磨损，延长使用寿命。

（3）配合紧密，具有自锁性而且便于拆卸。要求在使用中有一定过盈，而在装配时有一定间隙，这对于圆柱配合是难以办到的。但在圆锥配合中，轴向拉紧内、外圆锥，可以完全消除间隙，乃至形成一定过盈；而将内、外圆锥沿轴向放松，又很容易拆卸。由于配合紧密，圆锥配合具有良好的密封性，可以防止漏气、漏水或漏油。有足够的过盈时，圆锥配合还具有自锁性，能够传递一定的扭矩，甚至可以取代花键结合，使传动结构简单、紧凑。

2. 圆锥配合的种类及应用

圆锥孔轴配合种类有三种，各有不同的使用场合。

（1）间隙配合：这类配合有间隙，相互配合的内、外圆锥能相对运动，且在装配和使用过程中间隙大小可调，如机床顶尖、车床主轴的圆锥轴颈与圆锥滑动轴承衬套的配合。

（2）过渡配合：这类配合内、外圆锥面接触紧密，间隙为零或者稍有过盈，称为紧密配合，可以防止漏水和漏气，主要用于需要定心或密封的场合，如锥形旋塞，内燃机中气门与气门座的配合。为了使配合的圆锥面具有良好的密封性，对内、外圆锥面的形状精度要求很高，通常将它们配对研磨，因而这类圆锥不具有互换性。

（3）过盈配合：这类配合有过盈，具有自锁性，内、外圆锥体没有相对运动，过盈大小可以调整，而且装拆方便。常用于需要借助相互配合的圆锥面间的摩擦力来传递转矩或周向和轴向固定的场合，如圆锥离合器的结合，机床上的刀具（钻头、立铣刀等）的锥柄与机床主轴锥孔的配合。

3. 圆锥配合标准

GB/T 12360—2005《产品几何量技术规范（GPS）圆锥配合》适用于锥度为 $1:3\sim1:500$，圆锥长度 L 为 $6\sim630$mm，直径小于 500mm 光滑圆锥的配合。

圆锥配合有结构型圆锥配合和位移型圆锥配合两种。

（1）结构型圆锥配合

由圆锥结构确定装配位置，以及内、外圆锥公差区之间的相互关系。

结构型圆锥配合可以是间隙配合、过渡配合或过盈配合。如图 7-3 所示为由轴肩接触形成间隙配合的结构型圆锥配合示例，如图 7-4 所示为由结构尺寸 a 形成过盈配合的结构型圆锥配合示例。

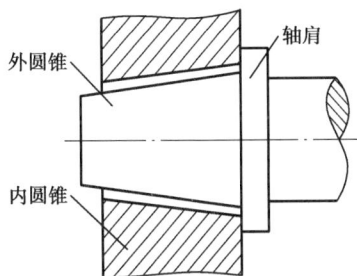

图 7-3 由轴肩接触形成间隙配合的
结构型圆锥配合示例

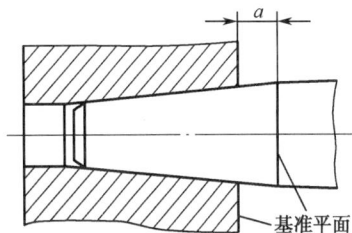

图 7-4 由结构尺寸 a 形成过盈配合的
结构型圆锥配合示例

结构型圆锥配合推荐采用基孔制。内、外圆锥直径公差带代号及配合按 GB/T 1800.1 选取。由于结构型圆锥配合的圆锥直径公差的大小直接影响配合精度，因此，推荐内、外圆锥直径公差等级不低于 IT9。如果对接触精度有更高要求，叮进一步给出圆锥角公差和圆锥的形状公差。

（2）位移型圆锥配合

内、外圆锥在装配时做一定相对轴向位移确定的相互关系。

位移型圆锥配合可以是间隙配合或过盈配合。如图 7-5 所示为给定轴向位移 E_a 得到间隙配合的位移型圆锥配合示例，如图 7-6 所示为给定装配力 F 得到过盈配合的位移型圆锥配合示例。

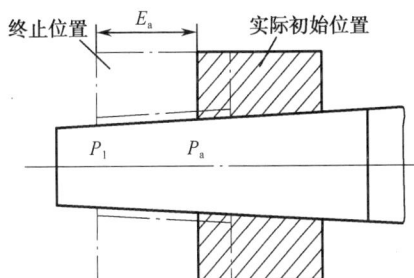

图 7-5 给定轴向位移 E_a 得到间隙配合
的位移型圆锥配合示例

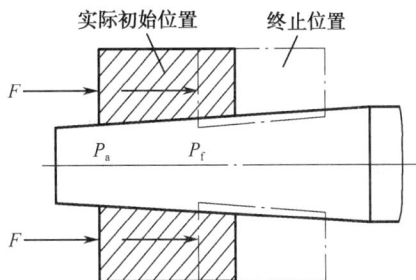

图 7-6 给定装配力 F 得到过盈配合
的位移型圆锥配合示例

位移型圆锥配合的内、外圆锥直径公差带代号的基本偏差推荐选用 H、h、JS、js。其轴向位移的极限值按 GB/T 1800.1 规定的极限间隙或极限过盈来计算。

位移型圆锥配合的轴向位移极限值（E_{amax}、E_{amin}）和轴向位移公差 T_E 按下列公式计算：

① 对于间隙配合：

$$E_{amin} = \frac{1}{C} \times |X_{min}| \qquad E_{amax} = \frac{1}{C} \times |X_{max}|$$

$$T_E = E_{amax} - E_{amin} = \frac{1}{C} \times |X_{max} - X_{min}|$$

式中　C——锥度；

　　　X_{max}——配合的最大间隙；

　　　X_{min}——配合的最小间隙。

② 对于过盈配合：

$$E_{amin} = \frac{1}{C} \times |Y_{min}| \qquad E_{amax} = \frac{1}{C} \times |Y_{max}|$$

$$T_E = E_{amax} - E_{amin} = \frac{1}{C} \times |Y_{max} - Y_{min}|$$

式中 C——锥度；

　　　Y_{max}——配合的最大过盈；

　　　Y_{min}——配合的最小过盈。

7.1.3 圆锥配合误差分析

圆锥直径和锥度的制造误差都会引起圆锥配合基面距的变化和表面接触状况的不良，下面分析其影响。

1. 圆锥直径误差对基面距的影响

当内、外圆锥配合时，设以内圆锥的最大圆锥直径为配合直径，则基面距在大端。若内、外圆锥无误差，仅配合直径有误差，则内、外圆锥直径误差之差为正值时，基面距减小；内、外圆锥直径误差之差为负值时，基面距增大。

2. 斜角误差对基面距的影响

当内、外圆锥配合时，设以内圆锥的最大圆锥直径为配合直径，则基面距在大端。若内、外圆锥无直径误差，仅斜角有误差，则内、外圆锥斜角误差之差为正值时，内、外圆锥将在小端接触；内、外圆锥斜角误差之差为负值时，内、外圆锥将在大端接触，由斜角误差引起的基面距变化很小，可略去不计，如果斜角误差较大，则接触面小，传递扭矩将急剧减少，易磨损，且圆锥轴线可能产生较大倾斜，影响圆锥配合的同轴度。

一般情况下，直径误差和斜角误差同时存在，二者同时影响基面距的最大可能变动量。所以根据基面距公差的要求，在确定圆锥直径和圆锥角时，通常按工艺条件先选定一个参数的公差，再由相关公式计算另一个参数的公差。基面距公差根据圆锥配合的具体功能确定。

7.1.4 圆锥公差与配合的选用

1. 锥度与锥角系列

按照国家标准 GB/T 157—2001《产品几何量技术规范（GPS） 圆锥的锥度与锥角系列》的规定，锥度与锥角系列分为一般用途和特殊用途两种，适用于光滑圆锥。

（1）一般用途圆锥的锥度与锥角

一般用途圆锥的锥度与锥角共 21 个基本值系列，如表 7-1 所示。选用时，应优先选用系列 1 的 14 个基本值，只有当系列 1 不能满足要求时，才选用系列 2。

表 7-1 一般用途圆锥的锥度与锥角系列（摘自 GB/T 157—2001）

基 本 值		推 算 值			
系列 1	系列 2	圆锥角 α			锥度 C
		/(°)(′)(″)	/(°)	/rad	
120°		—	—	2.049 395 10	1：0.288 675 1
90°		—	—	1.570 796 33	1：0.500 000 0
	75°	—	—	1.308 996 94	1：0.651 612 7
60°		—	—	1.047 197 55	1：0.866 025 4
45°		—	—	0.785 398 16	1：1.207 106 8
30°		—	—	0.523 598 78	1：1.866 025 4
1：3		18°55′28.719 9″	18.924 644 42°	0.330 297 35	—
	1：4	14°15′0.117 7″	14.250 032 70°	0.248 709 99	—
1：5		11°25′16.270 6″	11.421 186 27°	0.199 337 30	—
	1：6	9°31′38.220 2″	9.527 283 38°	0.166 282 46	—
	1：7	8°10′16.440 8″	8.171 233 56°	0.142 614 93	—
	1：8	7°9′9.607 5″	7.152 688 75°	0.124 837 62	—
1：10		5°43′29.317 6″	5.724 810 45°	0.099 916 79	—
	1：12	4°16′18.797 0″	4.771 888 06°	0.083 285 16	—
	1：15	3°49′5.897 5″	3.818 304 87°	0.066 641 99	—
1：20		2°51′51.092 5″	2.864 192 37°	0.049 989 59	—
1：30		1°54′34.857 0″	1.909 682 51°	0.033 330 25	—
1：50		1°8′45.158 6″	1.145 877 40°	0.019 999 33	—
1：100		34′22.630 9″	0.572 953 02°	0.009 999 92	—
1：200		17′11.321 9″	0.286 478 30°	0.004 999 99	—
1：500		6′52.525 9″	0.144 591 52°	0.002 000 00	—

注：系列 1 中 120°～1：3 的数值近似按 R10/2 优先数系列，1：5～1：500 的数值按 R10/3 优先数系列。

（2）特殊用途圆锥的锥度与锥角

特殊用途圆锥的锥度与锥角共 24 个基本值系列，如表 7-2 所示，通常只适用于表中最后一列所指的用途范围。

表 7-2 部分特殊用途圆锥的锥度与锥角（摘自 GB/T 157—2001）

基 本 值	推 算 值			用 途
	圆锥角 α		锥度 C	
11°54′	—	—	1：4.7 974 511	纺织机械和附件
8°40′	—	—	1：6.5 984 415	
7°	—	—	1：8.1 749 277	
1：38	1°30′27.708 0″	1.50 769 667°	—	
1：64	0°53′42.822 0″	0.89 522 834°	—	
7：24	16°35′39.444 3″	16.59 429 008°	1：3.4 285 714	机床主轴，工具配合
1：12.262	4°40′12.151 4″	4.67 004 205°	—	贾各锥度 No.2
1：12.972	4°24′52.903 9″	4.41 469 552°	—	贾各锥度 No.1
1：15.748	3°38′13.442 9″	3.63 706 747°	—	贾各锥度 No.33
6：100	3°26′12.177 6″	3.43 671 600°	—	医疗设备
1：18.779	3°3′1.207 0″	3.05 033 527°	1：16.6 666 667	贾各锥度 No.3
1：19.002	3°0′52.395 6″	3.01 455 434°	—	莫氏锥度 No.5
1：19.180	2°59′11.725 8″	2.98 659 050°	—	莫氏锥度 No.6
1：19.212	2°58′53.825 5″	2.98 161 820°	—	莫氏锥度 No.0

基 本 值	推 算 值		用 途
	圆锥角 α	锥度 C	
1:19.254	2°58′30.421 7″	2.97 511 713°	—	莫氏锥度 No.4
1:19.264	2°58′24.864 4″	2.97 357 343°	—	贾各锥度 No.6
1:19.922	2°52′31.446 3″	2.87 540 176°	—	莫氏锥度 No.3
1:20.020	2°51′40.796 0″	2.86 133 223°	—	莫氏锥度 No.2
1:20.047	2°51′26.928 3″	2.85 748 008°	—	莫氏锥度 No.1
1:20.288	2°49′24.780 2″	2.82 355 006°	—	贾各锥度 No.0
1:23.904	2°23′47.624 4″	2.39 656 232°	—	布朗夏普锥度 No.1 至 No.3
1:28	2°2′45.817 4″	2.04 606 038°	—	复苏器（医用）
1:36	1°35′29.209 6″	1.59 144 711°	—	麻醉器具
1:40	1°25′56.351 6″	1.43 231 989°	—	

2. 圆锥公差标准

GB/T 11334—2005《产品几何量技术规范（GPS）圆锥公差》适用于锥度为 1:3～1:500，圆锥长度 L 为 6～630mm 的光滑圆锥。

圆锥的公差项目有圆锥直径公差、圆锥角公差、圆锥的形状公差和给定截面圆锥直径公差。

（1）圆锥直径公差 T_D

圆锥直径公差 T_D，以公称圆锥直径（一般取最大圆锥直径 D）为公称尺寸，按圆柱体公差与配合国家标准 GB/T 1800.1 规定的标准公差选取。对于有配合要求的圆锥，推荐采用基孔制；对于没有配合要求的内、外圆锥，最好选用基本偏差 JS 和 js。

最大极限圆锥和最小极限圆锥皆称为极限圆锥，与基本圆锥同轴，且圆锥角相等。在垂直于圆锥轴线的任意截面上，该两圆锥直径差都相等，如图 7-7 所示。

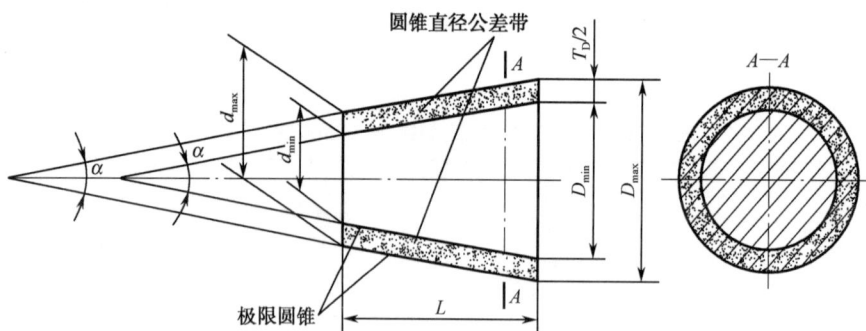

图 7-7　圆锥直径公差带

（2）圆锥角公差 AT

圆锥角公差 AT 共分 12 个公差等级，用 $AT1$、$AT2$、…、$AT12$ 表示。圆锥角公差的 AT_D 数值如表 7-3 所示。如需要更高或更低等级的圆锥角公差，按公比 1.6 向两端延伸得到。更高等级用 $AT0$、$AT01$…表示，更低等级用 $AT13$、$AT14$…表示。

圆锥角公差可用两种形式表示（见图 7-8）：

① AT_α：以角度单位微弧度或以度、分、秒表示。

② AT_D：以长度单位微米表示。

$$AT_D = AT_\alpha \times L \times 10^{-3}$$

式中，AT_D 单位为 μm，AT_α 单位为 μrad，L 单位为 mm。

从表 7-3 中可以看出，在每个长度段中，AT_α 是一个定值，而 AT_D 的值是由最大和最小圆锥长度分别计算得出的一个数值范围。

例如：选用 $AT7$，L 为 50mm，查表得 AT_α 为 315μrad 或 1′05″，则

$$AT_D=315\times50\times10^{-3}=15.75μm$$

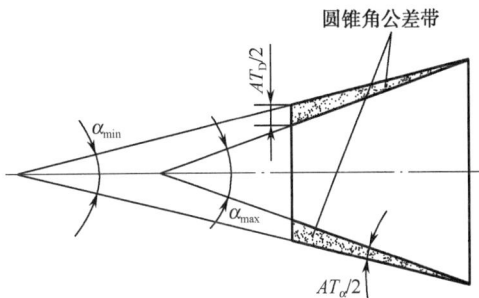

图 7-8　圆锥角公差带

表 7-3　圆锥角公差数值（摘自 GB/T 11334—2005）

基本圆锥长度 L/mm		圆锥角公差等级								
		AT1			AT2			AT3		
		AT_α		AT_D	AT_α		AT_D	AT_α		AT_D
大于	至	μrad	″	μm	μrad	″	μm	μrad	″	μm
自 6	10	50	10	>0.3~0.5	80	16	>0.5~0.8	125	26	>0.8~1.3
10	16	40	8	>0.4~0.6	63	13	>0.6~1.0	100	21	>1.0~1.6
16	25	31.5	6	>0.5~0.8	50	10	>0.8~1.3	80	16	>1.3~2.0
25	40	25	5	>0.6~1.0	40	8	>1.0~1.6	63	13	>1.6~2.5
40	63	20	4	>0.8~1.3	31.5	6	>1.3~2.0	50	10	>2.0~3.2
63	100	16	3	>1.0~1.6	25	5	>1.6~2.5	40	8	>2.5~4.0
100	160	12.5	2.5	>1.3~2.0	20	4	>2.0~3.2	31.5	6	>3.2~5.0
160	250	10	2	>1.6~2.5	16	3	>2.5~4.0	25	5	>4.0~6.3
250	400	8	1.5	>2.0~3.2	12.5	2.5	>3.2~5.0	20	4	>5.0~8.0
400	630	6.3	1	>2.5~4.0	10	2	>4.0~6.3	16	3	>6.3~10.0

基本圆锥长度 L/mm		圆锥角公差等级								
		AT4			AT5			AT6		
		AT_α		AT_D	AT_α		AT_D	AT_α		AT_D
大于	至	μrad	″	μm	μrad	″	μm	μrad	″	μm
自 6	10	200	41	>1.3~2.0	315	1′05″	>2.0~3.2	500	1′43″	>3.2~5.0
10	16	160	33	>1.6~2.5	250	52	>2.5~4.0	400	1′22″	>4.0~6.3
16	25	125	26	>2.0~3.2	200	41	>3.2~5.0	315	1′05″	>5.0~8.0
25	40	100	21	>2.5~4.0	160	33	>4.0~6.3	250	52	>6.3~10.0
40	63	80	16	>3.2~5.0	125	26	>5.0~8.0	200	41	>8.0~12.5
63	100	63	13	>4.0~6.3	100	21	>6.3~10.0	160	33	>10.0~16.0
100	160	50	10	>5.0~8.0	80	16	>8.0~12.5	125	26	>12.5~20.0
160	250	40	8	>6.3~10.0	63	13	>10.0~16.0	100	21	>16.0~25.0
250	400	31.5	6	>8.0~12.5	50	10	>12.5~20.0	80	16	>20.0~32.0
400	630	25	5	>10.0~16.0	40	8	>16.0~25.0	63	13	>25.0~40.0

基本圆锥长度 L/mm		圆锥角公差等级								
		AT7			AT8			AT9		
		AT_α		AT_D	AT_α		AT_D	AT_α		AT_D
大于	至	μrad	″	μm	μrad	″	μm	μrad	″	μm
自 6	10	800	2′45″	>5.0~8.0	1250	4′18″	>8.0~12.5	2000	6′52″	>12.5~20
10	16	630	2′10″	>6.3~10.0	1000	3′26″	>10.0~16.0	1600	5′30″	>16~25
16	25	500	1′43″	>8.0~12.5	800	2′45″	>12.5~20.0	1250	4′18″	>20~32
25	40	400	1′22″	>10.0~16.0	630	2′10″	>16.0~20.5	1000	3′26″	>25~40
40	63	315	1′05″	>12.5~20.0	500	1′43″	>20.0~32.0	800	2′45″	>32~50
63	100	250	52	>16.0~25.0	400	1′22″	>25.0~40.0	630	2′10″	>40~63
100	160	200	41	>20.0~32.0	315	1′05″	>32.0~50.0	500	1′43″	>50~80
160	250	160	33	>25.0~40.0	250	52	>40.0~63.0	400	1′22″	>63~100
250	400	125	26	>32.0~50.0	200	41	>50.0~80.0	315	1′05″	>80~125
400	630	100	21	>40.0~63.0	160	33	>63.0~100.0	250	52	>100~160

基本圆锥长度 L/mm		圆锥角公差等级								
		AT10			AT11			AT12		
		AT_α		AT_D	AT_α		AT_D	AT_α		AT_D
大于	至	μrad	″	μm	μrad	″	μm	μrad	″	μm
自 6	10	3150	10′49″	>20~32	5000	17′10″	>32~50	8000	27′28″	>50~80
10	16	2500	8′35″	>25~40	4000	13′44″	>40~63	6300	21′38″	>63~100
16	25	2000	6′52″	>32~50	3150	10′49″	>50~80	5000	17′10″	>80~125
25	40	1600	5′30″	>40~63	2500	8′35″	>63~100	4000	13′44″	>100~160
40	63	1250	4′18″	>50~80	2000	6′52″	>80~125	3150	10′49″	>125~200
63	100	1000	3′26″	>63~100	1600	5′30″	>100~160	2500	8′35″	>160~250
100	160	800	2′45″	>80~125	1250	4′18″	>125~200	2000	6′52″	>200~320
160	250	630	2′10″	>100~160	1000	3′26″	>160~250	1600	5′30″	>250~400
250	400	500	1′43″	>125~200	800	2′45″	>200~320	1250	4′18″	>320~500
400	630	400	1′22″	>160~250	630	2′10″	>250~400	1000	3′26″	>400~630

圆锥直径公差所能限制的最大圆锥角误差如表 7-4 所示。

表 7-4　圆锥直径公差所能限制的最大圆锥角误差（摘自 GB/T 11334—2005）

圆锥直径公差等级	圆锥直径/ mm						
	≤3	>3~6	>6~10	>10~18	>18~30	>30~50	>50~80
	$\Delta\alpha_{max}$ / μrad						
IT01	3	4	4	5	6	6	8
IT0	5	6	6	8	10	10	12
IT1	8	10	10	12	15	15	20
IT2	12	15	15	20	25	25	30
IT3	20	25	25	30	40	40	50

圆锥直径公差等级	圆锥直径/ mm						
	≤3	>3～6	>6～10	>10～18	>18～30	>30～50	>50～80
	$\Delta \alpha_{max}$ / μrad						
IT4	30	40	40	50	60	70	80
IT5	40	50	60	80	90	110	130
IT6	60	80	90	110	130	160	190
IT7	100	120	150	180	210	250	300
IT8	140	180	220	270	330	390	460
IT9	250	300	360	430	520	620	740
IT10	400	480	580	700	840	1000	1200
IT11	600	750	900	1000	1300	1600	1900
IT12	1000	1200	1500	1800	2100	2500	3000
IT13	1400	1800	2200	2700	3300	3900	4600
IT14	2500	3000	3600	4300	5200	6200	7400
IT15	4000	4800	5800	7000	8400	10000	12000
IT16	6000	7500	9000	11000	13000	16000	19000
IT17	10000	12000	15000	18000	21000	25000	30000
IT18	14000	18000	22000	27000	33000	39000	46000

圆锥直径公差等级	圆锥直径/ mm					
	>80～120	>120～180	>180～250	>250～315	>315～400	>400～500
	$\Delta \alpha_{max}$ / μrad					
IT01	10	12	20	25	30	40
IT0	15	20	30	40	50	60
IT1	25	35	45	60	70	80
IT2	40	50	70	80	90	100
IT3	60	80	100	120	130	150
IT4	100	120	140	160	180	200
IT5	150	180	200	230	250	270
IT6	220	250	290	320	360	400
IT7	350	400	460	520	570	630
IT8	540	630	720	810	850	970
IT9	870	1000	1150	1300	1400	1550
IT10	1400	1600	1850	2100	2300	2500
IT11	2200	2500	2900	3200	3600	4000
IT12	3500	4000	4600	5200	5700	6300
IT13	5400	6300	7200	8100	8900	9700
IT14	8700	10000	11500	13000	14000	15500
IT15	14000	16000	18500	21000	23000	25000
IT16	22000	25000	25000	32000	36000	40000
IT17	35000	40000	46000	52000	57000	63000
IT18	54000	63000	72000	81000	89000	97000

当对圆锥角公差无特殊要求时，可用圆锥直径公差加以限制；当对圆锥角精度要求较高时，则应单独规定圆锥角公差。

圆锥角的极限偏差可按单向或双向（对称或不对称）取值，如图 7-9 所示。

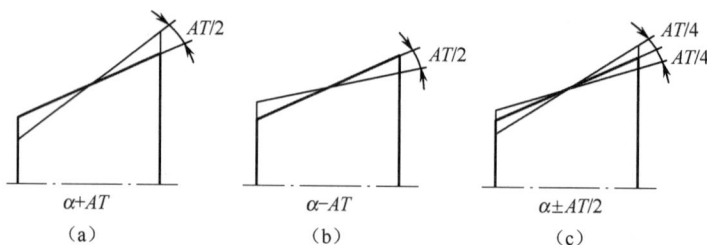

图 7-9　圆锥角的极限偏差

（3）圆锥的形状公差 T_F

圆锥的形状公差包括圆锥素线直线度公差和截面圆度公差两种。

（4）给定截面圆锥直径公差 T_{DS}

给定截面圆锥直径公差 T_{DS}，以给定截面圆锥直径 d_x 为公称尺寸，按圆柱体公差与配合国家标准 GB/T 1800.1 规定的标准公差选取，如图 7-10 所示。

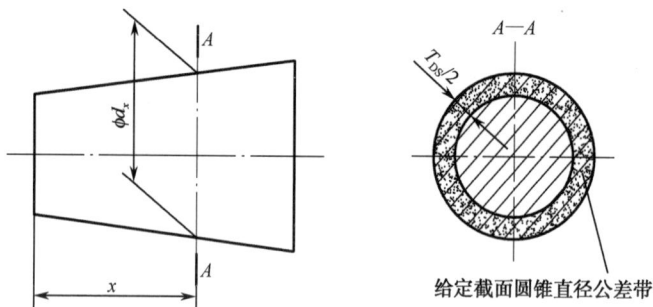

图 7-10　给定截面圆锥直径公差带

3．圆锥公差的给定方法

（1）给定圆锥直径公差 T_D

此时圆锥角误差和圆锥形状误差都应当限制在圆锥直径公差带内。该方法通常适用于有配合要求的内外锥体，如圆锥滑动轴承、钻头的锥柄等。

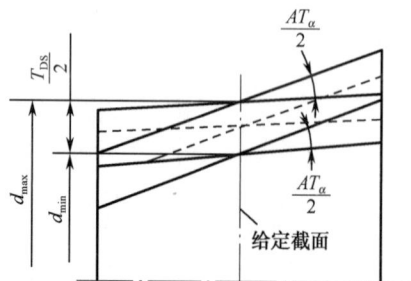

图 7-11　给定截面直径公差与圆锥角
公差的关系

如果对圆锥角公差、圆锥形状公差有更高要求，可再给出圆锥角公差和圆锥形状公差，但其应仅占圆锥直径公差的一部分。

（2）给定截面圆锥直径公差 T_{DS} 和圆锥角公差 AT

给定截面圆锥直径公差 T_{DS} 是指在一个给定截面内对圆锥直径给定的，它只对这个截面直径有效，而给定的圆锥角公差 AT 只用来控制圆锥角误差。两种公差相互独立，圆锥应分别满足两项要求。当圆锥在给定截面上具有某一实际尺寸 d_x 时，其圆锥公差带为两对顶三角形区域，如图 7-11 所示。

该方法是在圆锥素线为理想直线情况下给定的，它适用于对圆锥工件的给定截面有较高精度要求的情况。如阀类零件，常采用这种公差使圆锥配合在给定截面上有良好接触，以保证有良好的密封性。

4．圆锥尺寸及公差标注

GB/T 15754—1995 规定了在图样上圆锥尺寸和公差的标注方法。

（1）圆锥尺寸的标注

圆锥尺寸标注如图 7-12 所示。

圆锥锥度标注如图 7-13 所示，其中图 7-13（d）中标注的锥度为标准圆锥系列，用相应的标记表示。

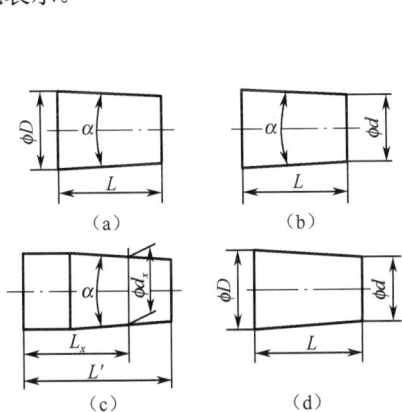

图 7-12 圆锥尺寸标注

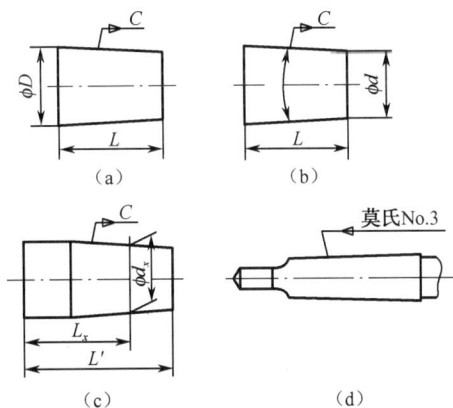

图 7-13 圆锥锥度标注

（2）圆锥公差的标注

按照圆锥公差的两种给定方法标注如下：

① 给定圆锥的公称圆锥角（或锥度）和直径公差（或面轮廓度），如图 7-14、图 7-15、图 7-16 所示。

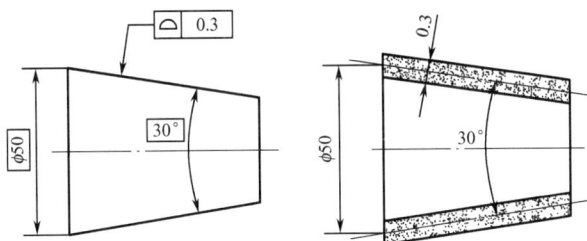

图 7-14 圆锥公差标注示例（1）

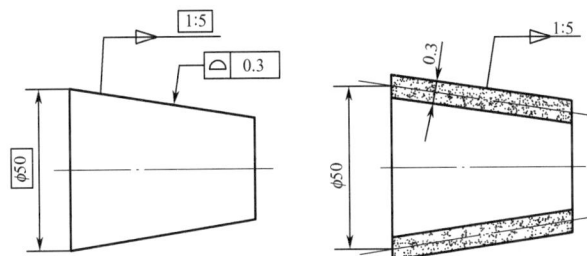

图 7-15 圆锥公差标注示例（2）

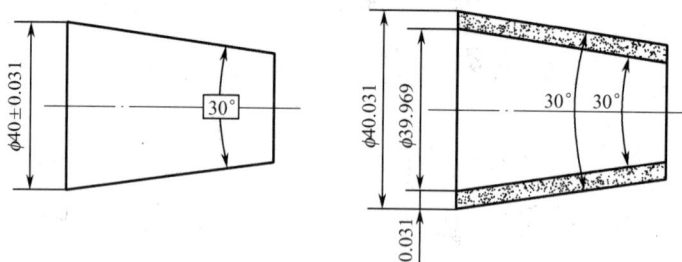

图 7-16　圆锥公差标注示例（3）

② 同时给定截面圆锥直径公差和圆锥角公差，如图 7-17 所示。

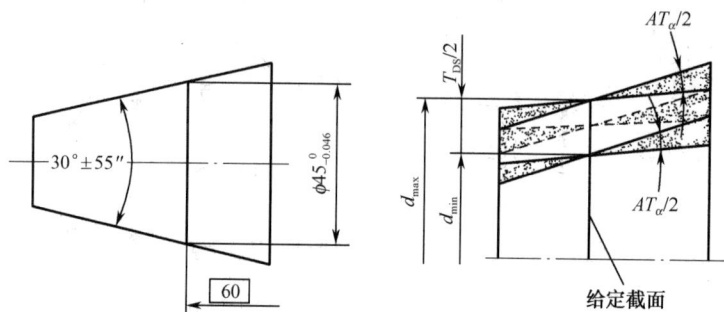

图 7-17　圆锥公差标注示例（4）

（3）相配合的圆锥的公差标注

根据 GB/T 12360—2005 的要求，相配合的圆锥应保证各装配件的径向和（或）轴向位置，标注两个相配合圆锥的尺寸及公差时，应确定其具有相同的锥度或锥角；标注尺寸公差的圆锥直径的公称尺寸应一致，确定直径和位置的理论正确尺寸与两相配件的基准平面有关，如图 7-18、图 7-19 所示。

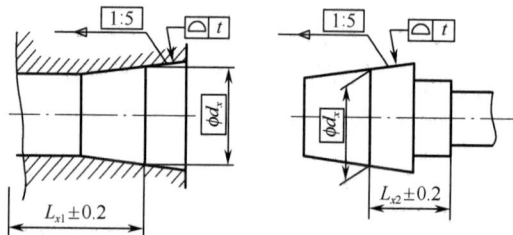

图 7-18　相配合圆锥公差标注示例（1）

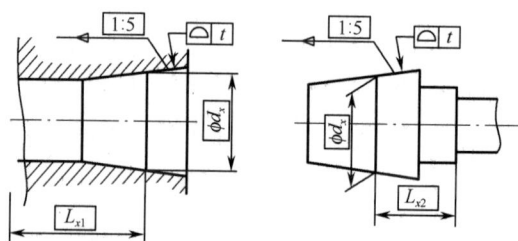

图 7-19　相配合圆锥公差标注示例（2）

7.1.5　锥度与圆锥角的检测

锥度与圆锥角的检测方法很多，常用的检测方法有以下几种。

1. 用通用量仪直接测量

对精度要求不高的锥度与圆锥角工件，通常用万能量角器进行测量；对精度要求较高的锥度与圆锥角工件，常用光学分度头或测角仪进行测量。

2．用通用量具间接测量

通常用平板、千分表、量块、正弦规等测量与被测圆锥角有一定函数关系的有关线性尺寸，然后代入关系式计算出被测圆锥角的大小。

测量前按公式 $h = L\sin\alpha$ （式中 α 为公称圆锥角， L 为正弦规两圆柱中心距）计算并组合量块组，按图 7-20 所示进行测量。若千分表在 a、b 两点读数差为 ΔF，工件锥度偏差 ΔC 为

$$\Delta C = \frac{\Delta F}{l} \text{rad} = \frac{\Delta F}{l} \times 10^6 \mu\text{rad}，\text{换算成锥角偏差，可近似为} \Delta\alpha = \frac{\Delta F}{l} \times 2 \times 10^5 (")。$$

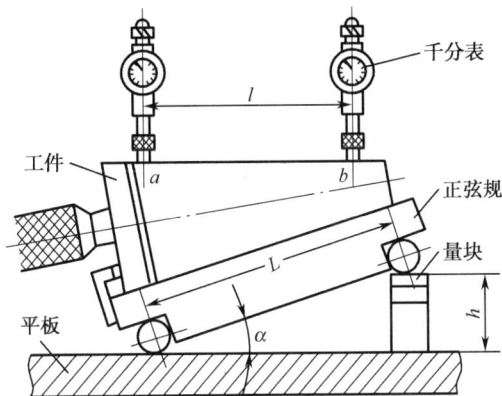

图 7-20 用正弦规测量外圆锥锥角示意图

3．用量规检验

圆锥量规有锥度塞规和锥度环规两种。被测内圆锥用锥度塞规检验，被测外圆锥用锥度环规检验。在用量规检验圆锥工件时，用涂色检验圆锥角偏差，要求在锥体的大端接触，接触线长度对于高精度工件不低于 85%，对精密工件不低于 80%，对普通工件不低于 75%；同时还要检验工件的基面距变化，圆锥量规的基准端刻有两圈相距为 m 的细线或做一个轴向距为 m 的台阶，若被测件的基面在 m 区域内，则基面距合格，如图 7-21 所示。由于锥度塞规是外尺寸，可用量具或仪器检验其锥度的正确性；而锥度环规为内尺寸，较难测量，故用专门的校对塞规检验。

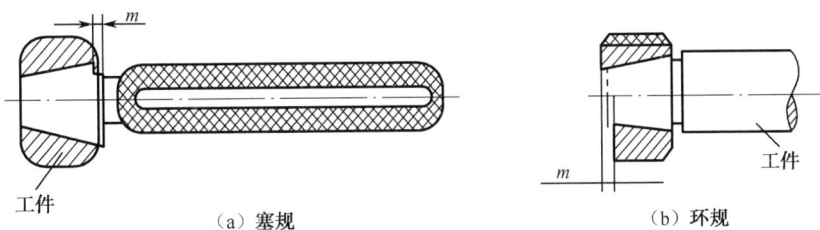

（a）塞规 （b）环规

图 7-21 圆锥量规检验示意图

任务小结

识读图 7-1 所示轴零件图右端圆锥的锥度 1：5，圆锥面为定心配合表面，其几何公差是

给出位置要求的轮廓度公差，即相对基准轴线 *A—B* 的面轮廓度为 0.01mm，粗糙度为
$Ra=0.8\mu m$。

任务2 识读角度公差标注

课前	准备及预习	了解角度尺寸要素及标注
课中	提问	1. 什么是棱体斜度？
		2. 什么是棱体比率？
		3. 角度公差如何标注
课后	作业	—

任务介绍

试识读图 7-22 中制动杠杆的角度公差。

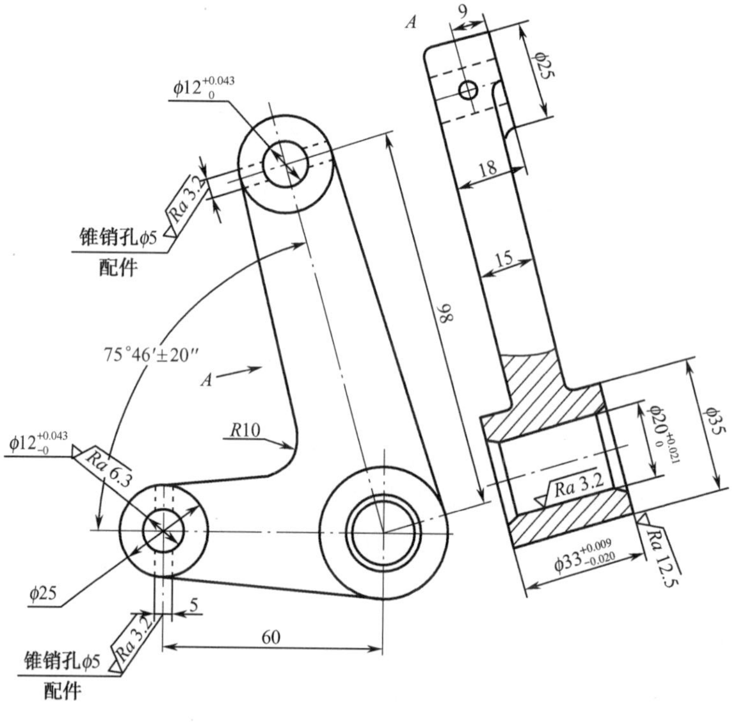

图 7-22　角度公差标注示例

相关知识

角度公差涉及的标准主要有：

GB/T 4096—2001《产品几何量技术规范（GPS）棱体的角度与斜度系列》

GB/T 1804—2000《一般公差　未注公差的线性和角度尺寸的公差》

7.2.1 角度相关术语及定义

（1）棱体：由两个相交平面与一定尺寸所限定的几何体，如图 7-23 所示。

两个相交平面称为棱面，当有配合要求时称为棱体的配合面。

在棱体中，两个棱面的交线称为棱边。

两个相交棱面间的夹角称为棱体角（β）。

通过棱边平分棱体角 β 的平面称为棱体中心平面（E_M）。

在平行于棱边并垂直于棱体中心平面的某指定截面上测量的厚度称为棱体厚（T 和 t）。

在平行于棱边并垂直于一个棱面的指定截面上测量的高度称为棱体高（H 和 h）。

两指定截面的棱体高 H 和 h 之差与该两截面之间距离 L 之比称为棱体斜度（S）。

两指定截面的棱体厚 T 和 t 之差与该两截面之间距离 L 之比称为棱体比率（C_p）。

棱体斜度与棱体角、棱体比率与棱体角的关系如下：

$$S = \tan\beta$$

$$C_p = 2\tan\frac{\beta}{2}$$

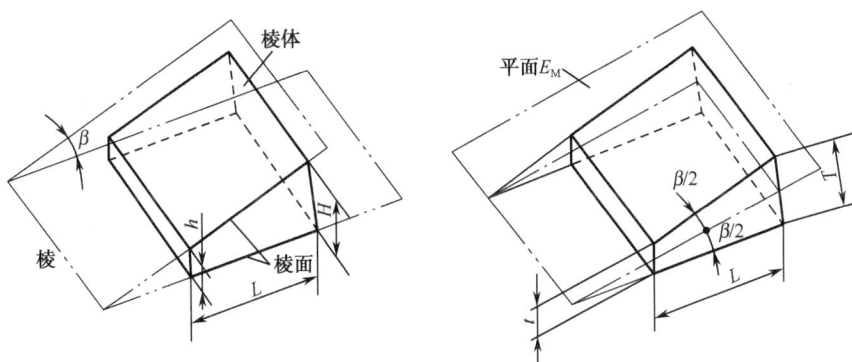

图 7-23 棱体及其几何参数

（2）多棱体：由几对相交平面与一定尺寸所限定的几何体，如图 7-24 所示。

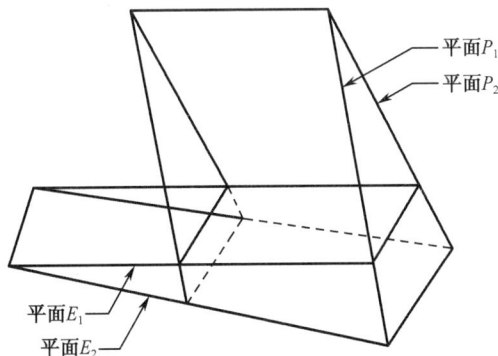

图 7-24 多棱体

（3）楔体：小角度的棱体。

7.2.2 棱体的角度与斜度系列

（1）一般用途棱体的角度和斜度系列，如表 7-5 所示，选用棱体角度时，优先选用系列 1，其次选用系列 2。

表 7-5 一般用途棱体的角度和斜度系列（摘自 GB/T 4096—2001）

棱体角				棱体斜度 S
系列 1		系列 2		
β	$\beta/2$	β	$\beta/2$	
120°	60°	—	—	—
90°	45°	—	—	—
—	—	75°	37°30′	—
60°	30°	—	—	—
45°	22°30′	—	—	—
—	—	40°	20°	—
30°	15°	—	—	—
20°	10°	—	—	—
15°	7°30′	—	—	—
—	—	10°	5°	—
—	—	8°	4°	—
—	—	7°	3°30′	—
—	—	6°	3°	—
—	—	—	—	1:10
5°	2°30′	—	—	—
—	—	4°	2°	—
—	—	3°	1°30′	—
—	—	—	—	1:20
—	—	2°	1°	—
—	—	—	—	1:50
—	—	1°	0°30′	—
—	—	—	—	1:100
—	—	0°30′	0°15′	—
—	—	—	—	1:200
—	—	—	—	1:500

（2）棱体比率、斜度和角度的推算值，如表 7-6 所示，其有效位数可按需要确定。

表 7-6 棱体比率、斜度和角度的推算值（摘自 GB/T 4096—2001）

基本值		推算值		
β	S	C_p	S	β
120°	—	1 : 0.288675	—	—
90°	—	1 : 0.500000	—	—

基本值		推算值		
β	S	C_{p}	S	β
75°	—	1 : 0.651613	1 : 0.267949	—
60°	—	1 : 0.866025	1 : 0.577350	—
45°	—	1 : 1.207107	1 : 1.000000	—
40°	—	1 : 1.373739	1 : 1.191754	—
30°	—	1 : 1.866025	1 : 1.732051	—
20°	—	1 : 2.835641	1 : 2.747477	—
15°	—	1 : 3.797877	1 : 3.732051	—
10°	—	1 : 5.715026	1 : 5.671282	—
8°	—	1 : 7.150333	1 : 7.115370	—
7°	—	1 : 8.174928	1 : 8.144346	—
6°	—	1 : 9.540568	1 : 9.514364	—
—	1 : 10	—	—	5°42′38.1″
5°	—	1 : 11.451883	1 : 11.430052	—
4°	—	1 : 14.318127	1 : 14.300666	—
3°	—	1 : 19.094230	1 : 19.081137	—
—	1 : 20	—	—	2°51′44.7″
2°	—	1 : 28.644981	1 : 28.636253	—
—	1 : 50	—	—	1°8′44.7″
1°	—	1 : 57.294325	1 : 57.289962	—
—	1 : 100	—	—	34′22.6″
0°30	—	1 : 114.590832	1 : 114.588650	—
—	1 : 200	—	—	17′11.3″
—	1 : 500	—	—	6′52.5″

7.2.3 角度公差及检测

（1）GB/T 11334—2005 中规定的圆锥角的公差值同样适用于棱体角，棱体角 β 与圆锥角 α 相对应，查表时，应以角度短边的尺寸作为基本圆锥长度尺寸。角度尺寸的极限偏差如表 7-7 所示，查表时，按角度的短边长度查取，对于圆锥角，按圆锥素线长度查取。

表 7-7 角度尺寸的极限偏差（摘自 GB/T 1804—2000）

公差等级	长度分段/ mm				
	≤10	>10~50	>50~120	>120~400	>400
f（精密）	±1°	±30′	±20′	±10′	±5′
m（中等）					
c（粗糙）	±1°30′	±1°	±30′	±15′	±10′
v（最粗）	±3°	±2°	±1°	±30′	±20′

（2）角度公差标注。

角度公差标注，分为注出角度公差和未注角度公差，标注方法同尺寸公差标注，如图 7-25 所示。

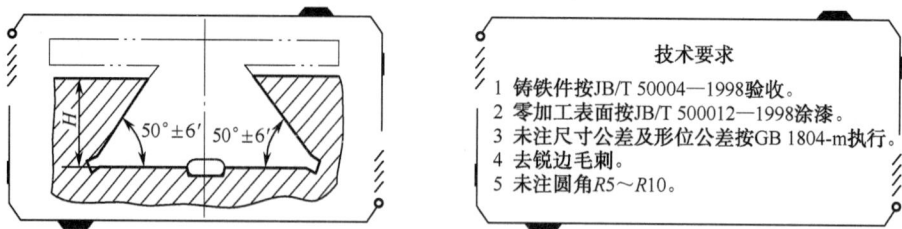

技术要求

1　铸铁件按JB/T 50004—1998验收。
2　零加工表面按JB/T 500012—1998涂漆。
3　未注尺寸公差及形位公差按GB 1804-m执行。
4　去锐边毛刺。
5　未注圆角R5～R10。

图 7-25　角度公差标注示例

（3）用万能角度尺测量角度。

万能角度尺又称角度规、游标角度尺、万能量角器，是利用游标读数原理来直接测量工件角度或进行划线的一种角度量具。万能角度尺适用于机械加工中的内、外角度测量，分为Ⅰ型和Ⅱ型万能角度尺。

任务小结

识读图 7-22 中制动杠杆零件图的角度标注 75°46'±20"：此标注为注出角度公差，表示公称角度为 75°46'，极限偏差为±20"。

思行并进

从神舟飞船与空间站交会对接看高精度与高科技

2021 年 6 月 17 日 15 时 54 分，神舟十二号飞船与空间站成功交会对接，中国航天员首次进入了自己的太空家园，他们将在这里工作生活数月，成为我国空间科研和太空生活的开拓者。由长春光机所研制的光学成像敏感器光学系统及激光投射散斑抑制系统两个关键组件，以及 TV 摄像机、十字靶标、TV 瞄准镜等设备在神舟十二号、天舟二号两飞船与空间站的交会对接中发挥了重要作用。

承担这次交会对接精确瞄准的设备是第三代光学成像敏感器，由中国航天五院 502 所承制，其中光学成像敏感器光学系统及激光投射散斑抑制系统两个关键组件，由中科院长春光机所研制。与前两代光学成像敏感器相比，第三代设备有着更大的捕获范围、更高的瞄准精度以及更强的抗杂光干扰能力。

两个比子弹速度快约 8 倍的高速飞行器在轨道上要进行捕获和对准并非易事。光学成像敏感器激光投射散斑抑制系统就好像一把特殊的"手电"，而光学成像敏感器光学系统则是一只锐利的"眼睛"。神舟飞船用"手电"照射空间站上的合作目标，然后"眼睛"通过判读合作目标的分布关系，确定两个飞行器的相对位置，修正偏差，实现精准对接。

这把"手电"到底特殊在哪呢？原来这把"手电"——光学成像敏感器激光投射散斑抑制系统发射的是两种不同波长的激光，它将由于干涉效应明暗不均的激光散斑进行匀化，使得在±17° 范围内的激光分布均匀。如果没有它，当神舟飞船的"眼睛"看空间站时就会有时

"晃眼睛"有时"看不清"。而正因为有了这把特殊的"手电"，神舟飞船在全视场范围内都可以"看清"空间站，确保两个飞行器实现交会对接。

而神舟飞船的这只"眼睛"也不一般。两个飞行器在偌大的太空中要实现交会对接就好比在穿针引线，不可差一丝一毫。这只"眼睛"——光学成像敏感器光学系统的绝对畸变误差为 1μm。有了这个光学系统，第三代光学成像敏感器在两个近十米的飞行器即将对接时，可以实现不大于 3mm 的瞄准精度，可谓精确无误。

在举国欢庆、充满民族自豪感的同时，我们深知高科技才能实现高精度，所以应努力学习有关精度标准，提高科技水平，行动起来吧！

第2篇　技能训练篇

技能训练（理论）——练习题

练习题1　互换性

一、填空题

1. 采用互换性原则的生产要靠_____、_____和标准化来保证。

2. 机械零件的几何量精度包括_____精度、_____精度和表面粗糙度。

3. 所谓互换性原则，就是同一规格的零部件制成后，装配过程中的要求：装配前_____，装配时_____，装配后_____。

4. 完全互换法一般适用于_____，分组互换法一般适用于_____。

5. 根据零件的互换程度的不同，互换性分为_____和_____两种，分组互换法属于_____。

6. 大批量生产，如汽车、拖拉机厂大都采用_____法生产；对精度要求高、批量大的产品，如轴承，常采用分组装配，即_____法生产；而小批量和单件生产，如矿山、冶金工业中使用的重型机器，常采用_____或_____生产。

7. 我国标准中，GB/T 为_____标准，GB 为_____标准。

二、选择题

(　　)1. 互换性的零件应是（　　）。

    A. 相同规格的零件　　　　　　　　B. 不同规格的零件

    C. 相互配合的零件　　　　　　　　D. 上述三种都不对

(　　)2. 互换性按其互换（　　）不同可分为完全互换性和不完全互换性。

    A. 方法　　　　　B. 性质　　　　　C. 程度　　　　　D. 效果

(　　)3. 检测是互换性生产的（　　）。

    A. 保障　　　　　B. 措施　　　　　C. 基础　　　　　D. 原则

(　　)4. 具有互换性的零件，其几何参数做得绝对精确是（　　）。

    A. 有可能的　　　B. 必要的　　　　C. 不可能的　　　D. 不必要的

(　　)5. 标准化是制定标准和贯彻标准的（　　）。

    A. 命令　　　　　B. 环境　　　　　C. 条件　　　　　D. 全过程

(　　)6. 加工后的零件实际尺寸与理想尺寸之差称为（　　）。

    A. 形状误差　　　B. 尺寸误差　　　C. 公差　　　　　D. 位置误差

（　　）7．加工时引入的误差称为（　　　）。

　　　　A．绝对误差　　　　B．相对误差　　　　C．加工误差

三、判断题（对"√"，错"X"，写在括号内）

（　　）1．只要零件不经挑选或修配，便能装配到机器上，该零件就具有互换性。

（　　）2．完全互换的零件装配的精度必高于不完全互换的。

（　　）3．优先数系是由一些十进制等差数列构成的。

（　　）4．国家标准中强制性标准是必须执行的，而推荐性标准执行与否无所谓。

（　　）5．企业标准比国家标准层次低，在标准要求上可稍低于国家标准。

练习题 2　了解尺寸公差及配合

一、填空题

1. 配合是指＿＿＿＿＿＿＿＿相同且待装配的孔和轴之间的关系。

2. 尺寸公差带的位置由＿＿＿＿＿＿＿＿决定，公差带的大小由＿＿＿＿＿＿＿＿决定。

3. 一个孔或轴允许尺寸的两个极端称为＿＿＿＿＿＿＿＿。

4. 零件的尺寸合格，其＿＿＿＿＿＿＿＿应在上极限偏差和下极限偏差之间。

5. 某一尺寸减去＿＿＿＿＿＿＿＿尺寸所得的代数差称为偏差。

6. 配合分为以下三种：＿＿＿＿＿＿、＿＿＿＿＿＿＿、＿＿＿＿＿＿＿。

7. 极限尺寸减去＿＿＿＿＿＿＿＿尺寸所得的代数差称为＿＿＿＿＿＿＿＿偏差。

8. 已知公称尺寸为 $\phi50mm$ 的轴，其下极限尺寸为 $\phi49.98mm$，公差为 0.01mm，则它的上极限偏差是＿＿＿＿＿＿＿＿mm，下极限偏差是＿＿＿＿＿＿＿＿mm。

二、选择题

（　　）1. 当孔与轴的公差带相互交叠时，其配合性质为（　　）。

    A. 间隙配合　　　　　B. 过渡配合　　　　　C. 过盈配合

（　　）2. 公差带的大小由（　　）确定。

    A. 实际偏差　　　　　B. 基本偏差　　　　　C. 尺寸公差

（　　）3. 基本偏差是指（　　）。

    A. 上极限偏差　　　　　　　　B. 下极限偏差

    C. 上极限偏差和下极限偏差　　D. 上极限偏差或下极限偏差

（　　）4. 轴的下极限偏差大于孔的上极限偏差的配合，应是（　　）配合。

    A. 间隙　　　　　　B. 过渡　　　　　　C. 过盈

（　　）5. 孔、轴公差带的相对位置反映（　　）程度。

    A. 加工难易　　　　B. 配合松紧　　　　C. 尺寸精度

（　　）6. 当孔的公差带在轴的公差带之上时，其配合性质为（　　）。

    A. 间隙配合　　　　B. 过渡配合　　　　C. 过盈配合

（　　）7. 公差带相对零线的位置由（　　）确定。

    A. 实际偏差　　　　B. 基本偏差　　　　C. 标准公差

（　　）8. 上极限尺寸减去其公称尺寸所得的代数差叫（　　）。

    A. 实际偏差　　　　B. 上极限偏差　　　　C. 下极限偏差

（　　）9. 孔、轴标准公差等级反映（　　）程度。

    A. 加工难易　　　　B. 配合松紧　　　　C. 尺寸精度

（　　）10. 设计时给定的尺寸称为（　　）。

    A. 实际尺寸　　　　B. 极限尺寸　　　　C. 公称尺寸

（　　）11. 下极限尺寸减去其公称尺寸所得的代数差叫（　　）。

    A. 实际偏差　　　　B. 上极限偏差　　　　C. 下极限偏差

（　　）12. 孔的下极限尺寸与轴的上极限尺寸之代数差为负值，叫（　　）。

A．过盈　　　　　　B．间隙　　　　　　C．过渡

（　　）13．配合公差总是（　　　）孔和轴的尺寸公差之和。

A．大于　　　　　　B．等于　　　　　　C．小于

（　　）14．孔的下极限偏差大于轴的上极限偏差的配合，应是（　　　）配合。

A．过盈　　　　　　B．过渡　　　　　　C．间隙

（　　）15．轴的下极限偏差大于孔的上极限偏差的配合，应是（　　　）配合。

A．过盈　　　　　　B．过渡　　　　　　C．间隙

（　　）16．孔的下极限尺寸与轴的上极限尺寸之代数差为正值，叫（　　　）。

A．过盈　　　　　　B．间隙　　　　　　C．过渡

（　　）17．上极限尺寸（　　　）公称尺寸。

A．大于　　　　B．小于　　　　C．等于　　　　D．以上三项均可能

（　　）18．设置基本偏差的目的是将（　　　）加以标准化，以满足各种配合性质的需要。

A．公差带相对于零线的位置　　B．公差带的大小　　C．各种配合

三、判断题（对"√"，错"X"，写在括号内）

（　　）1．相互配合的孔和轴，其公称尺寸必然相等。

（　　）2．一般以靠近零线的那个偏差作为基本偏差。

（　　）3．尺寸偏差可为正值、负值或零。

（　　）4．按过渡配合加工出的孔、轴配合后，既可能出现间隙，也可能出现过盈。

（　　）5．上极限尺寸一定大于公称尺寸，下极限尺寸一定小于公称尺寸。

（　　）6．公差是指允许尺寸的最大变动量。

（　　）7．一般以靠近零线的那个偏差作为上极限偏差。

（　　）8．在间隙配合中，孔的公差带都处于轴的公差带的下方。

（　　）9．在过渡配合中，孔的公差带都处于轴的公差带的下方。

（　　）10．用来确定公差带相对于零线位置的偏差称为基本偏差。

（　　）11．在间隙配合中，孔的公差带都处于轴的公差带上方。

（　　）12．极限尺寸是指允许尺寸变化的两个界限值。

（　　）13．数值为正的偏差称为上偏差，数值为负的偏差称为下偏差。

（　　）14．某配合最大间隙为 $20\mu m$，配合公差为 $30\mu m$，该配合一定是过渡配合。

（　　）15．$\phi75\pm0.060$mm 的基本偏差是 +0.060mm，尺寸公差为 0.06mm。

（　　）16．尺寸公差是指零件尺寸允许的最大偏差。

（　　）17．某一尺寸的上极限偏差一定大于其下极限偏差。

（　　）18．零件的实际（组成）要素越接近其公称尺寸越好。

（　　）19．国家标准规定，轴是指圆柱形外表面。

（　　）20．基本偏差应该是两个极限偏差中绝对值小的那个。

（　　）21．最小间隙为零的配合与最小过盈等于零的配合，二者实质相同。

（　　）22．公称尺寸不同的零件，只要它们的公差值相同，就可以说明它们的精度要求相同。

（　　）23．图样标注 $\phi30_{-0.021}^{0}$ 的轴，加工得越靠近公称尺寸就越精确。

练习题 3　识读尺寸公差及配合标注

一、填空题

1. 国家标准对标准公差规定了 20 级，最高级为_____，最低级为_____。

2. $\phi25p6$、$\phi25p7$、$\phi25p8$ 的基本偏差为_____偏差，其数值_____同。

3. 标准公差的数值只与_____和_____有关。

4. f7、g7、h7 的_____相同，_____不同。

5. 在同一尺寸段内，从 IT01～IT18，公差等级逐渐降低，公差数值逐渐_____。

6. 国家标准规定了_____个公差等级和_____种基本偏差。

7. $\phi30H7/f6$ 表示_____（基准）制的_____配合，基中 H7、f6 是_____代号。

8. 常用尺寸段的标准公差的大小，随公称尺寸的增大而_____，随公差等级的提高而_____。

9. $\phi100m7$ 的上极限偏差为+0.048mm，下极限偏差为+0.013mm，$\phi100mm$ 的 6 级标准公差值为 0.022mm，那么 $\phi100m6$ 的上极限偏差为_____，下极限偏差为_____。

二、选择题

（　　）1. 尺寸公差代号 $\phi63H7$ 中的数值 7 表示（　　）。
A．孔公差范围的位置在零线处
B．轴的公差等级
C．孔的公差等级
D．偏差值总和

（　　）2. 不论公差值是否相等，只要（　　）相同，尺寸的精确程度就相同。
A．公差等级
B．相对误差
C．绝对误差

（　　）3. 尺寸公差代号 $\phi63h7$ 中的数值 7 表示（　　）。
A．孔公差范围的位置在零线处
B．偏差值总和
C．孔的公差等级
D．轴的公差等级

（　　）4. 下列配合代号标注不正确的是（　　）。
A．$\phi60H8/r7$
B．$\phi60H8/k7$
C．$\phi60h7/D9$
D．$\phi60H8/f7$

（　　）5. $\phi25g6$、$\phi25g7$、$\phi25g8$ 三个公差带的（　　）。
A．上极限偏差相同，下极限偏差也相同
B．上极限偏差相同，但下极限偏差不同
C．上极限偏差不同，但下极限偏差相同
D．上、下极限偏差各不相同

（　　）6. 下列配合代号标注不正确的有（　　）。
A．$\phi60H7/r6$
B．$\phi60H8/k7$
C．$\phi60h7/D8$
D．$\phi60H9/f9$

(　　) 7. 基本偏差代号为 p（P）的公差带与基准件的公差带一般可形成（　　）。

    A. 过渡配合   B. 过盈配合

    C. 间隙配合   D. 过渡或过盈配合

(　　) 8. 以下各组配合中，配合性质不相同的有（　　）。

    A. $\phi30P8/h7$ 和 $\phi30H8/p7$

    B. $\phi30M8/h7$ 和 $\phi30H8/m7$

    C. $\phi30H8/m7$ 和 $\phi30H7/f6$

    D. $\phi30H7/f6$ 和 $\phi330F7/h6$

(　　) 9. 标准公差数值与（　　）有关。

    A. 公称尺寸和公差等级

    B. 公称尺寸和基本偏差

    C. 公差等级和配合性质

    D. 基本偏差和配合性质

(　　) 10. 在相配合的孔、轴中，某一对实际孔、轴配合得到间隙，则此配合为（　　）。

    A. 间隙配合

    B. 可能是间隙配合，也可能是过盈配合

    C. 过渡配合

    D. 可能是间隙配合，也可能是过渡配合

三、判断题（对"√"，错"X"，写在括号内）

(　　) 1. $\phi30f7$ 与 $\phi30F8$ 表示的精度相同。

(　　) 2. 因为公差等级不同，所以 $\phi50H7$ 与 $\phi50H8$ 的标准公差不相等。

(　　) 3. 未注公差尺寸是指没有公差的尺寸。

(　　) 4. 公称尺寸一定时，公差值越大，公差等级越高。

(　　) 5. 因为公差等级不同，所以 $\phi50H7$ 与 $\phi50H8$ 的基本偏差值不相等。

(　　) 6. 同一公差等级的孔和轴的标准公差数值一定相等。

(　　) 7. 若孔、轴配合为 $\phi49H9/n9$，则可判断是过渡配合。

(　　) 8. 未注公差尺寸即对该尺寸无公差要求。

(　　) 9. $\phi10f6$、$\phi10f7$ 和 $\phi10f8$ 的上极限偏差相等，只是它们的下极限偏差各不相同。

(　　) 10. 因 JS 为完全对称偏差，故其上、下极限偏差相等。

(　　) 11. 基本偏差 a~h 与基准孔构成间隙配合，其中 h 配合最松。

四、查表确定下列尺寸的公差代号。

$\phi40^{+0.033}_{+0.017}$（轴） $\phi65^{-0.021}_{-0.051}$ （孔）

练习题4 设计尺寸公差及配合

一、填空题

1. 配合基准制分_____和_____两种。一般情况下优先选用_____。
2. 滚动轴承内圈与轴的配合采用基_____制，而外圈与箱体孔的配合采用基_____制。
3. 基孔制就是_____的公差带位置保持不变，通过改变_____的公差带的位置，实现不同性质的配合的一种制度。
4. 国标规定基准孔基本偏差代号为_____，基准轴基本偏差代号为_____。
5. 基轴制就是_____的公差带位置保持不变，通过改变_____的公差带的位置，实现不同性质的配合的一种制度。

二、选择题

(   ) 1. 下列孔与基准轴配合，组成间隙配合的孔是（   ）。
   A. 孔两个极限尺寸都大于公称尺寸
   B. 孔两个极限尺寸都小于公称尺寸
   C. 孔上极限尺寸大于公称尺寸，下极限尺寸小于公称尺寸
(   ) 2. 下列轴与基准孔配合，组成间隙配合的孔是（   ）。
   A. 轴两个极限尺寸都大于公称尺寸
   B. 轴两个极限尺寸都小于公称尺寸
   C. 轴上极限尺寸大于公称尺寸，下极限尺寸小于公称尺寸
(   ) 3. 下列有关公差等级的论述中，正确的有（   ）。
   A. 公差等级高，则公差带宽
   B. 在满足使用要求的前提下，应尽量选用低的公差等级
   C. 孔、轴相配合，均为同级配合
   D. 标准规定，标准公差分为 18 级
(   ) 4. 当相配合孔、轴既要求对准中心，又要求装拆方便时，应选用（   ）。
   A. 间隙配合   B. 过盈配合
   C. 过渡配合   D. 间隙配合或过渡配合
(   ) 5. 当孔、轴之间有相对运动且对定心精度要求较高时，它们的配合应选择（   ）。
   A. H7/m6   B. H8/g8
   C. H7/g6   D. H7/b6

三、判断题（对"√"，错"X"，写在括号内）

(   ) 1. 在 $\phi60H7/f6$ 代号中，由于轴的精度高于孔，故以轴为基准件。
(   ) 2. 选用公差等级的原则，是在满足使用要求的前提下，尽可能选用较高的公差等级。
(   ) 3. 一光滑轴与多孔配合，其配合性质不同时，应当选用基孔制配合。
(   ) 4. 一光滑轴与多孔配合，其配合性质不同时，应当选用基轴制配合。

（　　）5．选用公差等级的原则，是在满足使用要求的前提下，尽可能选用较低的公差等级。

（　　）6．一般来讲，ϕ50H7 比 ϕ50t7 加工难度高。

（　　）7．过盈配合中，过盈量越大，越能保证装配后的同心度。

（　　）8．间隙配合说明配合之间有间隙，因此只适用于有相对运动的场合。

（　　）9．有相对运动的配合应选用间隙配合，无相对运动的配合均选用过盈配合。

（　　）10．ϕ30E8/h8 与 ϕ30E9/h9 的最小间隙相同。

四、练习题

有一基孔制配合，孔、轴的公称尺寸为 ϕ50mm，最大间隙 X_{max}=+0.049mm，最大过盈 Y_{max}=-0.015mm，试确定孔和轴的配合公差代号。

练习题 5　选择计量器具

一、填空题

1．我国长度量值传递系统是＿＿＿＿＿＿＿和＿＿＿＿＿＿＿。

2．量块的精度可按＿＿＿＿＿＿＿和＿＿＿＿＿＿＿两种方法划分。

3．一个完整的测量过程应包括＿＿＿＿＿＿、计量单位、＿＿＿＿＿＿和测量精度四要素。

4．计量器具按用途、结构和工作原理可分为量具、＿＿＿＿＿＿、＿＿＿＿＿＿和计量装置。

5．在进行检测时，把＿＿＿＿＿＿＿的废品误判为合格品而接收称为＿＿＿＿＿＿。

6．在进行检测时，把＿＿＿＿＿＿＿的合格品误判为废品而给予报废称为＿＿＿＿＿＿。

7．在进行检测时，要针对零件不同的＿＿＿＿＿＿和＿＿＿＿＿＿选用不同的计量器具。

8．对于大批量生产，多采用＿＿＿＿＿＿检验，以提高＿＿＿＿＿＿。

9．选择计量器具应考虑工件的尺寸公差，使所选计量器具的不确定度既能保证＿＿＿＿＿＿要求，又符合＿＿＿＿＿＿要求。

10．安全裕度由被检工件的＿＿＿＿＿＿确定，其作用是＿＿＿＿＿＿。

二、选择题

（　　）1．我国的法定长度计量基本单位是（　　　）。

　　A．米　　　　　B．毫米　　　　　C．绝对测量　　　　　D．相对测量

（　　）2．机械制造业中默认的长度计量单位是（　　　）。

　　A．米　　　　　B．毫米　　　　　C．绝对测量　　　　　D．相对测量

（　　）3．关于量块，下列论述正确的有（　　　）。

　　A．量块具有研合性

　　B．量块按"等"使用，比按"级"使用精度高

　　C．量块的形状大多为圆柱体

　　D．量块只能作为标准器具进行长度量值传递

（　　）4．在加工完毕后对零件几何量进行测量的方法称为（　　　）测量。

　　A．接触　　　B．静态　　　　C．综合　　　　　　D．被动

（　　）5．用立式光学计测量轴的直径属于（　　　）。

　　A．动态测量　　B．间接测量　　C．绝对测量　　　　　D．相对测量

（　　）6．用游标卡尺测量孔的中心距的方法称为（　　　）测量。

　　A．直接　　　B．间接　　　　C．绝对　　　　　　D．比较

（　　）7．大批量生产中检验孔径宜使用（　　　）。

　　A．内径千分尺　　　　　　　B．内径百分表

　　C．卡规　　　　　　　　　　D．塞规

（　　）1. 只要量块组的基本尺寸满足要求，量块组内的量块数目可以随意选定。

（　　）2. 使用的量块越多，组合的尺寸越精确。

（　　）3. 在相对测量中，测量器具的示值范围应大于被测零件的尺寸。

（　　）4. 直接测量必为绝对测量。

（　　）5. 0～25mm 千分尺的示值范围和测量范围是一样的。

（　　）6. 安全裕度 A 应按被检验工件的公差大小来确定。

（　　）7. 验收极限是检验工件尺寸时判断其合格与否的尺寸界限。

（　　）8. 用普通计量器具测量公称尺寸为 $\phi30$mm，上极限偏差为-0.11mm，下极限偏差为-0.24mm 的轴时，若安全裕度为 0.01mm，则该轴的上验收极限为 $\phi30$mm。

（　　）9. 用普通计量器具测量公称尺寸为 $\phi30$mm，上极限偏差为-0.11mm，下极限偏差为-0.24mm 的轴时，若安全裕度为 0.01mm，则该轴的上验收极限为 $\phi29.89$mm。

（　　）10. 用普通计量器具测量公称尺寸为 $\phi30$mm，上极限偏差为-0.11mm，下极限偏差为-0.24mm 的轴时，若安全裕度为 0.01mm，则该轴的上验收极限为 $\phi29.88$mm。

四、练习题

1. 从 83 块一套的量块中组合尺寸 35.785（单位：mm）。

第1块	第2块	第3块	第4块	第5块	第6块	⋯

2. 从 83 块一套的量块中组合尺寸 48.98（单位：mm）。

第1块	第2块	第3块	第4块	第5块	第6块	⋯

3. 继续练习如下尺寸（单位：mm）。

35.785、56.785、45.675、38.865、47.685、29.875、36.565、45.475、34.585、57.965。

练习题6 处理等精度直接测量数据

一、填空题

1. 测量误差按其特性可分为系统误差、_____、_____ 三大类。

2. 测量误差有_____和_____两种形式。

3. 螺旋测微器可准确到_____mm。由于还能再估读一位，可读到 mm 的_____位。

二、判断题（对"√"，错"X"，写在括号内）

（   ）1. 测量误差是不可避免的。

（   ）2. 测量所得的值即零件的真值。

（   ）3. 随机误差全部是服从正态分布规律的。

（   ）4. 对某一尺寸进行多次测量，它们的平均值就是真值。

（   ）5. 高度游标卡尺可以做精密划线。

（   ）6. 用外径千分尺测得的结果为 2.4cm。

（   ）7. 测量过程中产生随机误差的原因可以一一找出，而系统误差是测量过程中所不能避免的。

三、读出图示千分尺和游标卡尺的读数（单位：mm）。

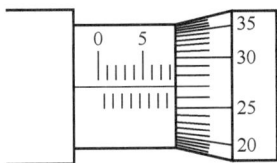

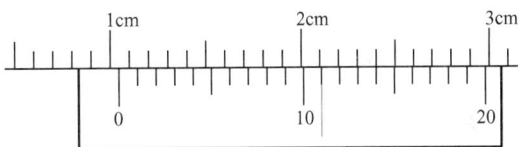

a（   ）

b（   ）

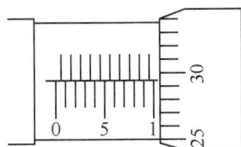

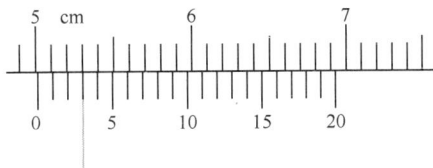

c（   ）

d（   ）

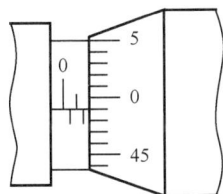

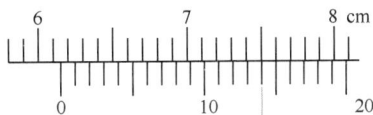

e（   ）

f（   ）

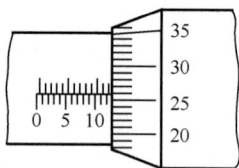

g (   )

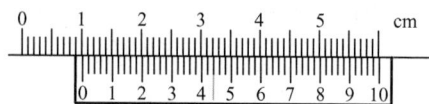

h (   )

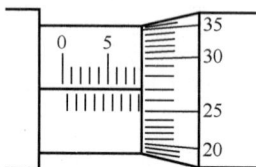

i (   )

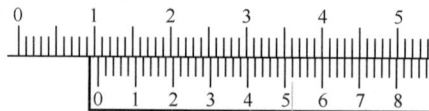

j (   )

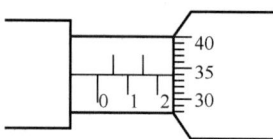

k (   )

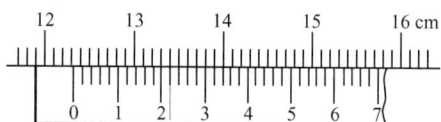

l (   )

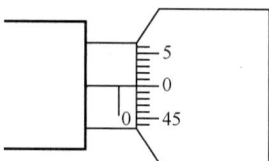

m (   )

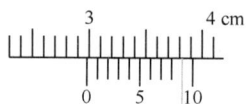

n (   )

练习题 7　了解几何公差标注

一、填空题

圆柱度的符号为 _____，位置度的符号为 _____。

二、选择题

（　　）1. 垂直度公差属于（　　）。

　　A. 形状公差　　　　B. 位置公差　　　C. 方向公差　　　D. 跳动公差

（　　）2. 如被测要素为轴线，标注几何公差时，指引线箭头应（　　）。

　　A. 与确定导出要素的轮廓线对齐

　　B. 与确定导出要素的尺寸线对齐

　　C. 与确定导出要素的尺寸线错开

（　　）3. 国家标准规定几何公差共有（　　）个专用符号。

　　A. 8　　　　　　　　B. 12　　　　　　　C. 14　　　　　　　D. 16

（　　）4. 圆柱度公差属于（　　）。

　　A. 形状公差　　　　B. 位置公差　　　C. 方向公差　　　D. 跳动公差

（　　）5. 同轴度公差属于（　　）。

　　A. 形状公差　　　　B. 位置公差　　　C. 方向公差　　　D. 跳动公差

（　　）6. 零件的几何误差是指被测实际要素相对（　　）的变动量。

　　A. 拟合要素　　　　B. 实际要素　　　C. 基准要素　　　D. 关联要素

（　　）7. 对称度公差属于（　　）。

　　A. 形状公差　　　　B. 位置公差　　　C. 方向公差　　　D. 跳动公差

（　　）8. 下列属于形状公差项目的是（　　）

　　A. 平行度　　　　　B. 直线度　　　　C. 对称度　　　　D. 倾斜度

（　　）9. 下列属于位置公差项目的是（　　）。

　　A. 圆度　　　　　　B. 同轴度　　　　C. 平面度　　　　D. 全跳动

（　　）10. 下列属于跳动公差项目的是（　　）。

　　A. 全跳动　　　　　B. 平行度　　　　C. 对称度　　　　D. 线轮廓度

（　　）11. 下列属于形状公差的有（　　）。

　　A. 圆柱度　　　　　B. 同轴度　　　　C. 圆跳动　　　　D. 平行度

（　　）12. 下列属于形状公差的有（　　）。

　　A. 平行度　　　　　B. 平面度　　　　C. 端面全跳动　　D. 倾斜度

三、判断题（对"√"，错"X"，写在括号内）

（　　）1. 在几何公差标注中，指向被测要素的箭头不一定和尺寸线对齐。

（　　）2. 圆柱度和同轴度都属于形状公差。

四、将下列几何公差要求标注在图中。

1. 圆锥面的圆度公差为 0.006mm，圆锥面素线的直线度公差为 0.005mm，圆锥面的轴线对 $\phi20$mm 轴线的同轴度公差为 $\phi0.015$mm。

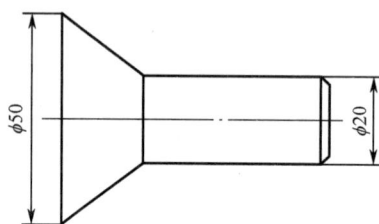

2. 将以下要求用几何公差代号标注在图中。

（1）$\phi60$mm 圆柱的轴线必须位于直径为 $\phi0.05$mm，且轴线与 $\phi40$mm 圆柱的轴线同轴的圆柱面之内。

（2）10mm 键槽两侧工作面的中心平面必须位于距离为 0.05mm，且相对于 $\phi40$mm 轴线的中心平面对称配置的两平行平面之间。

（3）在垂直于 $\phi60$mm 圆柱轴线的任一正截面上，实际圆必须位于半径差为 0.03mm 的两同心圆之间。

（4）零件的左端面必须位于距离为 0.05mm，且垂直于 $\phi60$mm 圆柱轴线的两平行平面之间。

（5）$\phi60$mm 圆柱面绕 $\phi40$mm 圆柱轴线做无轴向移动的连续回转，同时指示器做平行于 $\phi40$mm 轴线的直线运动，在 $\phi60$mm 圆柱面上的跳动量不得大于 0.06mm。

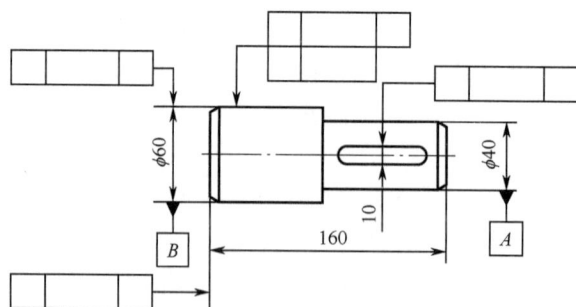

练习题 8 识读几何公差标注

一、填空题

1. 几何公差带的四要素是 _____、大小、方向、_____ 。
2. 跳动公差项目有_____、_____。
3. 几何公差中定向的公差项目有_____、_____、_____。
4. 几何公差中只能用于导出要素的项目有_____，只能用于轮廓要素的项目有_____。

二、选择题

（   ）1. 径向全跳动公差带的形状与（   ）的公差带形状相同。
  A. 圆柱度   B. 圆度
  C. 同轴度   D. 线的位置度

（   ）2. 几何公差带形状是半径差为公差值 t 的两圆柱面之间的区域有（   ）。
  A. 圆柱度   B. 同轴度
  C. 任意方向直线度   D. 任意方向垂直度

（   ）3. 径向圆跳动公差带的形状与（   ）的公差带形状相同。
  A. 圆柱度   B. 圆度
  C. 同轴度   D. 线的位置度

（   ）4. 几何公差带形状是距离为公差值 t 的两平行平面之间区域的有（   ）。
  A. 平面度   B. 任意方向的线的直线度
  C. 任意方向的线的位置度 D. 线对线的平行度

（   ）5. 下列公差带形状相同的有（   ）。
  A. 轴线对轴线的平行度与面对面的平行度
  B. 同轴度与径向全跳动
  C. 轴线对面的垂直度与轴线对面的倾斜度
  D. 径向圆跳动与圆度

（   ）6. 定向公差带可以综合控制被测要素的（   ）。
  A. 形状误差和位置误差 B. 方向误差和位置误差
  C. 形状误差和方向误差 D. 方向误差和尺寸误差

（   ）7. 圆柱度公差可以同时控制（   ）。
  A. 圆度和同轴度   B. 素线直线度和圆度
  C. 径向全跳动和圆度 D. 同轴度和轴线对端面的垂直度

（   ）8. 下列论述正确的有（   ）。
  A. 给定方向上的线位置度公差值前应加注符号"ϕ"
  B. 任意方向上线倾斜度公差值前应加注符号"ϕ"
  C. 空间中，点位置度公差值前应加注符号"$S\phi$"
  D. 标注斜向圆跳动时，指引线箭头应与轴线垂直

（　　）9. 几何公差带形状是直径为公差值 t 的圆柱面内区域的有（　　）。

      A. 同轴度　　　　　　　　　　　B. 端面全跳动

      C. 径向全跳动　　　　　　　　　　D. 圆柱度

（　　）10. 几何公差带是指限制要素变动的（　　）。

      A. 范围　　　　　B. 大小　　　　　C. 位置　　　　　D. 区域

（　　）11. 几何公差带形状不是距离为公差值 t 的两平行平面内区域的有（　　）。

      A. 平面度　　　　　　　　　　　B. 任意方向的线的直线度

      C. 给定一个方向的线的倾斜度　　　D. 面对面的平行度

（　　）12. 同轴度公差和对称度公差的相同之处是（　　）。

      A. 公差带形状相同　　　　　B. 组成要素相同

      C. 基准要素相同　　　　　D. 确定公差带位置的理论正确尺寸均为零

（　　）13. 下列四组几何公差特征项目的公差带形状相同的一组为（　　）。

      A. 圆度、径向圆跳动　　　　　B. 平面度、同轴度

      C. 同轴度、径向全跳动　　　　D. 圆度、同轴度

（　　）14. 孔和轴的轴线的直线度公差带形状一般是（　　）。

      A. 两平行直线　　　　　　　　　B. 圆柱面

      C. 一组平行平面　　　　　　　　D. 两组平行平面

（　　）15. 几何公差带形状是直径为公差值 t 的圆柱面内区域的有（　　）。

      A. 径向全跳动　　　B. 端面全跳动　　　C. 同轴度　　　D. 直线度

（　　）16. 在图样上标注几何公差要求，当几何公差前面加注"ϕ"时，则被测要素的公差带形状应为（　　）

      A. 两同心圆　　　B. 圆或圆柱　　　C. 两同轴圆柱　　　D. 圆、圆柱或球

（　　）17. 圆柱度公差可以同时控制（　　）。

      A. 圆度和素线直线度　　　　　　B. 素线直线度和同轴度

      C. 径向全跳动和同轴度　　　　　D. 同轴度和圆度

三、判断题（对"√"，错"X"，写在括号内）

（　　）1. 在确定几何公差项目时，使用端面跳动代替垂直度不会降低精度要求。

（　　）2. 对称度的被测要素和基准要素同为导出要素。

（　　）3. 在确定几何公差项目时，使用端面跳动代替垂直度会降低精度要求。

（　　）4. 圆度公差对于圆柱是在垂直于轴线的任一正截面上量取的，而对于圆锥则是在法线方向测量的。

（　　）5. 跳动公差带可以综合控制被测要素的位置、方向和形状。

（　　）6. 位置公差就是位置度公差的简称，故位置度公差可以控制所有的位置误差。

（　　）7. 径向圆跳动公差带与圆度公差带两者形状不同。

（　　）8. 端面全跳动公差带与端面对轴线的垂直度公差带相同。

（　　）9. 径向全跳动公差可以综合控制圆柱度和同轴度误差。

（　　）10. 圆柱度公差是控制圆柱形零件横截面和轴向截面内形状误差的综合性指标。

（　　）11. 端面全跳动公差和平面对轴线垂直度公差两者控制的效果完全相同。

练习题 9 识读公差要求标注

一、填空题

1. 公差原则是指处理_____与_____之间关系的规定。

2. 公差原则分_____和相关要求，相关要求包括_____、_____、_____以及_____四种。

3. 孔在图样上的标注为ϕ80H8，已知 IT8=45μm，则其基本偏差为_____，该孔的最大实体尺寸为_____mm，最小实体尺寸为_____mm。

4. 轴在图样上的标注为ϕ80h8，已知 IT8=45μm，其基本偏差为_____，该轴的最大实体尺寸为_____mm，最小实体尺寸为_____mm。

5. ϕ20mm 轴的上极限偏差为+6μm，下极限偏差为-15μm，那么其基本偏差为_____，公差为_____，该轴的最大实体尺寸为_____mm，最小实体尺寸为_____mm。

二、选择题

（　　）1. 最大实体尺寸是指（　　）。
　　A. 孔和轴的上极限尺寸
　　B. 孔的上极限尺寸和轴的下极限尺寸
　　C. 孔和轴的下极限尺寸
　　D. 孔的下极限尺寸和轴的上极限尺寸

（　　）2. 最小实体尺寸是指（　　）。
　　A. 孔和轴的上极限尺寸
　　B. 孔的下极限尺寸和轴的上极限尺寸
　　C. 孔的上极限尺寸和轴的下极限尺寸
　　D. 孔和轴的下极限尺寸

（　　）3. 公差原则是指处理（　　）的规定。
　　A. 确定公差值大小的原则
　　B. 确定公差与配合标准的原则
　　C. 形状公差与位置公差的关系
　　D. 尺寸公差与几何公差的关系

（　　）4. 被测要素采用最大实体要求的零几何公差时（　　）。
　　A. 几何公差值的框格内标注符号 Ⓔ
　　B. 几何公差值的框格内标注符号 0Ⓜ
　　C. 实际要素处于最小实体尺寸时，允许的几何误差为零
　　D. 几何公差值的框格内标注符号 ϕ0Ⓜ

（　　）5. 为保证配合性质，尺寸公差与几何公差一般可选用（　　）。
　　A. 包容要求　　B. 最大实体要求　　C. 独立原则

三、判断题（对"√"，错"X"，写在括号内）

（　　）1．按同一公差要求加工的同一批轴，其作用尺寸不完全相同。

（　　）2．零件的最大实体尺寸一定大于其最小实体尺寸。

（　　）3．实效尺寸能综合反映被测要素的尺寸误差和几何误差在配合中的作用。

（　　）4．包容要求是控制作用尺寸不超出最大实体边界的公差原则。

（　　）5．最大实体要求是控制作用尺寸不超出最大实体实效边界的公差原则。

（　　）6．某一尺寸后标注Ⓔ表示其遵守包容原则。

（　　）7．最大实体实效尺寸一定大于最小实体实效尺寸。

（　　）8．孔的体内作用尺寸是孔的实际内表面体内相接的最小理想面的尺寸。

（　　）9．孔的最大实体实效尺寸为最大实体尺寸减导出要素的几何公差。

（　　）10．最大实体状态是指假定提取组成要素的局部尺寸处处位于极限尺寸且使其具有实体最小（材料最少）时的状态。

（　　）11．包容要求是尺寸要素处处不超越最小实体边界的一种公差原则。

四、按照图中标注，完成表格。

1.

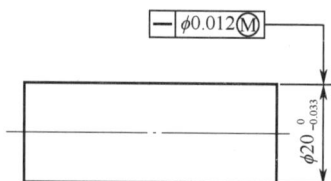

公差原则	遵守的边界尺寸/mm	上极限尺寸/mm	下极限尺寸/mm	最大实体尺寸/mm	最小实体尺寸/mm	局部尺寸为$\phi20$mm时，轴线的直线度公差值/mm

2.

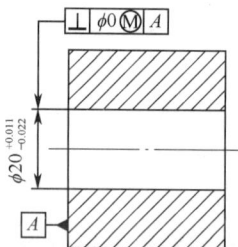

公差原则	遵守的边界尺寸/mm	上极限尺寸/mm	下极限尺寸/mm	最大实体尺寸/mm	最小实体尺寸/mm	局部尺寸为$\phi20$mm时，轴线的直线度公差值/mm

3.

$\phi 20_{-0.033}^{0}$ Ⓔ

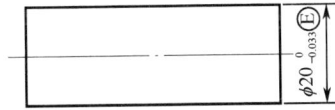

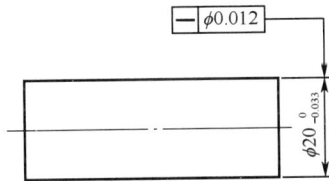

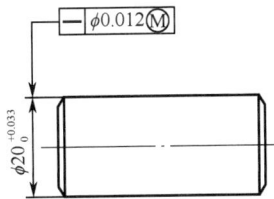

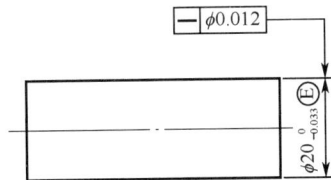

公差原则	遵守的边界尺寸/mm	上极限尺寸/mm	下极限尺寸/mm	最大实体尺寸/mm	最小实体尺寸/mm	局部尺寸为φ20mm时,轴线的直线度公差值/mm

4.

$-\boxed{\phi 0.012}$

$\phi 20_{-0.033}^{0}$

公差原则	遵守的边界尺寸/mm	上极限尺寸/mm	下极限尺寸/mm	最大实体尺寸/mm	最小实体尺寸/mm	局部尺寸为φ20mm时,轴线的直线度公差值/mm

5.

$-\boxed{\phi 0.012 \text{Ⓜ}}$

$\phi 20_{0}^{+0.033}$

公差原则	遵守的边界尺寸/mm	上极限尺寸/mm	下极限尺寸/mm	最大实体尺寸/mm	最小实体尺寸/mm	局部尺寸为φ20mm时,轴线的直线度公差值/mm

6.

$-\boxed{\phi 0.012}$

$\phi 20_{-0.033}^{0}$ Ⓔ

公差原则	遵守的边界尺寸/mm	上极限尺寸/mm	下极限尺寸/mm	最大实体尺寸/mm	最小实体尺寸/mm	局部尺寸为φ20mm时,轴线的直线度公差值/mm

7.

$$\boxed{-\ \phi0.1\ \textcircled{M}}$$

$\phi20(^{\ 0}_{-0.3})$

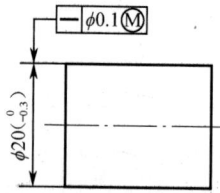

公差原则	遵守的边界尺寸/mm	上极限尺寸/mm	下极限尺寸/mm	最大实体尺寸/mm	最小实体尺寸/mm	局部尺寸为ϕ20mm时，轴线的直线度公差值/mm

练习题 10 检测几何误差

一、选择题

( ) 1. 某轴线对基准中心平面的对称度公差值为 0.1mm，则该轴线对基准中心平面的允许偏离量为（   ）。

A．0.1mm
B．0.05mm
C．0.2mm
D．ϕ0.1mm

( ) 2. 轴的直径为 $\phi30_{-0.03}^{0}$，其轴线的直线度公差在图样上的给定值为 $\phi0.01$Ⓜ，则直线度公差的最大值可为（   ）。

A．ϕ0.01mm
B．ϕ0.02mm
C．ϕ0.03mm
D．ϕ0.04mm

( ) 3. 形状误差的评定准则应当符合（   ）。

A．公差原则
B．包容要求
C．最小条件
D．相关原则

( ) 4. 某一横截面内实际轮廓由直径分别为 ϕ20.05mm 与 ϕ20.03mm 的两同心圆包容面形成最小区域，则该轮廓的圆度误差值为（   ）。

A．0.02mm   B．0.01mm   C．0.015mm   D．0.005mm

( ) 5. 对于径向全跳动公差，下列论述不正确的有（   ）。

A．属于形状公差
B．不属于方向公差
C．属于跳动公差
D．当径向全跳动误差不超公差时，圆柱度误差肯定也不超公差

( ) 6. 评定位置误差的基准应首选（   ）。

A．单一基准   B．组合基准   C．基准体系   D．任选基准

( ) 7. 今测得一轴线相对于基准轴线的最小距离为 0.04mm，最大距离为 0.10mm，则它相对其基准轴线的位置度误差为（   ）

A．ϕ0.04mm   B．ϕ0.08mm   C．ϕ0.10mm   D．ϕ0.20mm

二、判断题（对"√"，错"X"，写在括号内）

( ) 1. 同一被测要素的位置公差值应大于形状公差值。

( ) 2. 同一被测要素的位置公差值应小于形状公差值。

( ) 3. 对同一要素既有位置公差要求，又有形状公差要求时，形状公差值应大于位置公差值。

三、若下图中零件尺寸误差为-0.2mm，几何误差为ϕ0.2mm，试说明该零件是否合格。

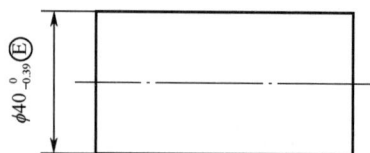

$\phi40^{\ 0}_{-0.39}$ Ⓔ

四、若下图中零件实测轴径为ϕ29.980mm，允许轴线直线度误差的极限值为多少？

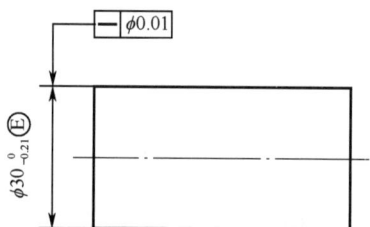

⊥ $\phi0.01$

$\phi30^{\ 0}_{-0.21}$ Ⓔ

练习题 11 识读表面粗糙度标注

一、填空题

与高度特性有关的表面粗糙度评定参数有_____、_____、_____（可只写代号）。

二、选择题

（ ）1. 表面粗糙度值越小，零件的（ ）。

    A. 耐磨性越好   B. 抗疲劳强度越差

    C. 传动灵敏性越差   D. 加工越容易

（ ）2. $Ra \leqslant 0.63\mu m$ 时，零件表面状况是（ ）。

    A. 可见加工痕迹   B. 微可见加工痕迹

    C. 看不清加工痕迹   D. 可辨加工痕迹方向

（ ）3. 基本评定参数是依照（ ）来测定工件表面粗糙度的。

    A. 波距   B. 波高   C. 波纹度   D. 表面形状误差

（ ）4. 表面粗糙度代（符）号在图样上不应标注在（ ）。

    A. 可见轮廓线上   B. 尺寸界线上

    C. 虚线上   D. 符号尖端从材料外指向被标注表面

（ ）5. 用来判断具有表面粗糙度特征的一般基准线长度是（ ）。

    A. 基本长度   B. 评定长度   C. 取样长度   D. 公称长度

（ ）6. 电动轮廓仪是根据（ ）原理制成的。

    A. 针描   B. 印模   C. 光切   D. 干涉

（ ）7. 测量表面粗糙度时，规定取样长度是为了（ ）。

    A. 减少波纹度的影响   B. 考虑加工表面的不均匀性

    C. 使测量方便   D. 能测量出波距

（ ）8. 车间生产中评定表面粗糙度最常用的方法是（ ）。

    A. 光切法   B. 针描表   C. 干涉法   D. 比较法

（ ）9. 表面粗糙度的基本评定参数是（ ）。

    A. Rsm B. Ra C. Zp D. Xs

（ ）10. 表面粗糙度评定参数 Ra 是采用（ ）原理进行较准确测量的。

    A. 光切   B. 针描   C. 干涉   D. 比较

（ ）11. 同一零件上，工作表面的表面粗糙度值应比非工作表面的（ ）。

    A. 小   B. 大   C. 相等

（ ）12. 表面粗糙度的选用，应在满足表面功能要求情况下，尽量选用（ ）的表面粗糙度数值。

    A. 较小   B. 较大   C. 不变

（ ）13. 同一公差等级，轴比孔的表面粗糙度数值（ ）。

    A. 大   B. 小   C. 相同

三、判断题（对"√"，错"X"，写在括号内）

（　　）1. Rsm 和 Rmr(c)是附加参数，不能单独使用，需与幅度参数联合使用。

（　　）2. 表面越粗糙，取样长度应越小。

（　　）3. 需要涂镀或其他有细密度要求的表面可加选 Rz。

（　　）4. 零件的尺寸精度越高，通常表面粗糙度参数值应取得越小。

（　　）5. 零件表面粗糙度数值越小，一般其尺寸公差和几何公差要求越高。

（　　）6. 宜采用较大表面粗糙度参数值的是单位压力小的磨擦表面。

（　　）7. 表面粗糙度数值越大，越有利于零件耐磨性的提高。

（　　）8. 表面粗糙度最常用的评定指标是 Rsm。

（　　）9. 若零件承受交变载荷，则表面粗糙度应选择较小值。

（　　）10. $Ra \leqslant 116 \mu m$ 时，具体应用为普通精度齿轮的齿面。

（　　）11. 测表面粗糙度时，取样长度过短不能反映表面粗糙度的真实情况，因此取样长度越长越好。

（　　）12. 表面粗糙度的评定参数 Ra 表示轮廓的算术平均偏差。

（　　）13. 表面粗糙度的评定参数 Rz 表示轮廓的算术平均偏差。

（　　）14. 表面粗糙度符号的尖端可以从材料的外面或里面指向被注表面。

（　　）15. 表面粗糙度符号的尖端应从材料的外面指向被注表面。

（　　）16. 配合性质要求越稳定，其配合表面的表面粗糙度值应越小。

四、试判断下图所示表面粗糙度代号的标注是否有错误，若有，则加以改正。

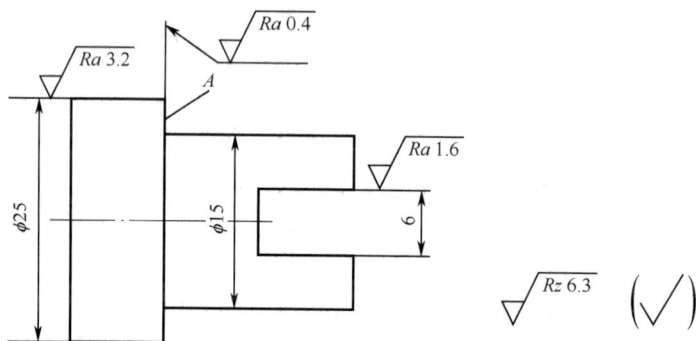

练习题 12　识读普通螺纹标记

一、填空题

1. 在螺纹的互换中可以综合用_____控制_____、_____和_____。

2. 判断螺纹中径合格性的原则：实际螺纹的_____ 不允许超越_____，任何部位的_____不允许超越_____。

3. M24-5g6g 螺纹中径基本尺寸 d_2=_____mm，中径公差带代号为_____，中径公差 T_{d2}=_____mm，d_{2min}=_____mm，d_{2max}=_____mm。

4. 普通内螺纹的中径、小径规定采用_____两种公差带位置，外螺纹的中径、大径规定采用_____四种公差带位置。

5. 螺纹精度不仅与_____有关，而且与_____有关。旋合长度分为_____、_____和_____，分别用代号_____、_____和_____表示。螺纹精度等级分为_____、_____和_____三级。

6. 螺纹代号 M20×2-5g6g-S 的含义：M20×2_____，5g_____，6g_____，S_____。

7. 普通螺纹精度标准仅对螺纹的_____规定了公差，而螺距偏差、半角偏差则由_____控制。

8. 螺纹的检测方法分为_____和_____。

二、选择题

(   ) 1. 在普通螺纹标准中，为保证螺纹互换性规定了（   ）公差。
　　A. 大径或小径、中径　　　　　　　B. 大径、中径、螺距
　　C. 中径、螺距、牙型半角　　　　　D. 中径、牙型半角

(   ) 2. 普通内螺纹最大实体牙型的中径用来控制（   ）。
　　A. 作用中径　　　B. 单一中径　　　C. 螺距误差　　　D. 牙侧角偏差

(   ) 3. 螺纹公差带是以（   ）的牙型公差带。
　　A. 基本牙型的轮廓为零线　　　　　B. 中径线为零线
　　C. 大径线为零线　　　　　　　　　D. 小径线为零线

(   ) 4. 普通螺纹的基本偏差是（   ）
　　A. ES 和 EI　　　B. EI 和 es　　　C. ES 和 ei　　　D. es 和 ei

(   ) 5. 某一螺纹标注为 M20-5g6g-S，其中 20 指的是螺纹的（   ）。
　　A. 大径　　　　　B. 中径　　　　　C. 小径　　　　　D. 单一中径

(   ) 6. M20×2-7h6h-L，此螺纹标注中的 6h 为（   ）。
　　A. 外螺纹大径公差带代号　　　　　B. 内螺纹中径公差带代号
　　C. 外螺纹小径公差带代号　　　　　D. 外螺纹中径公差带代号

(   ) 7. 螺纹量规的通端用于控制（   ），环规通端用于控制（   ）。
　　A. 作用中径不超过最小尺寸　　　　B. 作用中径不超过最大实体尺寸
　　C. 实际中径不超过最小实体尺寸　　D. 实际中径不超过最大实体尺寸

（　　）8.螺纹量规止端做成截短的不完整牙型的主要目的是（　　　）。

A．避免大径误差对检验结果的影响

B．避免单一中径误差对检验结果的影响

C．避免牙型半角对检验结果的影响

D．避免小径误差对检验结果的影响

（　　）9.用三针法测量并经计算出的螺纹中径是（　　　）。

A．单一中径　B．作用中径　C．中径实际尺寸　D．大径和小径

三、判断题（对"√"，错"X"，写在括号内）

（　　）1.国家标准规定的公制螺纹的公称直径是指大径。

（　　）2.螺纹中径是指螺纹大径和小径的平均值。

（　　）3.对普通螺纹，所谓中径合格，就是指单一中径、牙侧角和螺距都是合格的。

（　　）4.国家标准除对普通螺纹规定中径公差外，还规定了螺距公差和牙型半角公差。

（　　）5.普通螺纹的配合精度与公差等级和旋合长度有关。

（　　）6.外螺纹的基本偏差为上极限偏差，内螺纹的基本偏差为下极限偏差。

（　　）7.螺纹的中径公差可以同时限制中径、螺距、牙型半角三个参数的误差。

（　　）8.螺纹千分尺是用来测量外螺纹中径的。

（　　）9.三针量法是一种间接测量方法，主要用于测量精密螺纹的中径。

（　　）10.工具显微镜只能测量螺纹大径和小径，不能测量螺纹中径。

班级：____________ 学号：____________ 姓名：____________

技能训练（实践）——任务书

任务书 1　用游标卡尺测量轴孔类零件尺寸

一、现场教学目的

1．了解游标卡尺的结构及使用方法；

2．查阅相关国家标准，理解尺寸标注的含义。

二、现场教学场所：______________________________。

三、图样中的标注 $20^{+0.1}_{0}$ 和 20 有何相同和不同？

标　注	相　同	不　同
$20^{+0.1}_{0}$		
20		

四、简述使用游标卡尺实施测量的步骤及注意事项。

测量步骤	实施内容	注意事项
第 1 步		

五、本次测量，选用计量器具如下。

序　号	名　称	编　号	测量范围	分度值
1				
2				
3				
4				

序　号	名　　　称	编　号	测 量 范 围	分 度 值
5				
6				

六、游标卡尺测量的记录及数据处理。

零件名称及被测要素				
项目		实际测得各方位尺寸/mm		
方位	轴向	1	2	3
径向	I			
	II			
零件的尺寸				

七、试举出几种内径测量方法，并比较其特点。

班级：________ 学号：________ 姓名：________

任务书 2　用外径千分尺测轴径

一、现场教学目的

1. 了解外径千分尺的结构及使用方法；

2. 查阅相关国家标准，理解尺寸标注的含义。

二、现场教学场所：________________________。

三、图样中的标注 $20^{+0.021}_{0}$ 和 20H7 有何相同和不同？

标　注	相　同	不同
$20^{+0.021}_{0}$		
20H7		

四、简述使用外径千分尺实施测量的步骤及注意事项。

测量步骤	实施内容	注意事项
第 1 步		

五、本次测量，选用计量器具如下。

序　号	名　称	编　号	测量范围	分度值
1				
2				
3				
4				
5				
6				

六、外径千分尺测量的记录及数据处理。

被测工件如图：

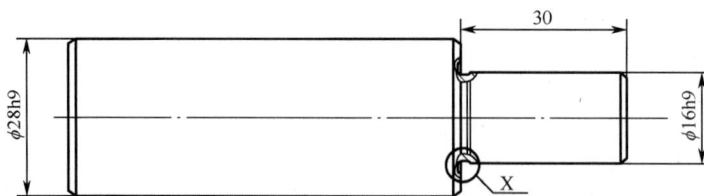

千分尺零值误差：_____（千分尺校零时的读数值：_____ 校对块尺寸：_____）

零件名称及被测要素				
上极限尺寸		下极限尺寸		
项目		实际测得各方位千分尺读数/mm		
方位	轴向	1	2	3
径向	I			
	II			
实际尺寸			合格性结论	

七、试举出几种外径测量方法，并比较其特点。

任务书 3　用内径百分表测量孔径

一、现场教学目的：熟悉内径百分表的结构及使用方法。

二、现场教学场所：＿＿＿＿＿＿＿＿＿＿＿＿＿＿＿＿＿＿＿＿＿＿＿＿＿＿＿＿＿＿＿＿。

三、被测工件：＿＿＿＿＿＿＿＿＿＿＿＿＿＿＿＿＿＿，尺寸精度：＿＿＿＿＿＿＿＿＿＿＿。

四、内径百分表使用方法。

五、简述使用内径百分表实施测量的步骤及注意事项。

测 量 步 骤	实 施 内 容	注 意 事 项
第 1 步		

六、本次测量，选用计量器具如下。

序 号	名 称	编 号	测 量 范 围	分 度 值
1				
2				
3				
4				
5				

七、原始记录及数据处理。

千分尺零值误差：_____（千分尺校零时的读数值：_____校对块尺寸：_____ ）

标准孔基准尺寸：_____（对应标准孔基准尺寸千分尺读数值：_____ ）

基准尺寸：_____mm		测量相对于基准偏差值/mm			实际测得各方位尺寸/mm		
方位	轴向	1	2	3	1	2	3
径向	Ⅰ						
	Ⅱ						
孔允许	D_{max}				合格性结论：		
极限尺寸	D_{min}						
孔	D_{amax}						
局部尺寸	D_{amin}						

八、试分析用内径百分表测孔径属何种测量方法，会产生哪些测量误差？

任务书4　用光学仪器测轴径

一、现场教学目的：熟悉光学仪器（　　　　　　　　　　　　）的结构及使用方法。

二、现场教学场所：＿＿＿＿＿＿＿＿＿＿＿＿＿＿＿＿＿＿＿＿＿＿＿＿＿＿＿＿＿＿。

三、被测工件：＿＿＿＿＿＿＿＿＿＿＿＿＿＿＿＿＿＿＿＿＿＿＿＿＿＿＿＿＿＿＿＿。

四、简述采用光学仪器实施测量的步骤及注意事项。

测 量 步 骤	实 施 内 容	注 意 事 项
第1步		

五、本次测量，选用计量器具如下。

序　号	名　称	编　号	测 量 范 围	分 度 值
1				
2				
3				
4				
5				
6				

六、原始记录及数据处理。

千分尺零值误差：_____（千分尺校零时的读数值：_____校对块尺寸：_____）

千分尺测得轴的尺寸：_____;选择光学仪器调零用量块组合：_____。

序号	光学仪器读数 /μm	测量值 x_i/mm	残差 v_i /μm	残差平方 v_i^2 /μm²	算术平均值 $\bar{x} = \dfrac{x_1 + x_2 + \cdots + x_n}{n} = \dfrac{\sum\limits_{i=1}^{n} x_i}{n}$
1					残差：
2					$v_i = x_i - \bar{x}$
3					
4					单次测量的标准偏差：
5					
6					$\sigma = \sqrt{\dfrac{\sum\limits_{i=1}^{n} v_i^2}{n-1}}$
7					算术平均值的标准偏差：
8					
9					$\sigma_{\bar{x}} = \dfrac{\sigma}{\sqrt{n}}$
10					测量结果：
11					
12					$x = \bar{x} \pm 3\sigma_{\bar{x}}$
$\bar{x} =$			$\sigma =$		$3\sigma =$
$3\sigma_{\bar{x}} =$			$X =$		

七、千分尺的测量误差对最终测量结果有无影响？为什么？

任务书5　几何误差的测量

一、现场教学目的：巩固几何公差的概念，了解几何误差的测量方法。

二、现场教学场所：_____。

三、被测工件：_____。

四、本次测量，选用计量器具如下。

序　号	名　　称	编　号	测 量 范 围	分 度 值
1				
2				
3				
4				
5				
6				

五、实验记录。

1．箱体几何误差的测量

箱体零件图：

（1）平行度误差的测量

简述箱体平行度误差测量的步骤及注意事项。

测 量 步 骤	实 施 内 容	注 意 事 项
第1步		

平行度误差计算公式：$f = \dfrac{L_1}{L_2}\left|M_1 - M_2\right|$ （$L_2=L_1+a+b$）

数据记录及处理：

次数	读数 M_1	读数 a	.读数 M_2	读数 b	读数 L_1	平行度误差 f
1						
2						
3						

测量方法草图		公差值	
	实际误差/mm	第一次	
		第二次	
		第三次	
	是否合格		

（2）垂直度误差的测量

简述箱体垂直度误差测量的步骤及注意事项。

测 量 步 骤	实 施 内 容	注 意 事 项
第1步		

数据记录及处理：

测量方法草图	公差值		
	实际误差/mm	第一次	
		第二次	
		第三次	
	是否合格		

2．法兰盘几何误差的测量

零件图：

简述法兰盘圆跳动误差测量的步骤及注意事项。

测 量 步 骤	实 施 内 容	注 意 事 项
第1步		

（1）径向圆跳动的测量

数据记录及处理：

测量方法草图	公差值		
	实际误差/mm	第一次	
		第二次	
		第三次	
	是否合格		

（2）轴向圆跳动的测量

数据记录及处理：

测量方法草图	公差值		
	实际误差/mm	第一次	
		第二次	
		第三次	
	是否合格		

任务书6　表面粗糙度的测量

一、现场教学目的：了解表面粗糙度的评定参数和检测方法。

二、现场教学场所：＿＿＿＿＿＿＿＿＿＿＿＿＿＿＿＿＿＿＿＿＿＿＿＿＿。

三、被测工件：＿＿＿＿＿＿＿＿＿＿＿＿＿＿＿＿＿＿＿＿＿＿＿＿＿＿＿。

四、本次测量，选用计量器具如下。

序　号	名　称	编　号	测 量 范 围	分 度 值
1				
2				
3				
4				
5				
6				

五、画出被测零件示意图。

六、简述针描法测量表面粗糙度的步骤及注意事项。

测 量 步 骤	实 施 内 容	注 意 事 项
第1步		

七、原始记录及数据处理。

（1）比较法：根据零件纹理，确定加工方法，和表面粗糙度样板做比较，判断零件实际表面粗糙度。

（2）针描法：用手持便携式表面粗糙度测量仪检测表面粗糙度。

序　号	图　示　值	实际值（比较法）	实际值（针描法）
1			
2			

任务书 7　螺纹中径的测量

一、现场教学目的

1. 练习螺纹公差表格的查用；

2. 掌握用螺纹千分尺和三针法测量螺纹中径尺寸的方法。

二、现场教学场所：＿＿＿＿＿＿＿＿＿＿＿＿＿＿＿＿＿＿＿＿＿＿＿＿＿＿＿。

三、被测工件：＿＿＿＿＿＿＿＿＿＿＿＿＿＿＿＿＿＿＿＿＿＿＿＿＿＿＿＿＿。

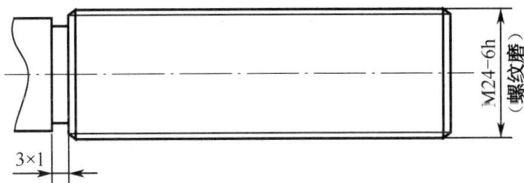

四、本次测量，选用计量器具如下。

序　号	名　　　称	编　号	测 量 范 围	分 度 值
1				
2				
3				
4				
5				
6				

五、简述采用螺纹千分尺测螺纹中径的步骤及注意事项。

测量步骤	实 施 内 容	注 意 事 项
第 1 步		

六、原始记录及数据处理。

（1）螺纹千分尺

螺纹标记：＿＿＿＿＿＿＿＿＿中径公称尺寸：＿＿＿＿＿＿螺距：＿＿＿＿＿

中径上极限尺寸：＿＿＿＿＿＿＿中径下极限尺寸：＿＿＿＿＿＿＿＿＿＿＿

轴向	径向			
	第一读数	第二读数	第三读数	合格性结论与理由
截面 1				
截面 2				

（2）螺纹三量针法测量

相关公式：$d_{0最佳} = P / \left(2 \times \cos\dfrac{\alpha}{2} \right)$

$d_{2实际} = M - 3d_0 + 0.866P$

螺纹标记：＿＿＿＿＿＿＿＿＿＿＿中径公称尺寸：＿＿＿＿＿＿＿螺距：＿＿＿＿＿＿

$d_{0最佳}$：＿＿＿＿＿＿＿＿＿＿＿＿＿＿＿＿d_0：＿＿＿＿＿＿＿＿＿＿＿＿＿＿＿

测量示意图：

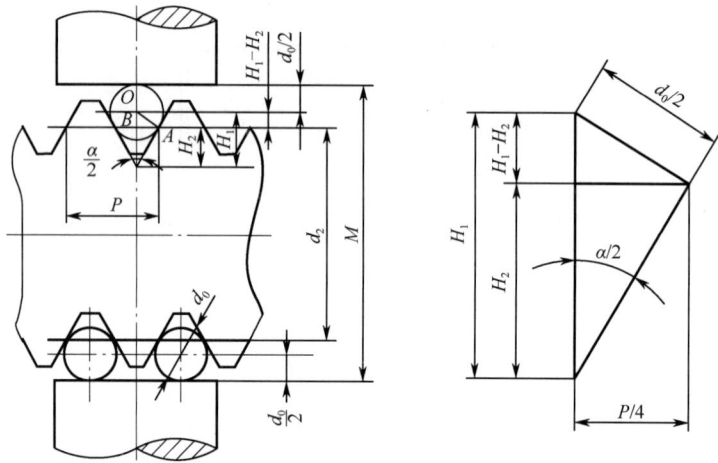

测量次数	M值	测得 $d_{2实际}$	中径极限偏差	中径极限尺寸	检测结论
第1次			上极限偏差：	上极限尺寸：	
第2次					
第3次			下极限偏差：	下极限尺寸：	
M平均值					

阶段考核

阶段考核 1——识读汽车发动机构造图

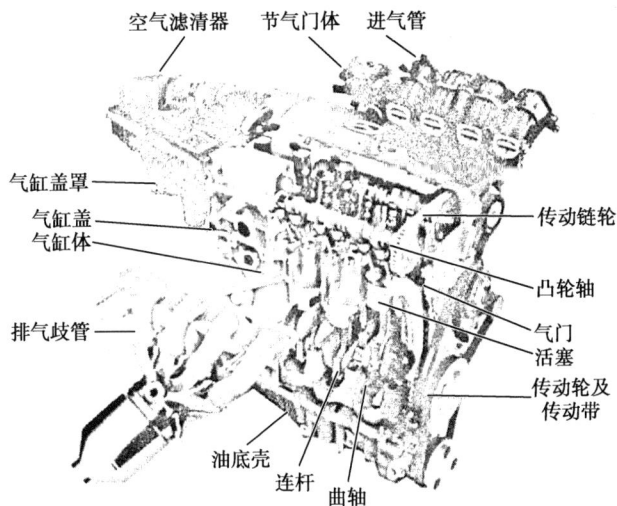

简述汽车发动机是如何实现互换性的。

阶段考核2——识读汽缸装配图（1）

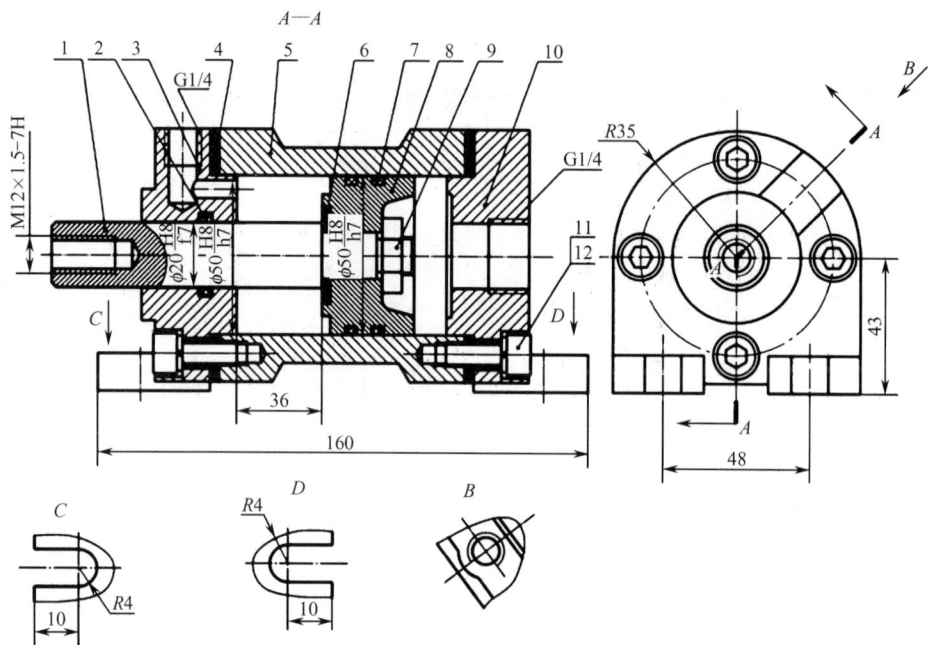

标注ϕ20H8/f7 中：H8 代表＿＿＿＿＿＿＿＿＿＿＿，f7 代表＿＿＿＿＿＿＿＿＿＿＿＿＿。

完成以下表格（单位：mm），并画出配合的尺寸公差带图。

ϕ20H8/f7	孔	轴
公称尺寸		
上极限尺寸		
下极限尺寸		
上极限偏差		
下极限偏差		
基本偏差		
公差		
最大间隙		
最小间隙		
最大过盈		
最小过盈		
何种配合		
配合公差		

阶段考核3——识读发动机汽门挺杆零件图（1）

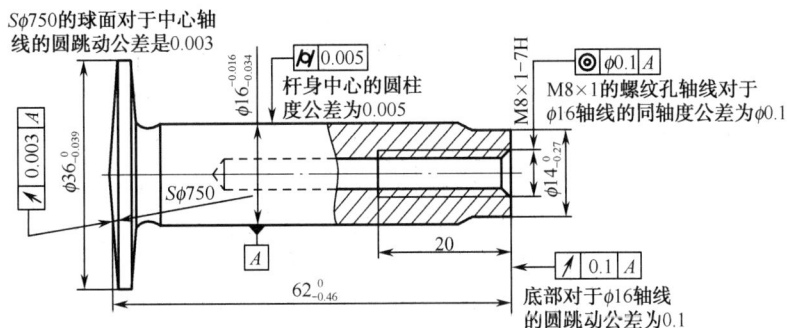

若此零件为单件小批量生产，请问尺寸参数 $\phi36_{-0.039}^{0}$ 的合格性是否需要检测，如需检测，选择什么计量器具，为什么？如何判断合格性？

阶段考核4——识读发动机汽门挺杆零件图（2）

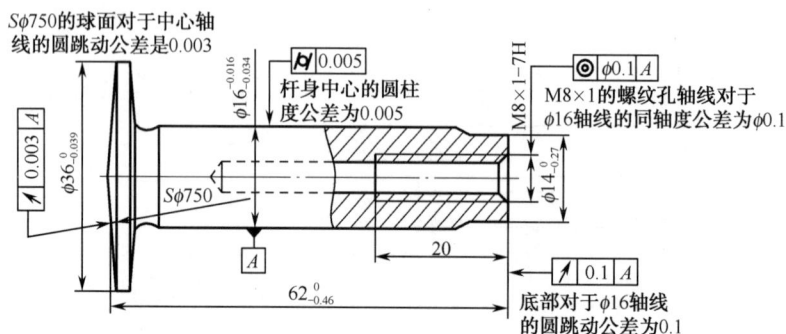

Sφ750的球面对于中心轴线的圆跳动公差是0.003

杆身中心的圆柱度公差为0.005

M8×1的螺纹孔轴线对于φ16轴线的同轴度公差为φ0.1

底部对于φ16轴线的圆跳动公差为0.1

若采用分度值为0.01mm 的外径千分尺测量φ16mm 外径，测得数据如下（单位：mm）：

外径千分尺校零时零值误差	−0.030		
外径千分尺读数			
轴向位置	1	2	3
径向方向Ⅰ	16.021	16.020	16.016
径向方向Ⅱ	16.015	16.018	16.019

请计算加工的实际尺寸，并判断是否合格。

阶段考核5——识读汽车转向节零件图

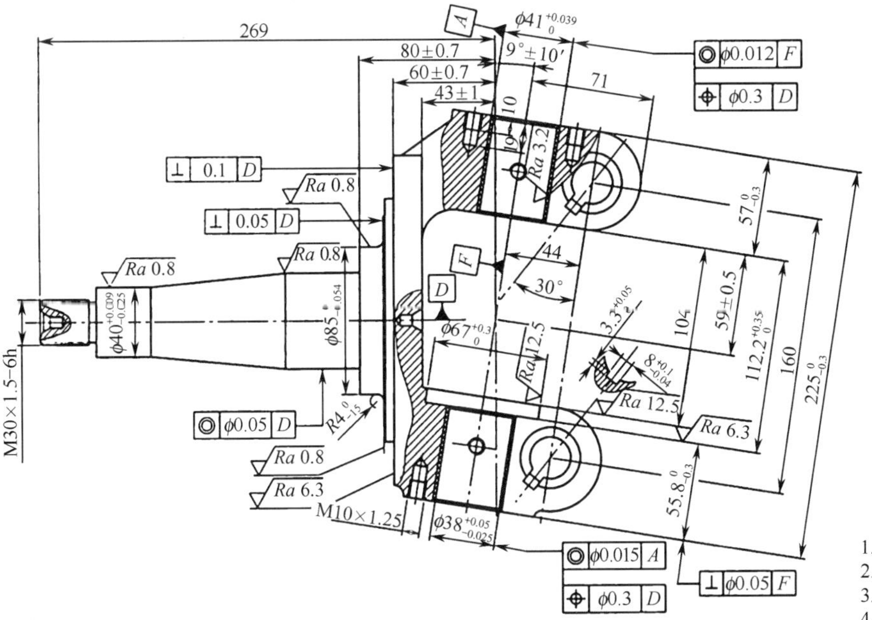

技术要求
1. 锻造拔模斜度不大于7°；
2. 抗拉强度>980MPa；
3. 未注圆角半径R3；
4. 表面喷砂处理。

标记	处数	分区	更改文件号	签名	年月日	汽车转向节		
设计			标准化			阶段标记	重量	比例
审核								1:2
工艺			批准					

按照 GB/T 1182—2018，此零件图几何公差规范标注应进行哪些改动？

班级: _____ 学号: _____ 姓名: _____

阶段考核6——识读活塞零件图

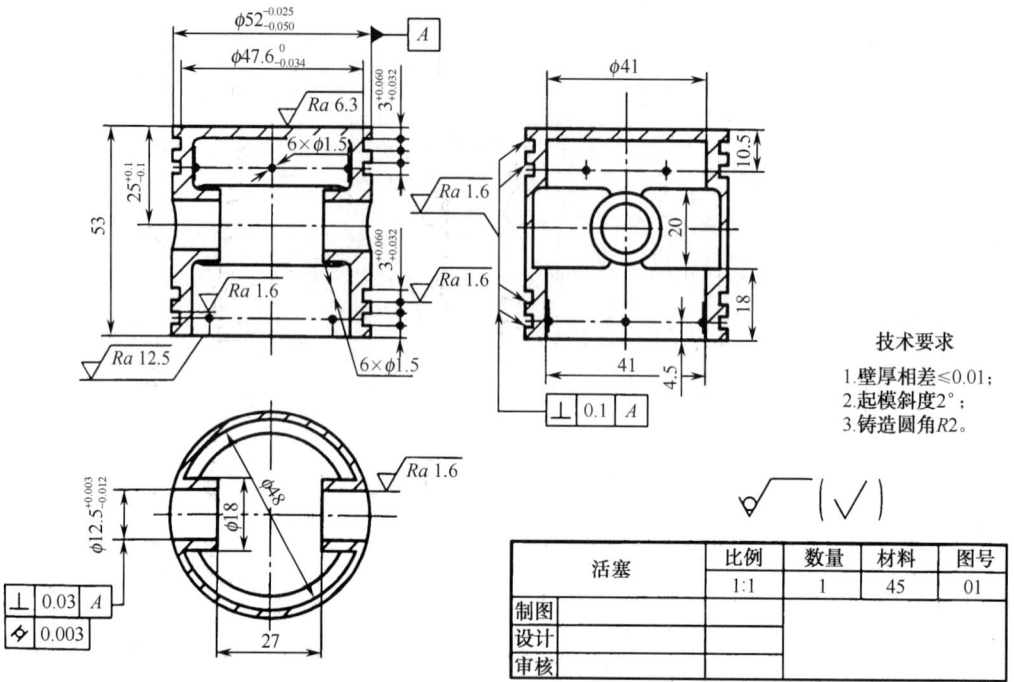

技术要求
1.壁厚相差≤0.01;
2.起模斜度2°;
3.铸造圆角R2。

活塞	比例	数量	材料	图号
	1:1	1	45	01
制图				
设计				
审核				

此零件图中注出的表面粗糙度有_____。

未注表面粗糙度有_____。

解释主视图中 $\sqrt{Ra\,6.3}$ 的含义。

阶段考核 7——识读汽缸装配图（2）

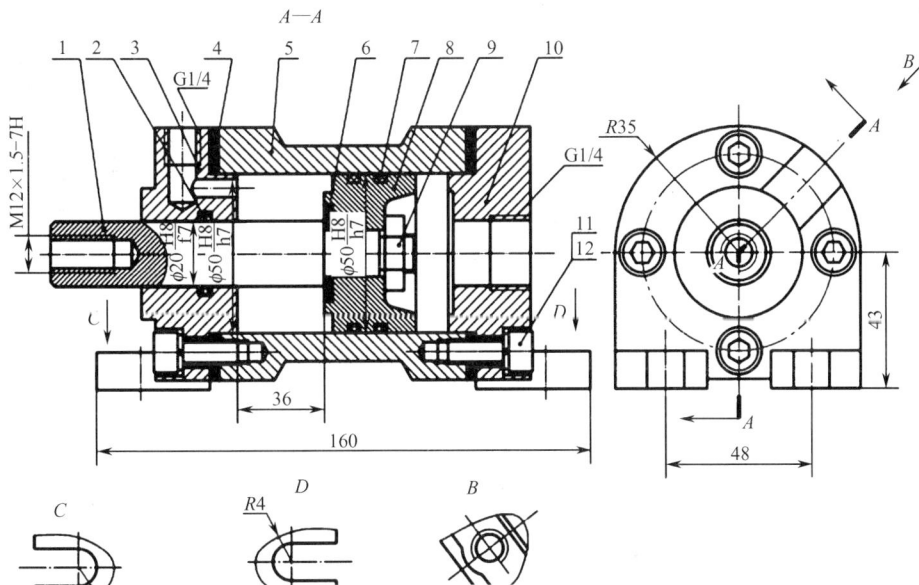

识读图中公差标注含义：

M12×1.5-7H 中 M：＿＿＿＿＿＿＿＿＿＿＿＿＿＿＿＿

12：＿＿＿＿＿＿＿＿＿＿＿＿＿＿＿＿

1.5：＿＿＿＿＿＿＿＿＿＿＿＿＿＿＿＿

7H：＿＿＿＿＿＿＿＿＿＿＿＿＿＿＿＿

省略部分：＿＿＿＿＿＿＿＿＿＿＿＿＿＿＿＿

＿＿＿＿＿＿＿＿＿＿＿＿＿＿＿＿

中径公差：＿＿＿＿＿＿＿＿＿＿＿＿＿＿＿＿

中径上极限尺寸：＿＿＿＿＿＿＿＿＿＿＿＿＿＿＿＿

中径下极限尺寸：＿＿＿＿＿＿＿＿＿＿＿＿＿＿＿＿

识读图中公差标注含义：

M12×1.5-7H 中 M：＿＿＿＿＿＿＿＿＿＿＿＿＿＿＿＿＿＿＿＿＿

12：＿＿＿＿＿＿＿＿＿＿＿＿＿＿＿＿＿＿＿＿＿

1.5：＿＿＿＿＿＿＿＿＿＿＿＿＿＿＿＿＿＿＿＿＿

7H：＿＿＿＿＿＿＿＿＿＿＿＿＿＿＿＿＿＿＿＿＿

省略部分：＿＿＿＿＿＿＿＿＿＿＿＿＿＿＿＿＿＿＿

＿＿＿＿＿＿＿＿＿＿＿＿＿＿＿＿＿＿＿

中径公差：＿＿＿＿＿＿＿＿＿＿＿＿＿＿＿＿＿＿＿

中径上极限尺寸：＿＿＿＿＿＿＿＿＿＿＿＿＿＿＿＿＿

中径下极限尺寸：＿＿＿＿＿＿＿＿＿＿＿＿＿＿＿＿＿

参 考 文 献

[1] GB/T 1800.1—2020《产品几何技术规范（GPS）线性尺寸公差 ISO 代号体系 第 1 部分：公差、偏差和配合的基础》.

[2] GB/T 1800.2—2020《产品几何技术规范（GPS）线性尺寸公差 ISO 代号体系 第 2 部分：标准公差代号和孔、轴的极限偏差表》.

[3] GB/T 1804—2000《一般公差 未注公差的线性和角度尺寸的公差》.

[4] GB/T 1182—2018《产品几何技术规范（GPS）几何公差 形状、方向、位置和跳动公差标注》.

[5] GB/T 4249—2018《产品几何技术规范（GPS）基础 概念、原则和规则》.

[6] GB/T 16671—2018《产品几何技术规范（GPS）几何公差 最大实体要求（MMR）、最小实体要求（LMR）和可逆要求（RPR）》.

[7] GB/T 3505—2009《产品几何技术规范（GPS）表面结构 轮廓法 术语、定义及表面结构参数》.

[8] GB/T 1031—2009《产品几何技术规范（GPS）表面结构 轮廓法 表面粗糙度参数及其数值》.

[9] GB/T 131—2006《产品几何技术规范（GPS）技术产品文件中表面结构的表示法》.

[10] GB/T 197—2018《普通螺纹 公差》.

[11] 吕天玉，张柏军．公差配合与测量技术．大连：大连理工大学出版社，2014．

[12] 张秀芳，许晖．公差配合与精度检测．北京：电子工业出版社，2014．

[13] 苏采兵，王凤娜．公差配合与测量技术．北京：北京邮电大学出版社，2013．

[14] 韩丽华．公差配合与测量技术．北京：电子工业出版社，2014．

[15] 马霄，任泰安．公差配合与技术测量．南京：南京大学出版社，2011．